KB275315

우리 아기

우리 아기

아기 탄생 후 두 살까지의 놀라운 이야기

데즈먼드 모리스 지음

장경렬 옮김

팩컴북스

An Hachette Livre UK Company
www.hachettelivre.co.uk

First published in Great Britain in 2008 by
Hamlyn, a division of Octopus Publishing Group Ltd
2–4 Heron Quays, London E14 4JP
www.octopusbooks.co.uk

Printed and bound in China

＊ 주의

이 책은 개인적 의료 상담을 대신할 수 있는 책으로 제작된 것이 아닙니다.
독자는 아기의 건강과 관련되는 모든 문제에 대해, 특히 진단이나
의학적 관찰이 요구되는 그 어떤 증상에 대해서도 의사와 상담해야 할 것입니다.
이 책의 조언과 정보는 출판 당시를 기준으로 하여 정확하고 사실적인 것이긴 하나,
작가나 출판사는 있을 수 있는 오류 및 부작위적 탈락에 대한 그 어떤 법적
책임이나 부담을 질 수 없음을 밝히고자 합니다.

우리 아기
Baby

초판 1쇄 발행 2009년 1월 9일

지은이 데즈먼드 모리스 | 옮긴이 장경렬 | 펴낸이 김경수 | 이사 최 숙
출판사업본부장/편집주간 윤현식 | 기획편집팀 이정은 | 디자인 Vita
펴낸곳 팩컴북스 | 출판등록 2008년 5월 19일 제381-2005-000074호
주소 463-867 경기도 성남시 분당구 정자동 159-4 젤존타워 2차빌딩 8층
전화 031-726-3666 | 팩스 031-711-3653
이메일 pacombooks@gopacom.com | 홈페이지 www.pacombooks.com

ISBN 978-89-961276-0-4   03590

＊ 이 책은 옥토퍼스 퍼블리싱 그룹의 임프린트 햄린과 전세계 공동제작으로 발행되었습니다.
＊ 팩컴북스는 팩컴코리아(주)의 실용서 전문 출판브랜드입니다.
＊ 책값은 뒤표지에 있습니다.

차례

책머리에

인간의 아기는 정말로 놀라운 존재며, 이 책은 바로 이 사실을 찬양하기 위한 것입니다. 아기에 관한 수많은 책들이 부모의 관점에서 준비된 육아서로, 아기를 어떻게 돌볼 것인가에 대한 조언을 제공하고 있습니다. 하지만 이 책은 그와는 성격이 다른 책입니다. 조언을 주기보다는 아기가 태어나서 첫 두 해 동안 어떻게 성장하는가를 정확하게 포착하되 아이의 관점에서 포착한 온갖 정보를 전하고자 하여 마련된 책입니다. 이 같은 정보를 제공받은 부모는, 아기가 자그마한 모습으로 온갖 위험에 노출된 채 말도 못하는 상태로 태어나는 바로 그 순간부터 이미 걷고 말하고 세상에 도전하고 있는 때인 두 번째 생일을 기념하는 순간에 이르기까지, 작고 어린 자신의 아기를 돌보는 데 최선의 방법이 무엇인가를 스스로 결정해야 할 것입니다.

아마도 아기에 관한 사실 가운데 무엇보다도 놀라운 것은 임신에서 출생까지 아홉 달 동안 아기의 몸무게가 경이롭게도 30억 배로 증가한다는 사실일 것입니다. 이처럼 경이로운 성장 속도는 태어나자마자 극적으로 줄어들게 되어, 태어날 때부터 두 살이 될 때까지 아기의 몸은 단지 네 배로 커지게 됩니다. 부모가 보기에는 이 같은 성장 속도도 대단히 인상적인 것이겠지요. 하지만 자궁 안에서 일어나는 놀라운 성장 속도에 비하면 이는 아무것도 아니지요.

진화의 여정

아기의 특성과 능력을 펼쳐 보이는 일은 간단치가 않습니다. 아기의 자그마한 몸을 뒷받침하는 것은 특별한 순서에 맞춰 다양한 특성들이 발달해 나가도록 도운 100만 여 년의 인간 진화 과정이니까요. 갓 태어난 세상의 모든 아기들에게 필요한 것은 이 진화의 결과가 제대로 드러나기에 알맞은 환경입니다.

진화는 갓 태어난 아기를 도저히 거부하기 어려운 매력에 감싸이게 했으며, 이 같은 매력으로 인해 부모는 아기를 돌보고 보살피며 먹을 것을 주고 또 청결함과 포근함을 제공하지 않을 수 없지요. 제아무리 닳고닳은 어른들이라고 할지라도 혼자 힘으로는 아무것도 할 수 없는 아기를 그들의 팔에 안은 채 마주하다 보면 사랑에 빠져 그 아기의 보호자가 되지 않을 수 없습니다. 무언가를 묻는 듯한 커다란 눈으로 어른들을 바라보는 아기와 마주하다 보면 사랑하지 않을 수 없게 되지요.

부모의 역할

인간의 경우 부모가 아기 양육 때문에 지는 부담은 엄청난 것으로 거의 20년의 세월 동안 지속됩니다. 그런데 아기 양육은 부담스러운 일일 뿐만 아니라 강렬한 즐거움의 원천이기도 하지요. 아기는 단순한 아기 그 이상의 존재입니다. 아기들은 우리가 유일하게 소유하고 있는 불멸의 증거기도 하지요. 아기들이 우리의 유전적 계보를 이어나가고, 그럼으로써 우리가 삶을 마감하더라도 우리 자신의 유전 인자가 살아남을 것임을 보장해 준다는 점에서 그러합니다.

아기가 태어나서 살아가는 삶의 첫 두 해가 중요하다는 점은 아무리 강조해도 지나치지 않을 것입니다. 이 예민한 시기에 아기가 습득하는 수많은 특성들은 생애 마지막까지 아기에게 흔적으로 남아 있게 될 것입니다. 풍요롭고 다양하고 흥미로운 환경을 제공받고 그 환경 안에서 탐구를 시작하도록 격려 받고 또 신뢰할 만한 부모가 사랑으로 보살피는 경우, 그 아기는 후에 가서 확고한 호기심, 창조적 경외감, 능동적 지성을 획득할 최상의 기회를 얻게 될 것입니다. 새로 태어난 아기는 이 같은 발달에 요구되는 장치를 유전적으로 전해 받아 이를 자신의 연약한 머리 안에 간직하고 있습니다. 아기의 부모가 해야 할 일은 이 장치가 깨어나서 작동하도록 아기에게 적절한 환경을 마련해 주는 것이지요. 그리하여 아기가 지니고 있는 인간적 잠재력을 마음껏 발휘하게 해야 할 것입니다. 비결이 있다면 자연스러운 사랑의 느낌이 스스로 드러나도록 하는 일입니다. 아기가 건강하게 성장하기 위해 필요로 하는 것은 보호자의 엄청난 사랑과 보호자에 대한 아기의 완벽한 신뢰감입니다.

세상에 하나뿐인 우리 아기

이 책을 통해 우리가 주목하고자 하는 것은 아기가 태어나서 보내는 첫 두 해 동안 모든 아기한테서 확인되는
공통된 특징이지만, 모든 아기는 저마다 유일한 존재임을 결코 잊어서는 안 될 것입니다. 모든 아기는 지구
위에 존재하는 다른 어떤 인간한테서도 발견될 수 없는 독자적인 DNA를 소유하고 있습니다. 심지어 일란성
쌍둥이들조차도 서로 다른 지문을 지닌 채 태어납니다. 이 같은 아기의 유전적 특성은 아기에게 주어지는
고유의 교육 및 환경과 결합하여, 아기를 개성을 지닌 어른으로 성장하도록 합니다.

신체적 편차

저마다 서로 다른 속도로 성장하고 능력을 키워나가는 아기들을 놓고
보면, 어떤 아기는 다른 아기들보다 한결 느리고 어떤 아기는 한결
빠릅니다. 이 사실을 부모는 항상 잊지 말아야 할 것입니다. 저마다 서로
다른 몸무게를 지닌 모든 아기들을 비교해 보면, 다른 아기에 비해 한결
더 몸무게가 나가는 아기도 있고 한결 덜 몸무게가 나가는 아기도 있을
것입니다. 때때로 양극단을 비교해 보면 그 편차가 엄청나기도 합니다.
이제까지 확인된 바에 따르면, 태어날 때 가장 몸무게가 많이 나간
아기와 가장 몸무게가 적게 나간 아기 사이에는 35배 이상의 차이가
난다고 합니다. 따라서 이 책이 제시하고 있는 발달 시기는 다만
어림짐작에 불과한 것입니다.

개성의 발현

아기들은 성격 면에서도 상당한 편차를 보입니다. 이때 말하는 편차는
환경의 차이에 따른 것이 아니라 타고난 편차를 말하는 것입니다.
여러 아이를 키우고 있는 부모들은 거의 대부분 이렇게 말할 것입니다.
놀랍게도 자기네 아이들이 성격상 서로 뚜렷한 차이가 있음을 확인하게
된다고 말입니다. 조용하고 침착한 아이가 있는가 하면, 활발하고
사회적인 아이도 있고, 또 조심스럽고 끈기 있는 아이도 있을 것입니다.
또한 무슨 일에든 협조적인 아이가 있는가 하면, 다루기 어려운 아이도
있고, 아주 총명한 아이도 있게 마련이지요. 아울러, 이 아이들 모두를
거의 같은 방식으로, 또한 유사한 가정 환경에서 키운다고 하더라도,
아이들은 여전히 뚜렷한 성격상의 차이를 드러낼 것입니다.

DNA의 역할

용모나 성격의 차이는 우리 모두가 저마다 유일한 DNA를 지니고 있고,
이는 오늘날 지구상에서 삶을 살아가는 60억의 인간 모두가
서로 유전적으로 다르다는 사실을 일깨워 주는 징표입니다. 악몽과도
같은 공상 과학 소설을 보면 대량 생산된 인간 로봇들이 등장하는데,
이 로봇들과 우리 인간이 너무도 다른 존재임을 확인케 하는 것이 바로
이 같은 차이지요. 우리가 서로 다름은 이 자그마한 지구 위에서
이어나가는 우리의 삶을 그처럼 즐거운 것으로 만드는 요인이기도
합니다. 하지만, 우리가 서로 다른 존재임을 확인케 하는 수천 가지의
미세한 특징들이 있긴 하나, 우리가 서로 매우 유사한 존재임을
확인시켜 주는 수천 가지의 미세한 특징들도 있습니다. 그리고 이 책이
다루고자 하는 것은 차이점이 아니라 바로 이 같은 유사점입니다.

환경의 역할

새로 태어난 아기 모두가 개별적으로 지니고 있는 타고난 특성뿐만
아니라, 아기의 환경—특히 아기가 성장을 시작하는 가정 환경—이
추가적으로 아기의 성장에 영향을 미칩니다. 모든 아기는 다소 비슷한
속도로 성장하도록 유전적으로 프로그램이 되어 있지요.
하지만 행복한 가정 생활은 이 같은 성장 과정 가운데 어떤 것의 속도를
높일 수도 있으며, 적대적이거나 단조로운 환경은 속도를 늦출 수도
있습니다. 적당한 자극이 풍부하게 존재하는 환경에서 성장하는 아기의
경우, 거칠거나 지루한 환경에 태어난 아기에 비해 훨씬 더 대단한
정신 능력을 갖추게 될 수도 있을 것입니다.

새로 태어난 아기

아기의 탄생

탄생의 순간은 아기에게 엄청난 충격으로 다가옵니다. 자궁 안에서의 삶은 아늑한 것이지요. 따뜻하고 어두운 곳,
조용하고 부드러운 곳, 액체 상태로 모든 것을 끌어안는 곳—그곳이 바로 자궁입니다. 몇 번의 거칠고 모진 수축 작용
끝에 갑작스럽게 그 모든 편안한 환경은 사라지게 됩니다. 이제 밝은 빛이, 소음이, 거친 표면이 지배하게 되고,
엄마의 몸 속에서 즐겼던 신체 접촉을 잃게 되며, 액체가 아닌 공기에 둘러싸이는 가운데 이에 따른 묘한 자극을 받게
됩니다. 당연히 아기는 돌연한 공포에 휩싸여 울음소리를 내지를 수밖에 없지요.

새로운 환경

아기가 태어나자마자 곧바로 맞이하는 환경은 대개의 경우 병원
시설입니다. 여기서는 모든 과정이 신속하게 위생적으로 처리되는
것이 절대 긴요한 것으로 여겨지고 있지요. 가능한 한 신속하게
병원의 의료진들은 탯줄을 조이고 끊은 다음 아기에게 무슨
결함이 없나를 검사합니다. 그런 다음, 아기의 몸무게를 재고
씻긴 후에, 아늑하고 포근한 포대기로 감쌉니다. 건강하고 튼튼한
모습으로 태어나는 거의 대부분의 아기들이 그렇듯, 기분은 쉽게
진정이 되어 평온한 상태가 될 것이며, 이로 인해 탄생의 충격도
그만큼 줄어들 것입니다.

부드럽고 부드럽게

새로 태어난 아기를 관찰해 보면, 소음이나 흥분 상태에 휩싸인
방이 아니라 부드러운 빛으로 채워진 평온하고 조용한 방에서 세상을
맞이하는 경우, 극적인 탄생의 과정 때문에 생길 수 있는 마음의 상흔을
훨씬 덜 받게 됨을 확인할 수 있습니다. 탄생의 순간에는 밝은 빛이
필요할지 모르지만, 일단 아기가 안전하게 세상에 나오게 되면 빛의
강도를 줄이는 것이 좋습니다. 그렇게 하는 것이 새롭게 부과되는
요구에 아기의 눈이 점차적으로 적응하는 데 도움이 됩니다.

새로 태어난 아기를 곧바로 다른 사람이 데려가 검사를 하는 것보다는
엄마의 몸과 가까이 접촉할 수 있게 하는 것이 좋지요. 그렇게 하면
엄마의 자궁 속에서 경험했던 부드러운 몸과의 접촉을 잃지 않아
아기가 겪는 공포감은 크게 줄어들 수 있습니다. 엄마가 스스로 아기를
껴안을 수 있도록 아기를 엄마의 배 위에 올려놓으면, 아기는 지난
9개월 동안 즐겨왔던 따뜻한 몸과의 접촉이 여전히 지속되고 있다는
느낌을 갖게 될 것입니다. 탯줄의 길이가 대략 50cm로 길지도 짧지도
않은 것은 결코 우연이 아니지요. 이는 아기가 아직 태반과 연결되어
있을 때 아기를 엄마의 배 위에 올려놓을 수 있기에
적당한 길이랍니다.

이처럼 보다 편안한 방법으로 다루는 경우 아기는 공포감을 한결 덜
드러냅니다. 계속해서 비명을 질러댄다든가 얼굴을 찡그리거나 하지
않지요. 어려운 여행에서 천천히 회복되는 동안, 아기는 엄마의 몸 위에
조용히 누워 있을 것입니다. 아기 편에서 보면 이 순간에는 급할 것이
하나도 없지요. 아기의 탯줄은 여전히 활동을 하고 있고 출산 과정이
끝날 때까지 몇 분 동안 계속 맥박을 유지할 것입니다. 이 동안에 아기는
공기를 호흡하기 시작합니다. 이 과정에 아기의 자그마한 폐가 서서히
탯줄의 역할을 대신하게 됩니다. 외부의 간섭이 없다면 이 같은 전환
과정은 점진적으로 진행될 것입니다. 동시에 아기는 탯줄을 통해
공급되는 마지막 한 방울의 혈액을 받게 될 것입니다.

초기의 유대감

출산을 돕기 위해 모인 사람들은 어서 빨리 아기를 씻기고 몸무게를
잰 다음 포대기로 감싸고 싶어 안달할지도 모릅니다. 하지만 그들이
잠깐만 기다려 주면 엄마와 아기 양쪽 모두 긴밀한 유대감을 최초로
체험할 시간을 즐기게 될 것입니다. 아기는 곧 회복을 위한 깊은 잠에
빠져들 것이지만, 태어나고 나서 바로 얼마 동안 아기의 의식은 활짝
깨어 있습니다. 그래서 만일 눈을 뜨고 엄마를 바라보는 것이
허락되기만 하면 아기는 자신을 내려다보고 있는 엄마를
올려다보느라고 많은 시간을 보낼 것입니다. 이상적인 상황을
원한다면, 이 같은 친화의 순간을 아기와 엄마 어느 쪽한테서도
빼앗아서는 안 될 것입니다.

마침내 아기의 탯줄을 자를 시간이 옵니다. 탯줄을 자른 다음 아기를
데려다 씻기고 몸무게를 잰 다음 포대기로 감싸야겠지요. 만일 적절한
친화의 시간을 엄마와 함께 보냈다면, 데려다 씻기는 일 등등을 할 때
아기는 한결 덜 긴장감을 느낄 것입니다. 일단 깨끗하게 씻기고
포대기로 감싼 다음에는 다시 엄마의 품으로 되돌아오게 해야 합니다.
아기가 이 세상에서 새로운 삶을 살아가는 첫 며칠 동안, 아기와 엄마는
가능하다면 한시라도 떨어지지 않은 채 함께 있어야 할 것입니다.

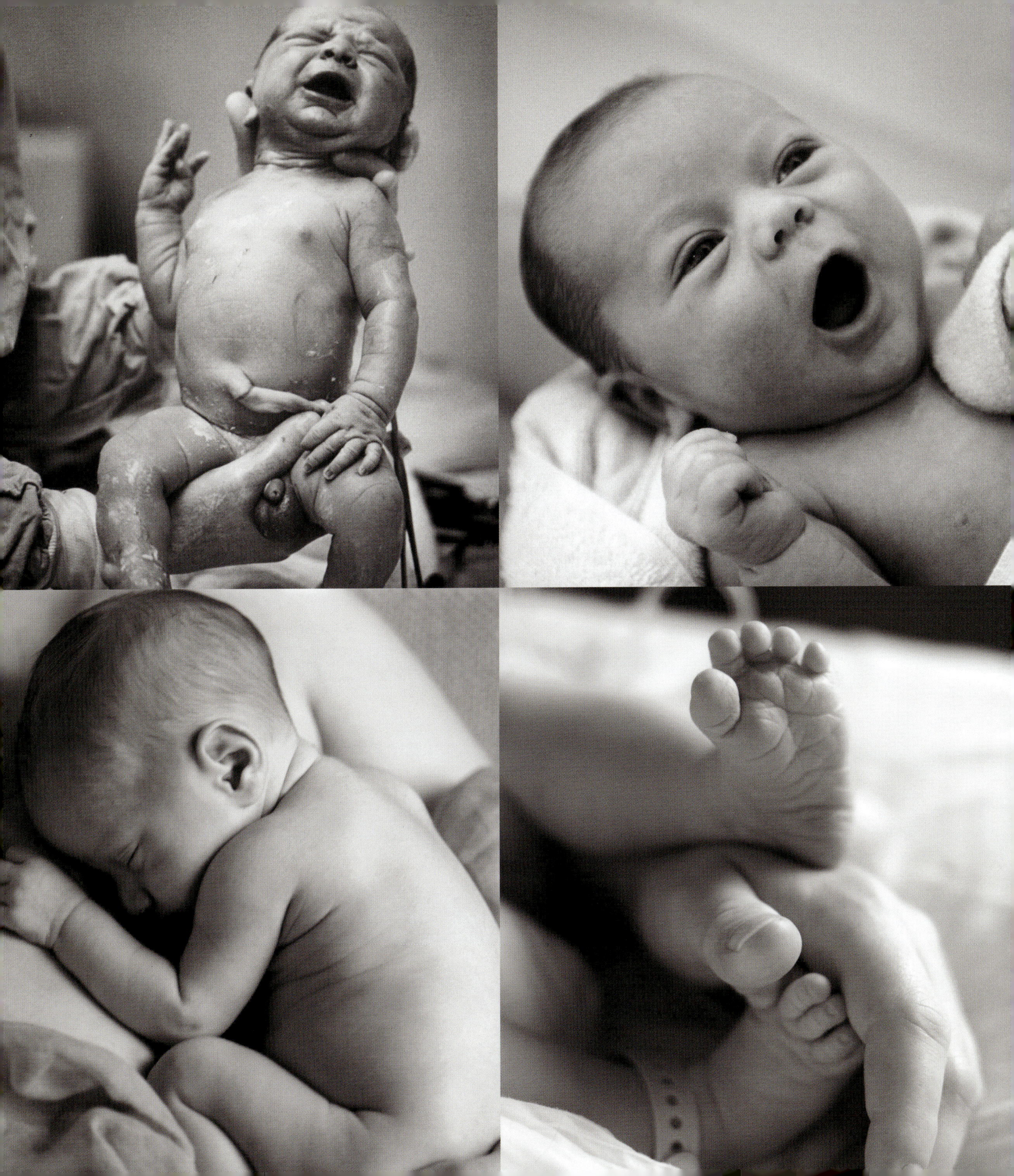

새로 태어난 아기의 몸

자궁 밖으로 나와 삶을 살아가는 첫 며칠 동안, 아기의 몸은 완벽해 보이지 않을 수도 있지요. 하지만 처음 태어날 때 보이던 흠결들은 곧 사라집니다. 따지고 보면, 아기는 몇 달 동안이나 자궁 안에서 몸을 웅크린 채 누워 있었고, 어렵게 산도(産道)를 거쳐 나오는 동안 몸이 수축되는 바람에 육체적 외상을 겪지 않을 수 없었지요. 이 같은 과거의 경험이 남긴 몇 가지 흔적을 자유의 몸이 된 첫 며칠 동안 지니고 있는 것은 놀랄 일이 아니지요.

초기의 불완전함

새로 태어난 아기의 피부는 아기가 겪은 최근의 호된 시련의 징후를 보여줄 수 있습니다. 머리나 목에 붉은 자국이 있을 수도 있는데, 종종 사람들은 이를 '황새한테 물린 자국'이라고 말하곤 하지요. 이 자국은 피부 아래쪽의 실핏줄들이 드러나 보이는 것입니다. 또한 반점(斑點)이나 발진(發疹) 또는 피부가 벗겨진 자국이 눈에 띄기도 합니다. 아기의 몸이 어려운 탄생 과정으로부터 회복하면서, 또한 아기가 자궁 밖의 생활에 익숙해지면서, 이 같은 자국들은 차차 없어지기 시작합니다. 아기가 태어나고 나서 바로 얼마 동안 부모는 이른바 '어릿광대 효과'로 알려진 것을 아기의 몸에서 확인할 수도 있습니다. '어릿광대 효과'란 아기 몸의 절반은 붉은색으로 변하고 나머지 절반은 창백한 빛깔을 띠는 증상을 말합니다. 무해한 이 같은 증상은 혈관의 직경이 변화하기 때문에 생기는 것으로, 일반적으로 아기의 자세나 체온이 변함에 따라 생기는 것입니다. 피부에 얼룩덜룩한 점이 생기는 경우도 흔히 있는데, 이는 순환계가 아직 미숙한 상태여서 생기는 현상이지요. 눈꺼풀이 부어 있기도 한데, 이는 아기가 태어날 때 눈꺼풀 위에 압력이 가해지는 바람에 생기는 현상으로, 이 역시 곧 정상 상태로 돌아갑니다. 때때로 첫 몇 주일 동안 아기의 눈이 사시(斜視)인 것처럼 보이기도 하는데, 이런 현상은 거의 대부분 첫 몇 달 안에 사라집니다.

좁은 산도를 통과해야 함으로써 몸이 수축되는 것과 같은 어려움을 아기가 겪지 않는 방법도 있습니다. 제왕절개 수술을 통해 태어난 아기는 흠이 없고 아기의 머리 모양도 일그러져 있지 않지요. 하지만 제왕절개 수술은 큰 수술이고, 엄마나 아기에게 위험이 따를 수도 있습니다. 그래서 오로지 의학적으로 타당한 이유가 있을 때에만 이 수술을 시행해야 할 것입니다. 연구 결과에 의하면, 제왕절개 수술을 통해 태어난 아기는 자연 분만을 통해 태어난 아기보다 호흡 장애를 더 심하게 겪는 경향이 있다고 하는데, 이는 분만시에 일어나는 중요한 호르몬 변화 및 생리적 변화의 기회를 놓칠 수 있기 때문이라는 것이 연구자들의 생각입니다.

배꼽

태어나고 나서 조금 후에 배꼽 가까운 쪽으로 탯줄을 클램프로 조이고 끊어야 합니다. 아기의 배에 붙어 있는 채 남아 있는 탯줄의 나머지 부분은 곧 자연스럽게 말라 버리기 시작합니다. 만일 그 부분을 공기에 노출시켜 놓는 경우 이 같은 현상은 훨씬 빠르게 진행됩니다. 일단 말라 쪼그라들게 되면, 클램프를 제거합니다. 배에 붙어 있던 탯줄의 나머지 부분은 보통 열흘 이내에 저절로 떨어져 나가게 되지요. 그러면 깨끗한 상태의 배꼽만 남게 됩니다. 어떤 아기의 경우에는 그보다 더 시간이 걸려, 탯줄의 나머지 부분이 저절로 떨어져 나가는 데 세 주일이 걸리기도 합니다. 하지만 오래 걸린다고 하더라도 저절로 떨어져 나가도록 내버려두어야 한다는 것을 잊지 마세요. 마침내 탯줄의 나머지 부분이 떨어져 나가면, 피가 몇 방울 비칠 수도 있지만 이는 곧 말라 버릴 것입니다. 이렇게 해서 생긴 배꼽은 밖으로 튀어나온 모양의 배꼽이 될 수도 있고 안으로 들어간 모양의 배꼽이 될 수도 있는데, 어느 쪽이나 다 전혀 문제가 없는 정상적인 것입니다.

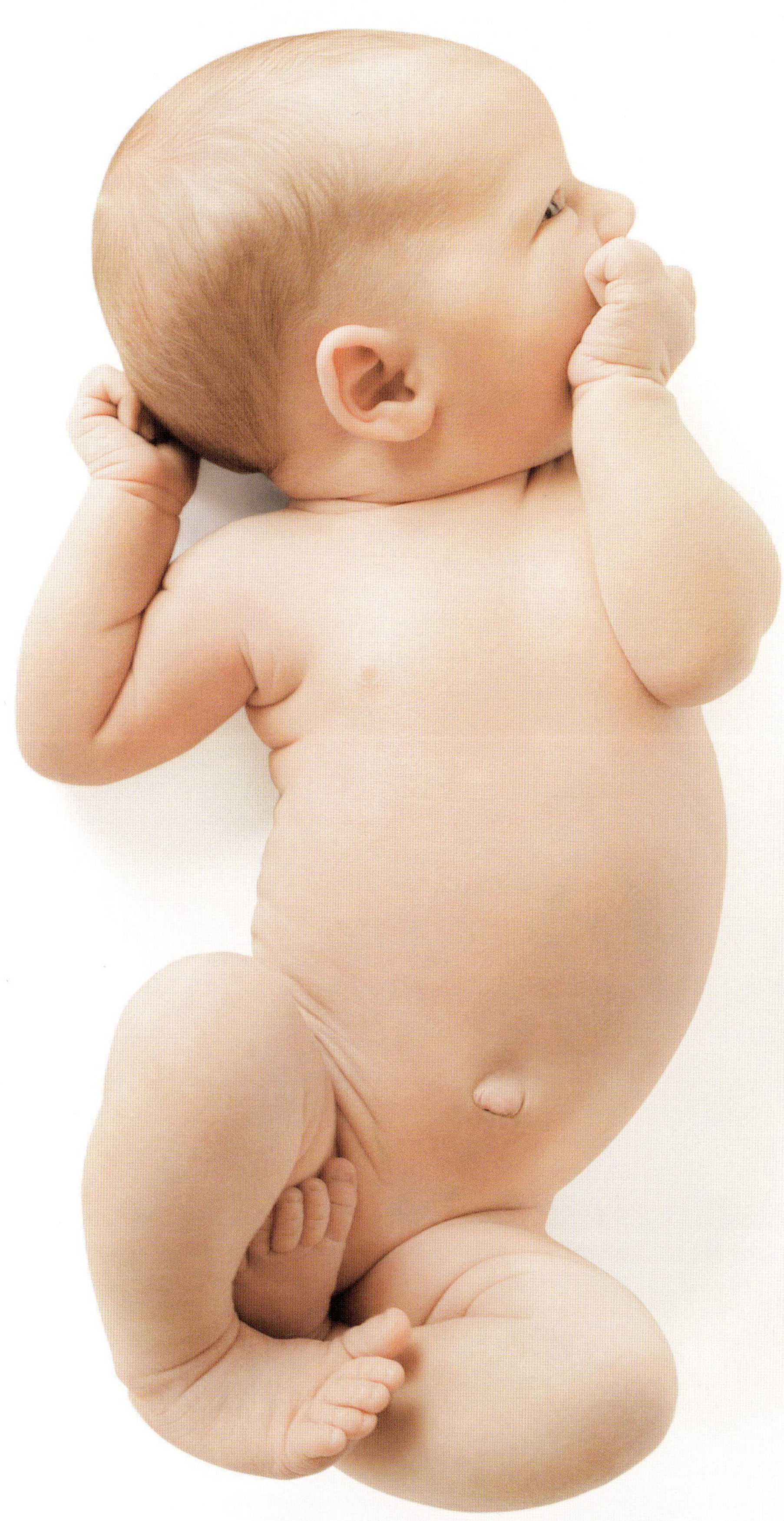

가슴과 성기

새로 태어난 아기 100명 가운데 네댓 명은 젖꼭지에서 젖이
나오기도 합니다. 일반적으로 이는 엄마의 호르몬 레벨이
높아 임신 기간 동안 그 호르몬이 태반으로 흘러 들어간
다음 태어난 뒤에도 첫 며칠 동안 아기의 신체 조직에 남아
있기 때문에 생기는 현상입니다. 아기의 몸에 남아 있던
엄마의 호르몬이 아기의 젖을 자극하여 생기는 현상인
것이지요. 이런 현상은 미숙아한테서는 결코 발견되지
않습니다. 다만 정상적인 임신 기간을 다 채우고 태어난
아기들한테서만 발견되는 현상이지요. 이런 현상이 생기면
젖꼭지 아래쪽이 약간 부풀어오르거나 작은 젖무덤이
생기게 됩니다. 이런 현상은 여자아기나 남자아기 모두
한테서 나타날 수 있는데, 그냥 내버려두는 것이 최상의
방법입니다. 몇 주일 되면 저절로 사라지게 될 것이니까요.

아울러, 자궁 바깥에서 새로운 삶을 시작하는 첫 몇 주일
동안 아기의 신체 조직에 엄마의 호르몬이 남아 있기
때문에, 어울리지 않을 만큼 커다란 성기를 지닌 채
태어나는 경우가 남자아기한테나 여자아기한테나 모두
발견됩니다. 이는 전혀 비정상적인 것이 아니지요.
특히 남자아기의 음낭이 비정상적으로 커 보이는 경우가
많습니다.

몸의 형태

태어날 때 아기의 팔과 다리는 현저하게 짧습니다. 아기의
키는 신체의 다른 부분에 비례하여 성인이 될 때까지 계속
자랍니다. 새로 태어난 아기의 어깨와 궁둥이도 비교적
좁은 편입니다. 머리는 다른 부분에 비해 훨씬 큰데, 어른의
경우 키의 1/8에 해당하는 것이 머리지만 아기의 경우 키의
1/4에 해당하는 것이 머리지요. 대략 첫 일주일 동안
아기는 성장하는 대신 실제로 5퍼센트 가량 몸무게를 잃을
수도 있습니다. 하지만 이는 극히 정상적인 현상으로,
섭취하는 액체의 양이 줄기 때문에 생기는 현상입니다.
엄마의 젖이 나오기 시작하는 데는 얼마의 시간이
필요하며, 첫 며칠 동안 아기는 여러 성분이 함유된
농축유인 초유(初乳)를 섭취해야 하기 때문에 생기는
현상이기 때문입니다. 열흘에서 20일 정도 걸리면 아기는
태어날 때의 무게를 되찾게 되며, 그때부터 꾸준하게
성장의 과정을 계속합니다.

아기의 머리

태어날 때 아기의 머리는 엄마에게 커다란 문제를 일으킵니다. 선사 시대의 여성들이 처음 뒷다리로 일어서서 직립 보행을 시작했을 때, 그녀의 골반은 이 같은 새로운 형태의 이동 방식에 적응해야만 했지요. 이에 적응한 결과, 산도(産道)가 전보다 좁아지고 출산이 전보다 어려워지게 되었습니다. 만일 태아의 두뇌가 크고 단단하다면 아기가 바깥세상으로 나오는 길은 너무나 불편하고 힘든 것이 되고 말았을 것입니다. 따라서 자궁에서 머리를 먼저 내밀고 시작하는 바깥세상으로의 여행을 쉬운 것으로 만들기 위해 무언가 조처가 필요했던 것입니다.

조절 가능한 두개골

아기가 태어날 때 아기의 두개골은 놀라울 정도로 부드럽고 유연합니다. 비록 나중에 가서 견고한, 생물학적 안전 헬멧의 역할을 하여 무엇보다도 소중한 두뇌를 보호하는 일을 하지만, 이 단계에서 두개골은 산도를 통해 세상으로 나올 때 수축의 과정을 거쳐야 한다는 그 어려운 일에 더 관심을 갖습니다. 뼈의 부드러움이 큰 도움이 되지만, 그것만이 다는 아닙니다. 유연하기도 하지만, 두개골은 몇 개의 조각판으로 나뉘어 있어서 서로 약간씩 겹쳐질 수 있지요. 이로 인해 두개골은 좁은 산도를 통해 나올 때 좀더 홀쭉하고 좀더 가느다란 모양으로 바뀔 수 있게 됩니다. 아기의 이동 가능한 작은 턱도 이 같은 과정을 좀더 쉬운 것으로 만들기도 하지요.

자연스러운 일그러짐

새로 태어난 아기의 두개골이 지니고 있는 놀라운 유연성으로 인해, 아기가 바깥세상으로 나올 때 그 아기의 두개골 모습이 약간 일그러지고 심지어 균형이 잡혀져 있지 않은 것처럼 보일 수도 있지요. 이 같은 일그러짐은 출산 과정의 자연스러운 부분으로, 곧 정상의 상태를 되찾게 됩니다. 며칠 안으로 거의 모든 아기들이 대칭을 이룬, 완벽하게 제 모습을 갖춘 두개골을 갖게 되고, 부드러운 두개골 조각판들은 점차적으로 다시금 제 자리를 잡게 되지요. 출산 과정이 극도로 어려웠던 지극히 예외적인 경우에도 아기의 두개골이 제 모습을 찾는 데는 몇 주 이상 걸리지 않습니다. 이처럼 두개골의 일그러짐 현상은 초산일 경우에 특히 현저합니다. 산도는 출산을 거듭함에 따라 출산의 과정이 쉬워지고, 결국에 가서는 아기의 두개골에 그 어떤 일그러짐 현상이 생기지 않게 되지요.

아기가 태어나고 나서 몇 달이 지나면 아기의 두개골은 단단하게 굳어져 아기의 두뇌가 절박하게 필요로 하던 효과적인 보호용 헬멧이 됩니다. 이런 일이 이루어지는 초기 단계에는 아기의 머리가 물리적 손상에 특히 취약하기 때문에, 엄마는 가능한 한 최선을 다해 조심스럽게 아기의 머리를 보호해야 합니다.

부드러운 부분

아기의 두개골을 이루는 조각판들은 아기가 태어나고 얼마 동안 서로 떨어져 있습니다. 조각판들 사이의 틈은 얇은 막으로 된 질긴 세포 조직이 보호하고 있는데, 이 보호막은 예리하고 직접적인 충격을 가하는 경우가 아니라면 모든 형태의 손상으로부터 두개골을 보호할 만큼 강한 것입니다. 아무튼, 머리 위의 여섯 군데 지점에서 이 좁은 틈이 벌어져 있어 천문(泉門)이라고 불리는 '부드러운 부분'을 형성하게 되지요.

두 개의 큰 천문이 머리 위에 자리잡고 있습니다. 전방 천문이 이마 위쪽에 위치해 있고, 후방 천문이 머리 위쪽 뒷부분 쪽 가까이에 위치해 있지요. 나머지 네 개의 작은 천문이 앞쪽과 뒤쪽으로 짝을 이루고 있습니다. 한 쌍의 천문으로 이루어진 전방 소(小)천문은 좌우 양쪽 관자놀이에 위치해 있고, 또 한 쌍의 소천문인 후방 소천문은 머리 뒤쪽 가까이 좌우 양쪽에 위치해 있습니다. 때때로 전방 대(大)천문을 통해 아기의 맥박이 뛰고 있는 것을 볼 수 있기도 합니다.

두개골 조각판이 다른 조각판들을 향해 바깥쪽으로 확장해 감에 따라 부드러운 부분은 차차 사라지게 됩니다. 결과적으로 조각판들이 서로 맞닿아 그 지점에 물결 모양의 봉합선이 남게 되지요. 이 같은 봉합선 부위는 점점 더 단단하고 강해져 마침내 두개골 전체가 하나의 용기로 결합하고, 이렇게 해서 아기의 두뇌를 보호하기 위한 '보호용 헬멧'이 완성되기에 이릅니다. 이런 과정이 이루어지는 데 걸리는 시간은 아기마다 달라서, 빠르게는 약 4개월이 느리게는 약 4년이 걸립니다. 하지만 대부분의 경우에는 18개월에서 24개월 사이에 이러한 과정이 완료되지요.

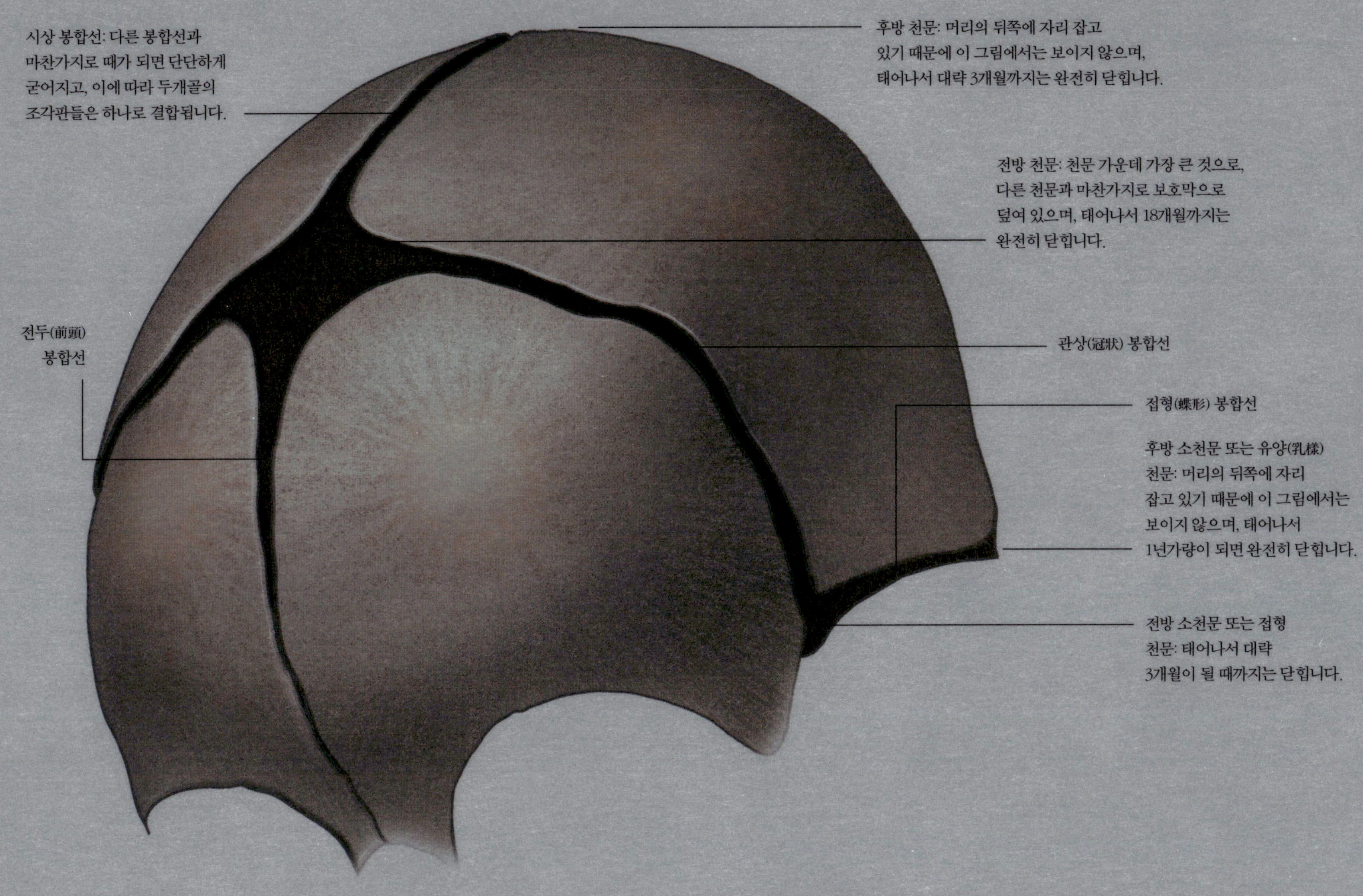

시상 봉합선: 다른 봉합선과 마찬가지로 때가 되면 단단하게 굳어지고, 이에 따라 두개골의 조각판들은 하나로 결합됩니다.
후방 천문: 머리의 뒤쪽에 자리 잡고 있기 때문에 이 그림에서는 보이지 않으며, 태어나서 대략 3개월까지는 완전히 닫힙니다.
전방 천문: 천문 가운데 가장 큰 것으로, 다른 천문과 마찬가지로 보호막으로 덮여 있으며, 태어나서 18개월까지는 완전히 닫힙니다.
전두(前頭) 봉합선
관상(冠狀) 봉합선
접형(蝶形) 봉합선
후방 소천문 또는 유양(乳樣) 천문: 머리의 뒤쪽에 자리 잡고 있기 때문에 이 그림에서는 보이지 않으며, 태어나서 1년가량이 되면 완전히 닫힙니다.
전방 소천문 또는 접형 천문: 태어나서 대략 3개월이 될 때까지는 닫힙니다.

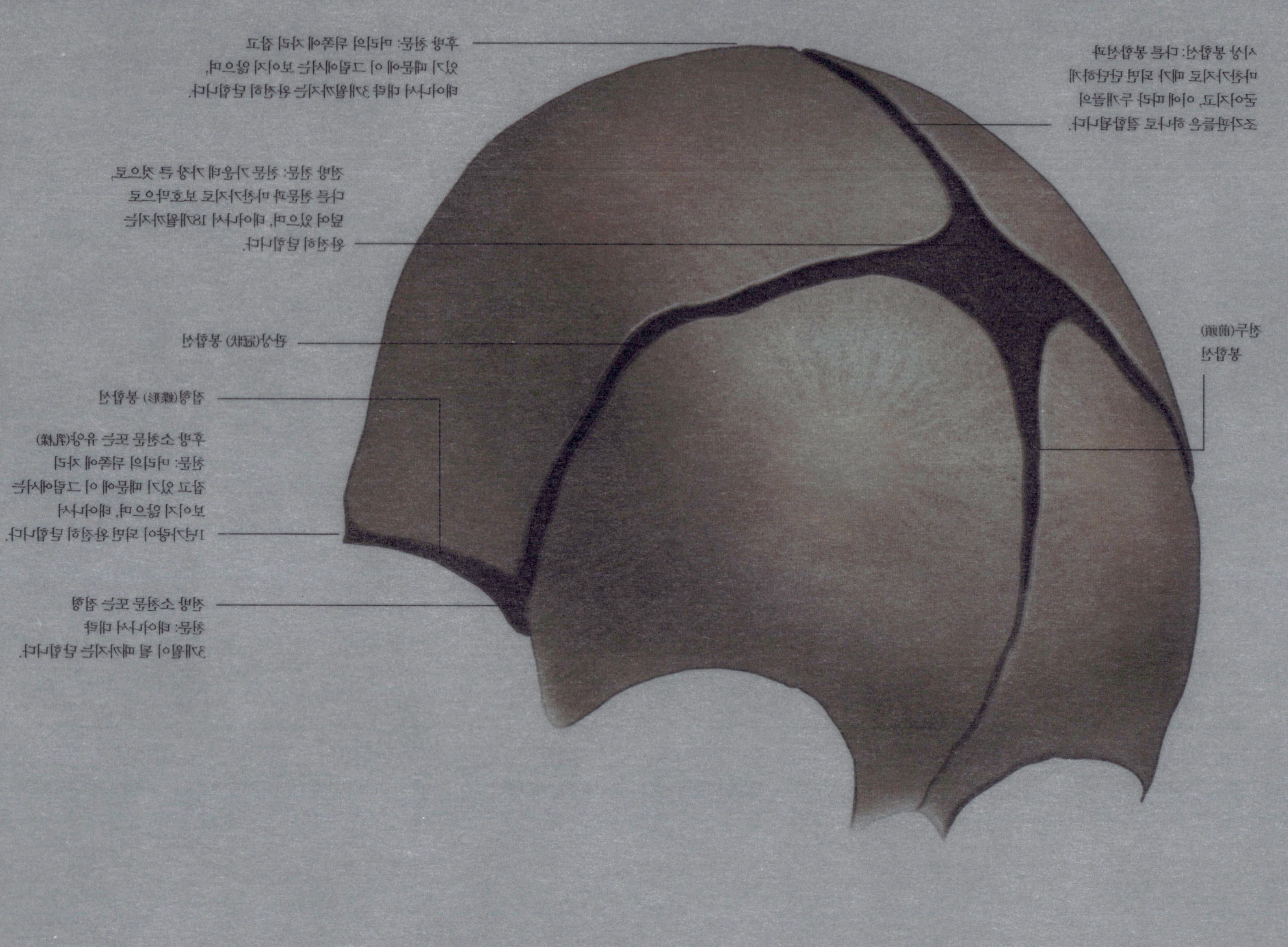

후두(後頭) 봉합선
시상(矢狀) 봉합선
관상(冠狀) 봉합선
시옷(人字) 봉합선
시옷 봉합선: 다른 봉합선과 마찬가지로 때가 되면 단단하게 굳어지고, 이에 따라 숫구멍들이 조각뼈들을 하나로 결합합니다.
봉합선: 태어나서 대략 3개월이 될 때까지는 닫힙니다.
봉합선: 머리의 뒤쪽에 자리 잡고 있기 때문에 이 그림에서는 보이지 않으며, 태어나서 대략 3개월까지는 닫힙니다.
봉합선: 머리 가운데 자리 잡고 있으며, 태어나서 18개월까지는 닫힙니다.

새로 태어난 아기의 피부

태어날 때 아기 몸의 표면은 더할 수 없이 외부의 공격에 취약합니다. 몸을 보호해 주는 털이 없기 때문에,
아기는 너무나도 쉽게 손상될 수 있는 무방비 상태의 부드러운 피부만으로 몸을 감싼 채 거친 바깥세상과
마주해야 합니다. 다행스럽게도 거의 어느 때나 새로 태어난 아기를 감쌀 수 있는 아늑하고도 따뜻한
천이 있습니다. 게다가 자연이 자체의 보호막을 아기에게 제공하고 있지요.

태아 지방막

태어날 때 아기의 피부는 흰빛이 감도는 지방(脂肪)으로 덮여 있습니다.
아기의 피부에 막을 형성하고 있는 이 지극히 중요한 물질은 아기가
태어날 때 결정적인 도우미 역할—말하자면, 윤활유 역할—을 합니다.
이 같은 피부 윤활유가 없다면 엄마가 좁은 산도를 통해 아기를
밀어내어 바깥세상으로 나오게 하는 일은 거의 불가능에 가까운 것이
될 것입니다. 이 '피부 윤활유'는 라틴어 전문 용어로 '베르닉스
카세오사'(vernix caseosa)라고 하는데, 이를 직역하면 '치즈 같은 유약'이
됩니다. '태아 지방막'으로 불리기도 하는 이 물질이 흰색을 띠고 있는
것은 태아의 피지선(皮脂腺)에서 나온 지방 분비물이 태아의 몸에서
떨어져 나온 피부 조각과 뒤섞여 만들어진 것이기 때문입니다.
이 같은 피지선의 활동은 임신 후반기의 마지막 몇 달 동안 특히
활발해집니다. 그리하여 출산의 순간이 가까워질 무렵 태아의 몸은
온통 이 미끈미끈한 윤활유로 뒤덮이게 됩니다.

아기가 세상에 태어난 직후 이 태아 지방막은 임시 보호막으로서의
이차적 기능을 수행하게 됩니다. 아기가 아늑하고 따뜻한 자궁에서
모질게도 밀려나와 세상과 만나게 되었을 때 온도의 급작스런 변화를
견디어낼 수 있도록 도움을 주는 것이 바로 이 태아 지방막이지요.
이는 또한 거친 바깥세상에서 첫 며칠을 보내는 동안 사소한 병원균의
침입으로부터 무방비 상태의 피부를 보호해 주는 방어막의 역할을
하기도 합니다.

어떤 엄마들은 며칠 후 태아 지방막이 저절로 떨어져 나갈 때까지 이를
있는 그대로 두기도 합니다. 어떤 엄마들은 지방막을 걷어내기 위해
따뜻한 물에 아기를 목욕을 시키는 등 가능한 한 빨리 피부를 깨끗이
하는 쪽을 택하기도 하지요. 오늘날의 발달된 위생 처리법에 비추어
보면, 이 보호 지방막을 미리 걷어낸다고 하더라도 아기에게는 해가
거의 없거나 또는 아무런 해도 없습니다.

배냇솜털

태아 지방막이 생성되기 바로 전 임신 후반부 마지막 몇 달 동안 태아의
모낭(毛囊)이 활동을 시작합니다. 이처럼 갑작스럽게 시작되는 모낭의
활동은 윤활유 역할을 하는 태아 지방막을 만드는 데 필요한 풍부한
양의 지방 분비로 이어집니다. 하지만 모낭의 활동은 또한
'배냇솜털'(lanugo)이라 불리는 가느다랗고 폭신폭신한 털의 급속한
성장을 촉진하는 부수적 효과를 가져오기도 합니다.

모든 아기들은 자궁에 있는 동안 잠시 이 같은 배냇솜털로 몸을 감싸고
있습니다. 이는 인간의 생명 주기의 측면에서 볼 때 아주 자연스러운
것이지요. 한편 거의 대부분의 경우 배냇솜털은 태어나기 이전에
사라지고, 출산의 순간에는 다만 미끈미끈한 지방막만 남아 있을
뿐입니다. 하지만 일부 아기들의 경우 배냇솜털막이 사라지는 시간이
약간 더디게 진행되어 태어나고 나서 바로 다음의 순간까지 지연되는
수가 있습니다. 이 때문에 어떤 아기들은 손바닥과 발바닥만 빼고
온통 배냇솜털로 뒤덮인 채 태어나기도 하지요. 어떤 경우에는 얼굴과
어깨 및 등쪽만 배냇솜털로 뒤덮인 채 태어나기도 합니다.
그리고 또 어떤 경우에는 다만 어깨와 등 쪽만 배냇솜털로 뒤덮인 채
태어나기도 합니다.

아기를 처음 가져 보는 엄마들의 경우, 새로 태어난 자기네 아기들의
몸이 배냇솜털로 뒤덮인 것을 보고 걱정하기도 합니다. 하지만
배냇솜털은 보통 며칠 이내 사라지며, 아무리 오래 남아 있더라도 몇 주
이상 가지 않습니다. 이런 현상은 미숙아한테서 특히 자주 확인되는데,
이는 일반적으로 정상 분만의 아기들이라면 모두가 자궁 안에서
배냇솜털로 몸을 감싸고 있을 바로 그 무렵에 태어났기 때문입니다.
또한 아직 생성되기 이전 단계인 태아 지방막을 대신하여
이 배냇솜털이 새로 태어나는 아기의 보호막 역할을 합니다.

아기의 체온

인간은 체온 조절이 큰 문제가 되지 않는 따뜻한 기후대에서 진화를 거듭해 왔습니다. 하지만 지구 표면
이곳저곳으로 퍼져나가면서 우리의 조상들은 엄청나게 높은 기온에서 엄청나게 낮은 기온에 이르기까지
온갖 극단적인 기온과 마주하게 되었고, 추위와 더위 양쪽 모두를 피하기 위해 여러 방법을 모색해 왔습니다.
어른들은 지능의 힘을 빌려 이 방법을 찾아내지요. 예컨대, 몸을 따뜻하게 하기 위해 두터운 옷을 입기도
했고, 몸을 서늘하게 하기 위해 나무 그늘에 머물기도 합니다. 하지만 새로 태어난 아기는 그처럼
체온 조절을 할 수가 없습니다. 그래서 부모의 도움에 기대지 않을 수 없지요.

적정 체온

모든 아기는 체온 조절이라는 어려운 문제에 취약합니다.
그래서 아기들에게 필요한 이상적인 기온이 어떤 것인지를 가늠해 보는
일이 중요합니다. 무엇보다도 결정적으로 중요한 것은 '중립적 보온
온도'로, 이는 거의 아무런 노력을 기울이지 않아도 몸의 체온을 적정
상태로 유지할 수 있을 때의 온도를 가리킵니다. 새로 태어나 발가벗은
상태의 아기에게는 이 '중립적 보온 온도'가 상당히 높아 섭씨 32도가
됩니다. 하지만 포근한 옷으로 감싸자마자 이 온도는 섭씨 24도로
떨어집니다. 태어나서 몇 주일이 되면 아기는 벌써 자신의 체온 조절
능력을 향상시키기 시작하게 되며, 옷을 잘 입히는 경우 아기는
섭씨 21도 정도보다 약간 낮은 온도에서 잘 지낼 것입니다.

소중한 비밀 무기

달수를 다 채우고 태어난 아기는 하나의 특수한 열 조절 장치를
소유하고 있는데, 이것은 바로 체온 유지를 위한 '갈색 지방
조직'입니다. 태어날 때 아기 몸의 5퍼센트가 이 지방 조직으로
이루어져 있으며, 이는 등과 어깨 및 목에 퍼져 있지요. 만일 아기의
몸이 과도하게 차가워지기 시작하면 특수한 화학 작용을 거쳐 이 지방
조직이 열을 발산합니다. 아기가 성장하면서는 몸이 차가워지는 것을
막는 다른 방법을 발달시켜 나감에 따라 갈색 지방 조직은 점차적으로
일반적인 백색 지방 조직으로 바뀝니다.

지나친 체온 상승

아기의 체온이 지나치게 올라가는 데 관여하는 몇 가지 요인이
있습니다. 아기가 지나치게 덥다고 느끼면, 본능적으로 아기는 따뜻한
이불을 걷어차려 하지요. 담요는 아기가 다리를 이용하여 밀쳐낼 수도
있습니다만, 단단하게 몸을 감싼 옷은 문제를 심각한 것으로 만들 수도
있습니다. 또한 아직까지 아기는 더운 곳에서 선선한 곳으로 몸을 옮길
능력이 없습니다. 만일 아기가 무언가가 잘못되었음을 부모에게
알리기 위해 가능한 한 큰 소리로 울게 되면, 이처럼 격렬하게
우는 행위는 아기의 체온을 더욱 높일 뿐입니다.
울음으로 인한 에너지 소모가 신진대사를 더욱 활발하게 하기

때문이지요. 만일 부모가 아기한테 다가와서 보고는 배가 고프기
때문에 우는 것이라고 잘못 생각하여 따뜻한 젖을 먹이게 되면
아기에게 어려움만 더해 주는 셈이 될 것입니다. 어른의 경우,
뜨거운 음료가 몸을 시원하게 하는 데 도움이 되는 땀을 흘리게 하지요.
하지만 아기가 태어나서 첫 두 해 동안은 땀샘 조직이 활발하게
활동하지 않습니다. 게다가 아기의 경우에는 풍부한 지방 조직이 특히
잘 발달되어 있습니다. 이런 요인들은 체온이 지나치게 떨어지는 것을
방지하고 또한 체온의 손실을 막아 줍니다. 하지만 체온이 지나치게
올라간 아기에게 또 다른 문제를 일으킬 수도 있지요.

지나친 체온 강하

추위는 아기가 마주처야 할 또 하나의 위험 요소입니다.
아기의 체온이 지나치게 떨어지는 경우, 어려움 가운데 하나는 아기가
곤경에 처해 있음을 부모 쪽에서 판별하기가 항상 쉽지만은 않다는 데
있지요. 왜냐하면 아기가 곤히 잠들어 있으면 몸의 신진대사가
활발하지 않아 심각할 정도로 체온이 떨어져도 제대로 반응하지 못하기
때문입니다. 일단 깨어나기 시작하면, 아기는 추위를 느끼고 큰 소리로
울음으로써 이에 반응할 것입니다. 그리하여, 부모가 주의를 기울이게
되었을 즈음에는 아기의 몸은 이미 차가워지기 시작했을지도 모릅니다.
설상가상으로, 아직 아기의 능력으로는 체온을 올리는 방법 가운데
하나인 '몸을 부들부들 떨기'도 할 수가 없습니다.

미숙아의 경우

추위로 인해 아기가 겪어야 하는 위험은 미숙아의 경우 더욱
심각합니다. 왜냐하면 몸의 체내 온도를 유지하는 데 너무나도 중요한
갈색 지방 조직이 아직 발달되어 있지 않기 때문이지요.
이런 이유 때문에 방의 온도가 충분히 높지 않으면 아기의 체온은
급격히 떨어질 수 있습니다. 미숙아를 위한 인큐베이터는 보통
섭씨 32도를 유지하고 있습니다만, 온도 조절 장치가 대단히 정밀하고
정확한 것이어야 합니다. 온도가 단 몇 도만 올라가도 심각한 고온
상태가 될 수 있기 때문입니다.

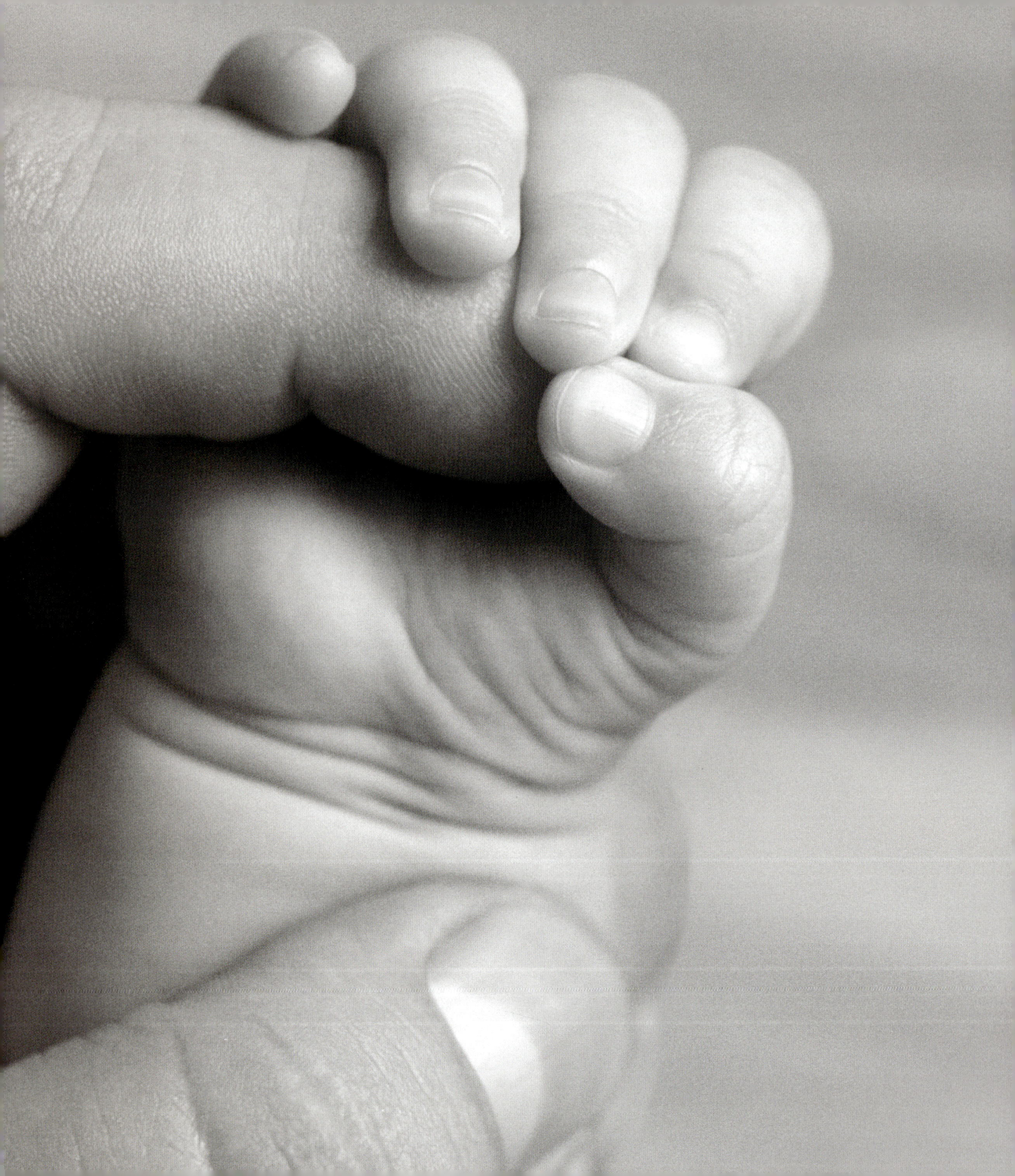

아기의 반사 반응

아기는 두뇌의 아주 오래된 부위(하등 동물과 인간이 공유하고 있는 두뇌 부위)에 의해 통제되는 몇 개의 자동적인
반사 반응 능력을 갖춘 채 이 세상에 태어납니다. 비록 태어나는 순간부터 아기는 이 불변의 원시적 반응
능력을 모두 갖추고 있지만, 하나(놀람 반사 반응 능력)만 빼고 곧 그러한 능력들은 자취를 감추기 시작할
것입니다. 그리고 보다더 발달된 두뇌 부위에 의해 통제되는 다양한 행동들이 그 자리를 대신할 것입니다.
이 같은 원시적인 반사 반응 능력들은 우리의 오랜 과거를 생생하게 일깨워 주는 것이라 할 수 있겠지요.

모로 반사

새로 태어난 아기는 자신의 몸이 어딘가에서 떨어지고 있다고 느끼면,
팔을 바깥쪽으로 내뻗고 가능한 한 넓게 손가락을 펼친 채 손바닥을
폅니다. 그리고는 마치 무언가를 껴안으려는 듯 팔을 하나로 모으지요.
만일 다리를 자유롭게 움직일 수 있으면 이 역시 같은 방법으로
움직입니다. 이는 아기 원숭이가 엄마 원숭이의 몸에서 떨어지고
있다고 느끼는 순간 엄마 원숭이의 털에 매달리기 위해 팔이나 다리를
뻗을 때 취하는 행동이기도 합니다.

원시 시대의 엄마가 몸에 덮인 털을 모두 잃었을 때 아기의 이 같은
방어 행동은 무의미한 것이 되었고, 그래서 사라지기 시작하게
되었지요. 오늘날 이는 불완전한 형태로 남아 있습니다. 말하자면,
아기가 실제로 자기 엄마의 몸에 매달리려고 하는 순간에 이르기까지
그와 같은 행동은 이어나가지는 않지요. 이처럼 비록 엄마한테
매달리려는 반사 반응 능력 그 자체는 온전한 상태로 남아 있지는
않지요. 하지만 잔재로 남아 있는 몸짓은 나름대로 의미가 있는
것이라고 할 수 있습니다. 이런 행동은 엄마에게 자기 아기가 갑자기
불안감을 느끼고 있으며 육체적으로 안전하지 못하다고 느끼고
있음을 알려 주는 역할을 하기 때문입니다.

이러한 반사 반응은 의학적인 가치도 있는데, 새로 태어난 아기의
팔다리가 제대로 움직이는가를 의사가 검사하고자 할 때 도움을 주기
때문입니다. 건강한 아기가 자기 몸의 균형을 잃었다고 느끼면
그 아기는 좌우 대칭이 되도록 팔다리를 갑자기 내뻗게 마련이지요.
새로 태어난 아기에게 떨어지고 있다는 느낌을 줌으로써, 의사는
아기 몸의 양쪽 팔과 다리가 동일한 각도로 벌어지는가를
확인할 수 있습니다.

모로 반사 능력(오스트리아의 소아과 의사 에른스트 모로[Ernst Moro]가 최초로
발견하여 그의 이름을 따서 명명한 것임—옮긴이)은 지속적으로 오랫동안
나타나지 않습니다. 모든 아기는 태어날 때 이 능력을 보여 주며,

6주가 되었을 때에는 아직 97퍼센트의 아기가 이 능력을 보여 줍니다.
곧 이어 이 능력은 강도가 떨어지기 시작하여, 2개월까지는 완전히
사라질 수도 있습니다. 보다 일반적으로는 3개월에서 4개월까지는
사라지지 않고 남아 있습니다. 그리고 6개월까지는 확실하게
사라질 것입니다.

움켜쥐기 반사

아마도 새로 태어난 아기들이 보여 주는 그 모든 자동적인 반사 반응
능력 가운데 가장 놀라운 것이 움켜쥐기 반사 반응 능력 또는 손바닥
반사 반응 능력일 것입니다. 이는 진화 과정이라는 우리의 과거를
일깨워 주는 또 하나의 놀라운 반사 반응 능력으로, 우리의 조상들이
몸을 덮고 있던 털을 상실하기 이전의 시간을 생각나게 하기도 합니다.
그 당시에는 어미가 어린 새끼들을 데리고 다닐 때 새끼들은 언제나
어미의 털에 꼭 매달려 있었지요. 부모가 새로 태어난 아기의
두 손바닥에 좌우 양쪽의 집게손가락을 올려놓으면 아기의 자그마한
손가락들이 부모의 손가락을 꼭 쥐고 이에 매달립니다. 놀랍게도,
아기가 꼭 쥐고 있는 양쪽 손가락을 부모가 부드럽게 들어올리면,
너무도 힘이 없어 보이는 아기가 부모의 두 손가락을 놓지 않은 채
허공으로 들어올려집니다. 새로 태어난 아기의 움켜쥐는 힘은 너무도
강해서 아기의 몸 전체가 허공에 들어올려질 정도지요.
꼭 쥔 두 손의 열 개 손가락에 자기 몸을 맡긴 채 말입니다.

빠르게 성장하는 몇몇 아기들의 경우 이 기묘한 능력은 일주일도
안 되어 사라질 수 있지요. 한편, 보다 일반적인 경우, 아기들에게
이 능력은 몇 주 동안 계속 나타나기도 합니다. 몇몇 아기들한테는
몇 달이 지난 다음에도 여전히 이런 능력이 남아 있기도 하지요.
하지만 6개월까지는 움켜쥐기 반사 능력은 완전히 사라지고,
효과적으로 무언가를 쥘 수 있는 능력—말하자면, 자기 손으로 세상을
탐구하기 시작하는 나이에 든 아기들이 자기 의지로 물건을 쥐는
자발적 능력—이 생기는 다음 단계에 이르기 전까지 얼마 동안
휴지기(休止期)가 있게 마련입니다(68쪽 "아기의 손" 참조).

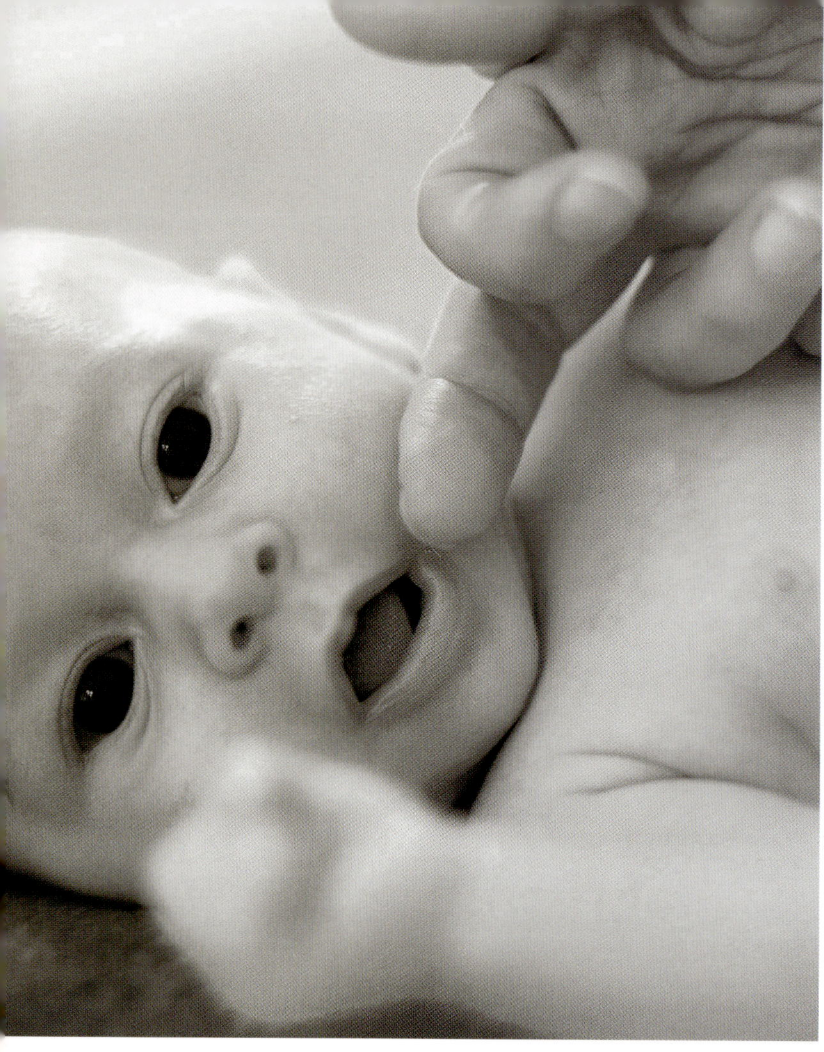

놀람 반사

놀람 반사 반응 능력은 아기의 몸 가까이에서 커다란 소음이나 예기치 않은 소음이 났을 때 확인되지요. 이런 일이 일어나면, 아기의 몸이 경직되고 어깨가 움츠러들며, 무언가의 공격에서 자기 몸을 방어하려는 듯 팔을 위쪽으로 움직입니다. 이는 본질적으로 자신을 보호하기 위한 반응으로, 다른 반사 반응 능력들과는 달리 몇 달 안에 사라지지 않습니다. 이는 삶을 살아가는 동안 계속 남아 있으며, 어른이 되면 오히려 더 강해지지요.

바빈스키 반사

만일 부모가 뒤꿈치에서 시작하여 발가락까지 아기의 발바닥을 쓰다듬어 주면, 아기의 발이 안쪽으로 굽는 동시에 발가락들이 부채 모양으로 벌어집니다. 이는 아기의 신경계가 아직 충분하게 발달하지 않았기 때문에 나타나는 현상이지요. 6개월에서 18개월 사이의 나이가 되면 아기는 성인이 그러하듯 발가락을 오므리는 반응을 보이게 됩니다(폴란드계 프랑스의 신경학자 요셉 바빈스키[Joseph Babinski]가 최초로 밝혀 그의 이름을 따서 '바빈스키 반사'라고 함―옮긴이).

걸음마 반사

아기를 똑바로 세워 놓은 채 팔 아래쪽을 받쳐 주면 아기는 마치 걸어가려는 듯 발을 앞쪽으로 옮깁니다. 이 초창기 반사 반응 능력은 약 2개월이 지나면 사라집니다.

먹이 찾기 반사

모유를 먹이기 전에 일어나는 아주 중요한 자동적인 반사 반응을 먹이 찾기 반사라고 하는데, 아기는 자기 뺨에 부드럽게 접촉이 되는 보드라운 표면 쪽으로 얼굴을 돌립니다. 젖꼭지나 젖가슴의 피부, 심지어는 가볍게 어루만지는 손가락도 바로 그런 반응을 불러일으킬 수 있지요. 자극이 주어지는 방향으로 아기는 자동적으로 머리를 돌리는 동시에 입술을 내밀기 시작합니다. 만일 엄마가 아기한테 젖을 빨도록 하기 전에 아기의 뺨을 가볍게 어루만지면, 이는 아기에게 다음 단계가 무엇인지 미리 알려 주는 행동이 될 것입니다. 말하자면, 젖을 먹을 시간이 되었음을 알려 주는 것이 되지요.

빨기 반사

모든 아기는 아직 자궁 속에 있을 때 빨기 반사 반응 능력을 보여 줍니다. 태어난 후에는 아기의 입천장을 건드리는 것만으로 그런 반사 반응을 불러일으킬 수 있습니다. 이런 능력으로 인해 젖을 제대로 빨 수 있을 만큼 젖꼭지를 꽉 문 채 놓치지 않을 수 있게 되지요. 이 같은 반사 능력은 2개월에서 4개월이 되면 자기 의지에 의해 젖을 빠는 행위로 바뀌게 됩니다.

펜싱 자세 반사

긴장성 목 반사로 알려져 있기도 한 이 같은 반사 반응 능력은 아기를 똑바로 뉘었을 때 나타납니다. 아기는 머리를 한쪽으로 돌리고, 반대쪽의 팔과 다리는 구부린 채 돌린 쪽의 팔과 다리를 쭉 펴게 되지요. 이러한 반사 반응 능력은 태어날 때부터 나타나기도 하고 약 2개월일 때 나타나기도 있지요. 대체로 약 4개월 동안 이 같은 반응 능력이 지속됩니다.

아기의 헤엄치기

새로 태어난 아기는 육체적으로 무력하며, 자궁 안에서 지내던 나날부터 너무도 친숙해져 있는 태아 시절의
자세로 몸을 웅크린 채 대부분의 시간을 보냅니다. 손은 꼭 움켜쥐고 발가락은 종종 발바닥 안쪽으로
오므라뜨린 상태로 말입니다. 옷을 벗기면 아기는 팔과 다리를 이리저리 흔들기도 합니다. 그러는 가운데
어쩌다 손가락이나 엄지가 아기의 입 주변으로 가면, 아기는 그것을 빨려고 하지요. 아기는 아직 이 장소에서
저 장소로 몸을 옮길 능력을 갖추고 있지 못합니다. 하지만 물에서라면 그렇지가 않지요.

헤엄을 치는 아기들

최근 몇 년 사이에 이루어진 더할 수 없이 놀라운 발견 가운데 하나가
새로 태어난 아기들이 헤엄을 칠 수 있다는 것입니다. 실험에 의하면,
부모가 아기의 배를 손으로 받친 채 아기의 얼굴을 따뜻한 물 속에
잠기게 하면, 아기는 겁을 먹지 않은 채 자동적으로 호흡을 정지하고
느긋한 자세로 물 속에 떠 있게 된다는 것입니다. 눈을 크게 뜬 채
물 아래쪽 바닥을 응시하면서 말이죠. 만일 배를 받치고 있던 손을 아주
부드럽게 치우게 되면, 아기는 팔다리를 이용해 헤엄을 치는 동작을
하기 시작하고 물 속을 돌아다닌다는 것입니다.

비록 새로 태어난 아기가 대기 중에서는 이 장소에서 저 장소로 몸을
움직여 갈 수 없지만, 이처럼 일단 물 속에 떠 있도록 하면 아기는
갑자기 놀라울 정도로 활동적이 된다는 것입니다. 아기는 아무런
훈련을 받지 않은 상태라도 태어날 때부터 대단히 유연하게 또한
조화롭게 헤엄을 쳐서 능률적인 방법으로 자신의 몸을 앞으로 나아가게
하는 행동을 할 수 있지요. 다시 말해, 아기는 걸을 수 없을 때도 헤엄은
칠 수 있습니다. 심지어 아기는 기어다니기도 전에 헤엄을 칠 수 있지요.
이를 어떻게 설명할 수 있을까요?

자궁 속으로의 회귀?

명백한 답은 아기가 지난 9개월 동안 있었던 액체 상태의 세계를 즐거운
마음으로 떠올리고 있기에 물 속에서 편안함을 느낀다가 되겠지요.
하지만 이런 설명에는 결함이 있습니다. 자궁 안에서 아기는 폐를
사용해 본 적이 없지만, 물 속에서 헤엄을 칠 때는 자신의 호흡을 조절할
수 있으니까요. 입이 물에 잠기자마자 아기는 자동적으로 자신의
숨쉬기 활동을 억제합니다. 뿐만 아니라, 자궁 안에서는 헤엄을 칠
빈 공간이 있지도 않은데, 물 속에서 아기는 적당한 속도로 자신의 몸을
움직여 앞으로 나가도록 팔과 다리를 조화롭게 사용합니다.

우리 생명의 근원은 물

따라서 새로 태어난 아기의 헤엄치기는 우리가 전에는 목격한 적이
없는 신기한 형태의 동작인 셈이지요. 이는 다만 우리의 진화 과정의
초기 단계를 나타내는 것이라고 말하는 것 이외에 달리 설명할 길이
없습니다. 그러니까 우리의 조상이 오늘날의 우리보다 한결 더 물과
친숙했던 때가 있었던 것이지요. 슬프게도, 이는 다만 흔적으로만
남아 있는 동작, 현재 지속이 되고 있지 않는 과거의 유물일 뿐입니다.
아기가 태어난 후 3개월에서 4개월까지는 이 같은 능력은 사라지고
맙니다. 이 시기가 지난 다음부터는 아기를 물 속에 넣으면 겁을
먹습니다. 그리고 오랜 시간이 지나서야 헤엄을 치는 능력이
되돌아오지요. 헤엄을 치는 능력이 되돌아온다고 해서 그것이 예전의
것과 같은 것은 아니지요. 이는 예전의 것과는 성격이 전혀 다른 것으로,
아이가 현재보다 몇 살 더 먹을 때 점차적으로 습득해야만 하는 기술,
학습의 결과로 얻는 기술일 뿐입니다.

새로 태어난 아기에게 헤엄을 치도록 하는 것은 너무도 예외적인
일이기 때문에 이를 시도하고자 할 때에는 극도의 주의를 기울여야
한다는 점을 힘주어 말하지 않을 수 없군요. 아기는 단지 몇 센티미터
깊이의 물에서도 쉽게 익사할 수 있습니다. 따라서 여러 명의 어른이
곁에 지켜 서서 '비상시'를 대비해야 합니다. 아울러, 아기가 헤엄치는
물은 우리 주변에 흔히 있는 수영장의 물보다 한결 더 따뜻한 것이어야
할 필요도 있지요. 또한 무엇보다도 중요한 것은, 고도의 염소 처리가
되어 있는 물을 사용하는 일이 오늘날 수영장에서는 너무나도
일반화되어 있는데, 아기에게 이러한 물 속에서 헤엄을 치도록 해서는
안 된다는 것입니다. 아기들은 물 속에서 눈을 크게 뜨기 때문에
거친 화학 물질이 섬세한 아기 눈의 각막을 손상시킬 수도 있지요.
이 같은 요인들이 한데 어우러져 아기에게 헤엄을 치게 하는 일을
어렵게 만들고 있습니다. 이런 어려움만 없었다면 아기에게 헤엄을
치게 하는 일은 한결 더 널리 일반화될 수 있었겠지요.
그렇게 되지 못한 것은 애석한 일이 아닐 수 없는데, 자신들이 진실로
놀라운 아기의 부모들이라는 점을 부모들에게 깨닫게 하는 여러 방법
가운데 또 하나의 방법이 이것이기 때문입니다.

아기의 신체 조직

탯줄이 끊기고 새로 태어난 아기가 첫 호흡을 하는 순간부터, 아기의 몸 내부에 있는 기관들은
함께 효과적으로, 독립된 개별 생명체의 핵심 구성 요소로서 활동을 시작합니다.
혈액순환계의 재조직화가 그 첫 단계입니다.

호흡하기 이전의 아기 몸

태어나기 전의 아기는 아기에게 필요한 모든 자양분과 산소를 탯줄에
있는 정맥을 통해 받아들입니다. 이 정맥은 대체로 아기의 간을 통해
아기에게 혈액을 전달하기도 하지만, 이와 동시에 정맥관(靜脈管)이라고
하는 특별한 혈관을 통해 아기에게 직접 전달하기도 합니다.
아기의 심장 안에서는 좌우 심방 사이의 통로와 관련이 있는 특수한
태아 순환기 활동이 이루어집니다. 이 순환기 활동은 현재 활동을 하고
있지 않는 폐로 흘러 들어갈 혈액의 양을 줄여 줍니다. 또한 우회 혈관의
역할을 하는 동맥관이 있기 때문에 폐로 가는 혈액의 양은 그만큼 더
줄어들게 됩니다. 이런 방식으로 아기의 혈액 순환은 호흡하기 이전의
상태에 맞도록 미세하게 조정이 되어 있지요. 혈액이 아기의 몸을
순환한 후에 거둬들인 노폐물과 이산화탄소는 탯줄을 통해 엄마의
몸으로 보내집니다.

첫 호흡

새로 태어난 아기의 모습을 바라보면서 그 아기를
자랑스러워하는 부모는 아기의 자그마한 몸 내부에서
놀라운 변화가 일어나고 있다는 사실을 의식하지
못합니다. 탯줄이 끊기고 이로 인해 엄마의 몸으로부터
산소 공급이 차단되면, 그 결과 체내의 이산화탄소 양이
갑자기 증가하게 됩니다. 이산화탄소의 양적 증가는
접혀 있던 폐를 갑자기 팽창시켜 공기를 들이마시도록
하는 극적 반응을 촉발합니다. 아기가 호흡을
시작하자마자 다른 변화들도 재빨리 일어납니다.
좌우 심방 사이에 있던 통로는 막히고, 동맥관과 정맥관도
닫힙니다. 마찬가지로 탯줄과 연결되어 있던 혈관들도
모두 닫히지요. 이제 아기의 신체 기관들은 갑작스럽게
엄청난 양의 혈액을 폐에 공급합니다. 즉시 아기는 크기만
다를 뿐 어른의 혈액순환계와 동일한 혈액순환계를 소유하게
되지요. 흥분한 부모가 그들의 손에 맡겨진 무력한 자그마한
존재로 비치는 아기에게 눈길을 주고 있는 동안,
이 모든 일이 아기 몸의 내부에서 일어납니다.

아기의 맥박

태어나는 순간 아기의 심장은 놀랍게도 1분에 180번을 뜁니다.
몇 시간이 지나면 맥박의 수는 140으로 줄어듭니다. 아기가 세상에
태어나서 첫 해를 보내는 동안 맥박의 수는 지속적으로, 하지만 아주
조금씩 점차적으로 줄어듭니다. 한 살일 때 아기의 심장은 여전히 1분에
115번을 뜁니다. 이는 평상시 1분에 70~80번 심장이 뛰는 어른의
맥박보다 한결 빠른 것이지요. 이 사실을 다른 방식으로 표현하자면,
평상시 아기의 맥박수는 무언가 격렬한 운동을 하고 있는 어른의
맥박수와 대략 같습니다.

소화계

새로 태어난 아기의 위는 아주 작습니다. 하지만 호흡이 시작되어 아기가 공기를 들이켜기 시작하는 순간 위는 전보다 네 배 내지 다섯 배로 팽창합니다. 동시에 아기의 배 안에 있는 위의 위치가 바뀌게 됩니다. 태어날 때 아기의 위가 음식물을 받아들일 수 있는 용량은 30~35ml입니다만, 젖이 공급되는 첫 주 동안에 두 배로 커집니다. 아기가 한 달 가량의 나이가 될 때까지는 위의 크기가 세 배로 늘어납니다. 하지만 어른의 것과 비교하면 크기가 아직 1/10밖에 되지 않지요.

새로 태어난 아기의 경우 장의 길이는 약 340cm입니다. 상당히 긴 것처럼 보이지만, 아기가 어른이 되었을 때 그 길이는 두 배로 증가할 것입니다. 장의 벽은 더할 수 없이 얇고, 근육 조직은 연약하기 이를 데 없습니다. 이 같은 두 특징은 아기가 비(非)유동성의 음식을 섭취할 수 있기 위해서는 몇 달의 기간이 지나야 한다는 사실과 밀접한 관계를 갖지요. 하지만, 비록 아기의 소화계는 태어날 당시에 불완전하게 발달해 있다고 하더라도, 액체 형태의 음식을 소화하고 처리하는 데 필요한 기능적 역량은 완벽하게 갖추고 있습니다.

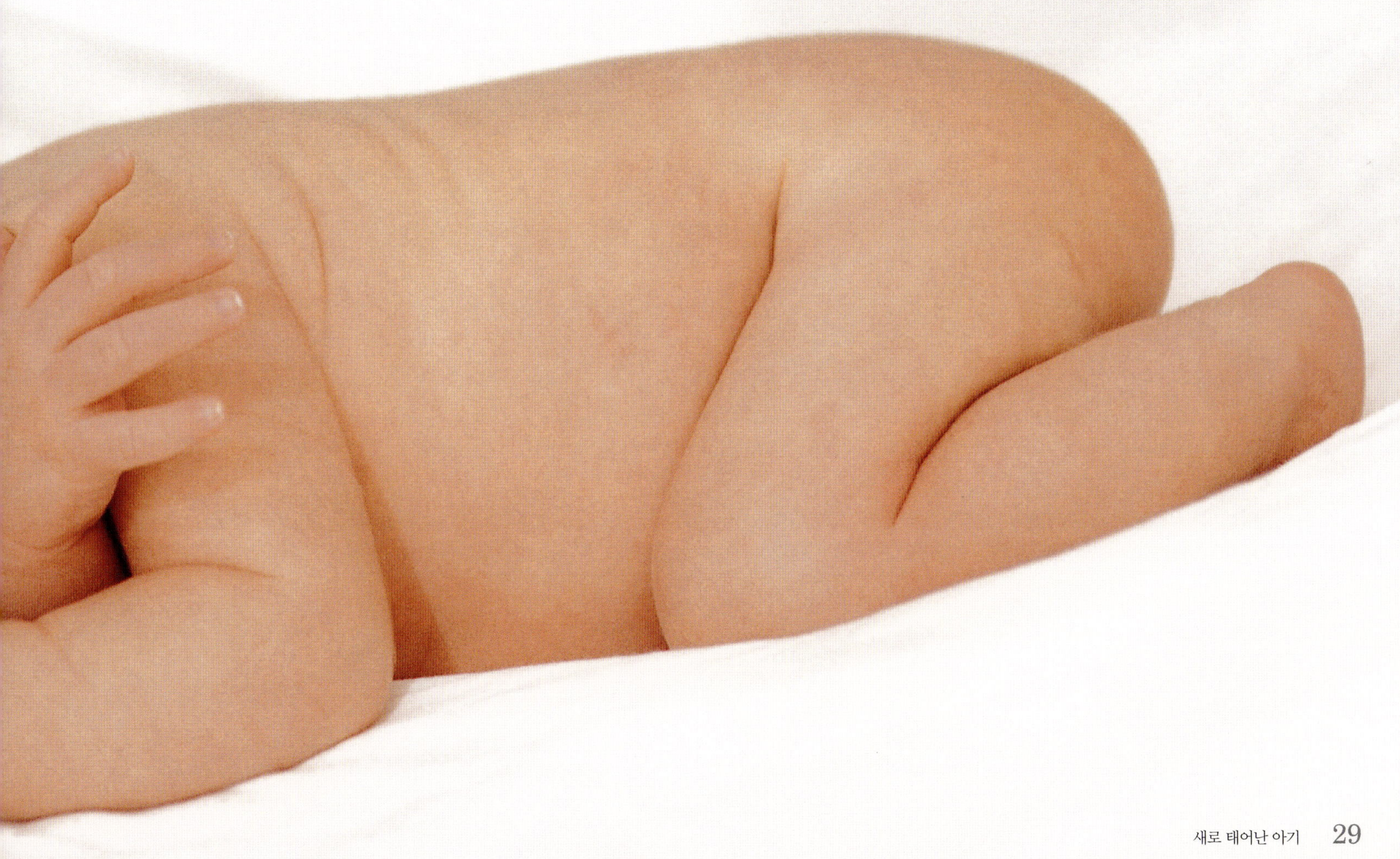

엄마와 아기 사이의 유대감

새로 태어난 아기는 특정한 어른에게만 주의를 집중하게 마련이지요. 그리고 그 어른은 거의 대부분 엄마입니다. 이 보호자—또는 다른 모든 사람들과의 관계를 대표하는 '준거 인물'(reference person)—는 아기가 성장을 거듭하고 둘 사이에 긴밀한 유대 관계가 쌓여가기 시작함에 따라 점점 더 중요한 존재가 됩니다. 이처럼 긴밀한 유대 관계를 유지하는 보호자가 없는 아기들은 이로 인해 후에 가서 정서적으로 고통을 받을 수도 있지요.

초기의 유대감

태어나고 나서 첫 몇 달 동안 아기들은 특별히 사람의 낯을 가리지 않습니다. 아기를 돌보고자 하는 사람 가운데 누구든 어쩌다 아기를 안아 올려 껴안게 되면 아기들은 기꺼이 이를 받아들이지요. 이런 관점에서 보면, 아기들은 시동이 늦게 걸리는 존재들이라 할 수 있습니다. 동물의 경우 새로 태어나는 새끼들은 태어나는 첫날부터 어미와 빈틈이 전혀 없는 유대 관계를 유지한다는 점에서 그렇지요. 일반적으로 6개월(경우에 따라서는 4개월부터 8개월)이 되기 전에 아기들은 다른 사람과의 만남을 심각하게 받아들이기 시작하고, 누구를 믿고 그에게 의지할 것인가의 문제에 직면하여 더할 수 없이 낯을 가리기 시작합니다.

이 무렵 아기들은 심리학적으로 '분리 불안'의 상태에 들어갑니다. 말하자면, 보호자와 떨어지게 되면 극도의 심리적 불안감을 느끼게 마련입니다. 이어서 7개월에서 9개월 사이에 아기들은 낯선 사람이 자신을 안게 되면 비명을 지르기도 하지요. 바로 이 시기쯤에 엄마들은 자기네 아기들한테 어느 때보다 강한 소유욕을 느끼며, 무언가의 이유로 둘이 서로 떨어지면 양쪽 다 심각한 정신적 불안감에 시달리게 마련이지요. 이제 아기와 엄마 사이에 유대 관계가 형성되어, 앞으로 올 몇 년 동안 이 유대 관계는 지속될 것입니다.

특별한 체취

아기와 엄마가 서로에 대해 갖는 애착은 대단히 오래된 특정한 능력에 뿌리를 둔 것입니다. 옥시토신(oxytocin)이라는 호르몬이 일부 역할을 하지요(42쪽 "내분비선과 호르몬" 참조). 그리고 여기에다가 후각이 또한 매우 중요한 역할을 합니다. 아기가 엄마의 특유한 체취를 맡고 자기 엄마임을 알아낼 수 있는지에 대해서는, 또한 엄마가 비슷한 방법으로 자기 아기를 알아낼 수 있는지에 대해서는 아직 누구도 확실하게 알고 있지 못합니다. 하지만 각종 실험 결과에 따르면, 아기는 엄마의 젖가슴 체취에는 확실하게 반응하지만 다른 여성의 젖가슴 체취가 배어 있는 속옷가지는 무시해 버린다는군요. 보다 더 놀라운 것은 여성의 눈을 가리고 단지 냄새만으로 여러 명의 아기들 가운데 자기 아기를 찾으라고 하면 제대로 찾아낼 수 있는 능력을 여성들이 소유하고 있다는 사실일 것입니다.

목소리의 힘

잠 속에서도 엄마는 자기 아기의 독특한 울음소리를 구별해 내는 능력을 지니고 있습니다. 이는 아기와 엄마 사이의 유대 관계를 확인케 하는 요인 가운데 하나로, 오늘날 우리가 삶을 사는 양식이 달라졌기 때문에 잊혀져 왔던 것이기도 하지요. 오늘날에는 일반적으로 어떤 단독 주택이나 아파트를 가 보더라도 새로 태어난 아기가 하나 이상 있는 경우는 없습니다. 그래서 이 능력을 실험할 방도가 없지요. 하지만 소규모 마을 정착지의 자그마한 오두막에서 삶을 살아가던 옛날의 씨족 단위 생활에서 한 아기의 엄마는 밤중에 어떤 아기가 울어도 그 아기의 울음소리를 들을 수 있었지요. 만일 어떤 아기든 젖을 달라고 울 때마다 모든 엄마들이 깨어난다면 그들은 한숨도 잠을 잘 수 없었을지도 모릅니다. 진화의 과정을 거치면서 엄마는 자기 자신의 아기가 울 때만 깨어나도록 프로그램이 되었지요. 이 예민한 감각은 오늘날까지도 여전히 남아 있지만, 거의 사용되고 있지 않습니다.

이와 비슷하게 어린 아기도 자기 엄마의 목소리에 민감합니다. 아기를 안아 흔들어 재울 때 대부분의 엄마들은 왼쪽 젖가슴 쪽으로 아기의 머리가 오게 하는 쪽을 선호합니다. 이로 인해 아기의 왼쪽 귀가 엄마의 목소리에 더 열려 있게 되어, 엄마가 아기에게 본능적으로 정답게 말을 걸거나 아기에게 잠이 들도록 웅얼거리거나 자장가를 부르면 그때의 엄마 목소리를 아기는 왼쪽 귀로 좀더 또렷하게 듣게 되지요. 아기의 오른쪽 두뇌 부위—말하자면, 소리의 정서적 특질에 특히 민감한 두뇌 부위—에 정보를 제공하는 것은 바로 이 왼쪽 귀랍니다.

유대감 뿌리내리기

그리하여 엄마와 아기 사이의 유대감은 단순히 서로의 얼굴에 익숙해져 가는 것만에 의해서가 아니라 서로의 체취와 소리에 애착을 갖게 됨으로써 형성되는 것입니다. 유대감 형성의 과정이 얼마나 오랜 것이고 뿌리깊은 것인가, 또 아기가 태어난 다음 첫 몇 달 동안 가능하면 많은 시간을 아기와 엄마가 가깝게 밀착하여 함께 보내는 것이 얼마나 중요한가는 바로 이 때문입니다.

아기의 감각

당신의 새 아기는 전적으로 당신에게 의존하고 있는 것처럼 보입니다. 하지만 아기의 다섯 가지 감각 모두가 자신의
주위 환경에 대한 정보를 받을 준비를 하고 있습니다. 이는 궁극적으로 스스로 자신을 돌보기 위한 것이지요.
아기의 두뇌는 신경 세포들 사이에 중요한 연결 조직을 만드느라고 바쁘게 움직이고 있습니다. 그리하여 한 달 두 달
시간이 흐름에 따라 아기가 보고, 듣고, 느끼고, 맛보고, 냄새 맡는 것 모두가 아기에게 더욱더 의미 있는 것이 됩니다.
그리고 그 모든 것이 누구의 몸에서도 찾아볼 수 없는 고유의 세포 연결 조직망을 아기에게 만들어 줍니다.

시각

새로 태어난 아기는 전에 우리가 생각했던 것보다 더 많은 것을 볼 수
있습니다. 자궁 안에서조차 아기는 빛과 어둠을 구별할 수 있지요.
태어날 때 아기는 20~25cm의 거리에 있는 것까지 볼 수 있을 정도로
훌륭한 시력을 갖추고 있습니다. 이로 인해 아기는 당신이 아기를 팔에
안았을 때 당신의 얼굴을 알아볼 수 있지요. 아마도 아기는 6m나 떨어져
있는 곳의 물체까지도 식별할 수 있을 것입니다. 사물들이 흑백으로
또렷이 대조를 이루고 있을 때 아기는 그 사물들을 가장 잘 구별할 수
있습니다. 하지만 아기는 밝은 일차원적 색채들을 구분할 수도
있습니다. 비록 아기의 눈 뒤쪽에 있는 색채 인식 세포들이 제대로
발달하기 위해서는 앞으로 몇 달 더 있어야 하지만 말이지요. 인간의
얼굴에 아기가 관심을 갖는다는 사실은 널리 알려져 있습니다. 연구
결과에 따르면, 새로 태어난 아기들은 임의적 형태의 그림보다는 얼굴
그림을 보는 데 더 흥미를 보인다고 합니다. 그리고 심술궂은 표정의
얼굴보다는 웃음 띤 얼굴을 더 좋아한다는군요.

비율의 측면에서 따져 보면, 몸에 비해 아기의 눈은 어른의 것보다
더 클 뿐만 아니라 아기의 동공(瞳孔)도 일반적으로 어른의 것보다
더 큽니다. 그래서 아기의 눈은 좀더 사람의 마음을 끌고, 사람들이
아기를 좀더 사랑스럽게 다룰 확률도 높습니다. 눈의 색깔에 가장 큰
영향을 미치는 것은 유전이지만, 녹색 또는 갈색의 눈을 가진 수많은
아이들의 경우 태어날 때의 눈은 하늘색입니다. 눈의 색깔 변화는 눈의
색소가 빛에 노출되어 자극을 받기 때문이지요.
그리고 이런 변화가 일어나는 데는 대체로 6개월이 걸립니다.

청각

연구에 의하면, 내이(內耳)는 태어나기 전에 완벽하게 발달하는 유일한
감각 기관이랍니다. 임신 중기까지는 벌써 어른의 것과 같은 크기에
도달한다고 합니다. 태어나고 나서 얼마 안 돼서 아기들은 큰 소리에
늘라 울기 시작힐 것입니다. 아기의 청각 능력은 내단히 예민하여,
자궁에 있을 때부터 들었던 당신의 목소리 및 심지어 음악이나
소리까지 구별해 낼 수 있습니다. 아기는 다른 소리보다는 인간의 말에
더 흥미를 보이며, 음조가 높은 목소리를 더 좋아합니다.

촉각

아기의 몸은 수태 이후 곧바로 촉각에 예민하게 반응합니다.
임신 32주가 될 때까지는 아기의 몸 전체가 촉각 자극에 반응하기
시작하지요. 1m²당 약 50개의 촉각 수용체(전부 합하면 대략 500만 개)로
무장한 채, 또 100가지의 서로 다른 촉각 수용체로 무장한 채,
아기는 압력, 통증, 진동, 기후의 변화에 반응합니다. 놀랍게도,
태어난 지 며칠 안 되는 아기의 몸에 솔을 대면, 굵은 강모(剛毛)로 된
솔인지 가는 강모로 된 솔인지를 구별할 수 있다고 합니다.

미각

자궁 안에서 태아는 엄마가 섭취한 음식물의 흔적이 담겨 있는
양수(羊水)를 들이마십니다. 아기는 대략 1만 개의 맛봉오리(맛을 구별하는
데 사용되는 봉오리처럼 생긴 감각체—옮긴이)를 소유하고 있는데 이는
어른보다 한결 더 많은 것으로, 혀에만 있는 것이 아니라 입 양쪽, 뒤쪽,
입천장에도 있습니다. 시간이 지나면 혀 위의 것들만 남고 다 사라져
없어지지요. 아기는 아주 어렸을 때부터 맛을 구별할 수 있으며,
단 것을 무엇보다 더 좋아합니다(57쪽 "젖 떼기" 참조).

후각

새로 태어난 아기가 일상의 냄새에 얼마나 민감한가는 알기
어렵습니다. 하지만 태어난 지 이틀 되는 아기들에 대한 여러 연구
결과에 따르면, 마늘이나 식초와 같은 특정 물질의 냄새에 민감하게
반응한다고 합니다. 다른 연구 결과에 따르면, 아기가 태어난 지 닷새가
되면 모유에 흠뻑 젖어 있는 천 쪽을 향하며, 열흘이 되기 전에 다른
여성의 모유 냄새보다는 엄마의 모유 냄새를 선호하게 된다고 합니다.
이 같은 능력은 인간의 아기가 어떻게 굶주림으로부터 자신을 보호할
수 있는가를 보여 줍니다. 어둠 속에서도 아기는 자양분 공급원 쪽을
향할 수 있는 능력을 갖추고 있지요. 새로 태어난 아기가 자기 엄마의
체취를 익히는 속도는 놀라운 것입니다. 여러 연구에 의하면,
태어나서 45시간 안에 아기는 제취만으로 자기 엄마를 알아낸다고
합니다(31쪽 "엄마와 아기 사이의 유대감" 참조).

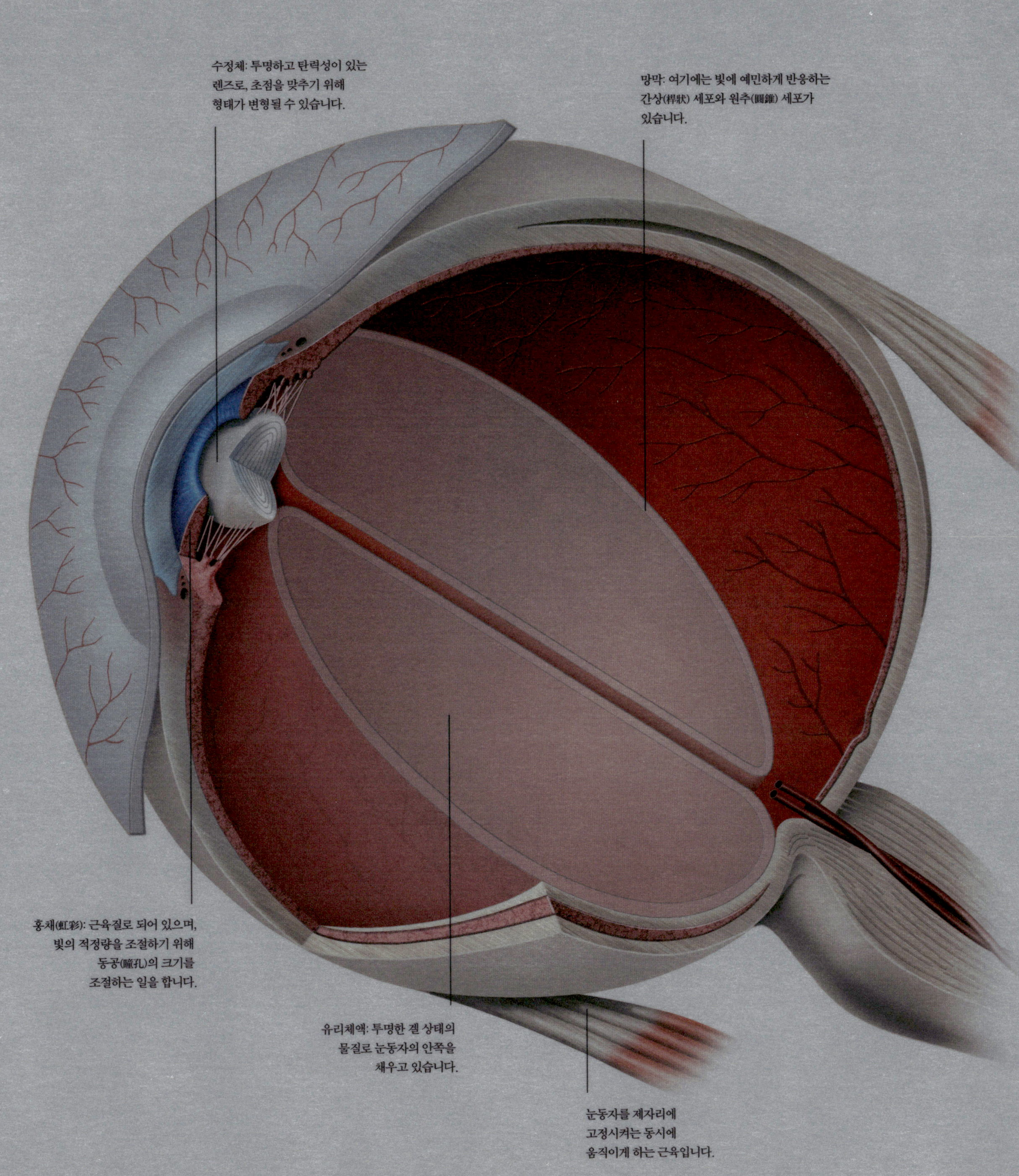

수정체: 투명하고 탄력성이 있는 렌즈로, 초점을 맞추기 위해 형태가 변형될 수 있습니다.
망막: 여기에는 빛에 예민하게 반응하는 간상(桿狀) 세포와 원추(圓錐) 세포가 있습니다.
홍채(虹彩): 근육질로 되어 있으며, 빛의 적정량을 조절하기 위해 동공(瞳孔)의 크기를 조절하는 일을 합니다.
유리체액: 투명한 겔 상태의 물질로 눈동자의 안쪽을 채우고 있습니다.
눈동자를 제자리에 고정시켜는 동시에 움직이게 하는 근육입니다.

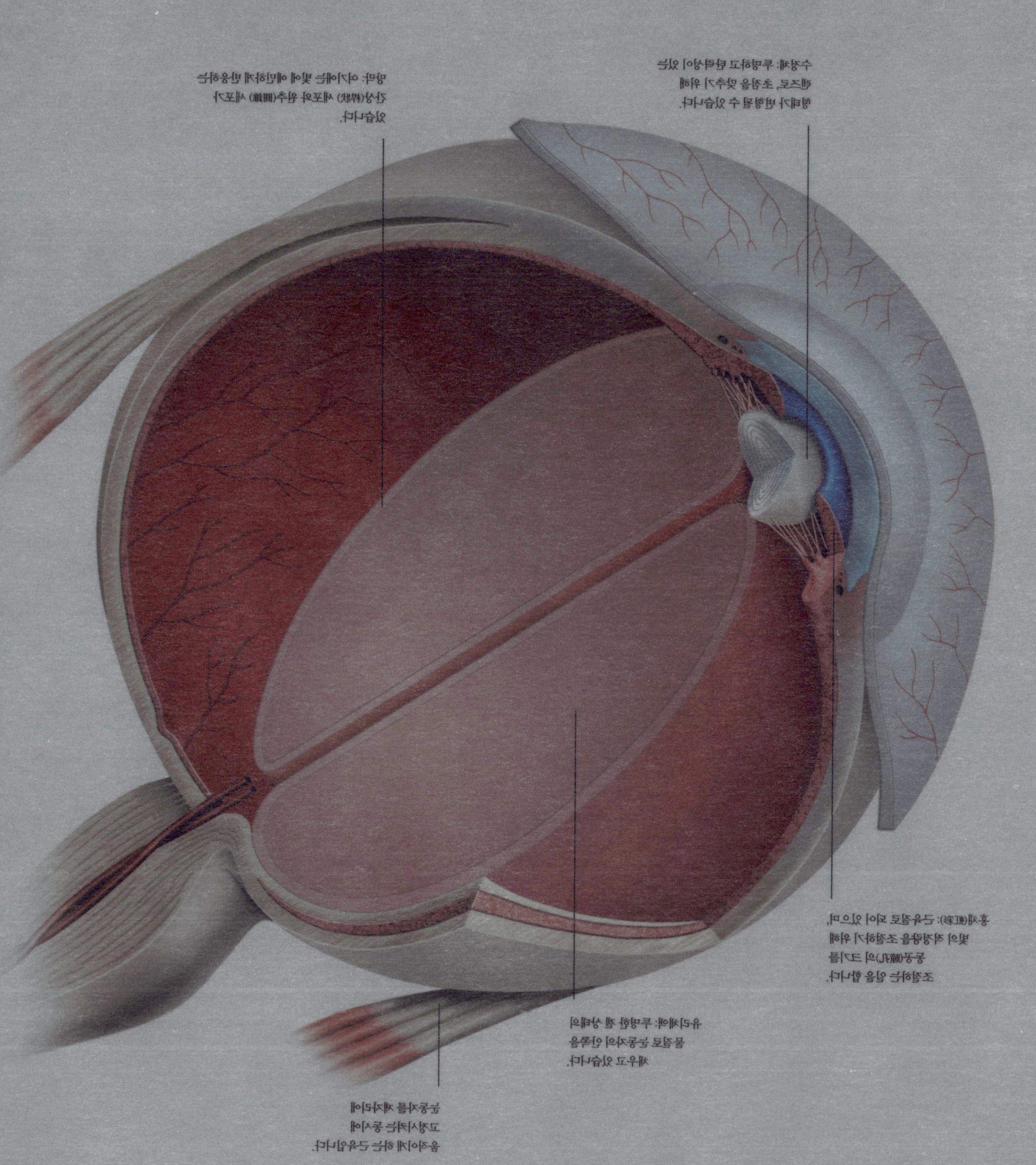

아기의 성장 과정

임신

대부분의 포유류 동물들은 한꺼번에 몇 마리씩 새끼를 낳습니다. 반면 인간은 일반적으로 한 번에 단 한 명의 아기만을 임신합니다. 하지만 아무런 제한 없이 인간에게 생식을 계속하게 하면 인간은 첫 번째 아기가 아직 너무 어려서 여러 위험에 노출되어 있는 동안에도 여전히 둘째 아이를 수태하게 될 것입니다. 이런 식으로 인간은 모두가 엄마의 보살핌을 요구하는 아기들을, 나이 차이가 크지 않은 아기들을 차례로 여러 명 낳을 수도 있지요. 따라서 한꺼번에 여러 아기를 낳는 경우가 인간에게는 드물지만 인간은 여전히 건사하기 벅찬 여러 명의 아기들로 이루어진 대가족을 돌보지 않을 수 없는 처지에 놓이기도 하지요.

임신 기간

인간의 경우 수태해서 출산하는 사이의 기간이 9개월이라는 점은 널리 알려져 있습니다. 하지만 이는 대략 추정한 기간일 뿐입니다. 임신 기간은 여성에 따라 상당한 차이가 있으며, 건강한 아기는 난자가 수정이 된 후 240일(34주)에서 293일(42주)의 기간 어느 때라도 태어날 수 있습니다. 임신한 지 240일이 되지 않아 태어나면 그 아기는 '미숙아'로 분류됩니다. 그리고 임신한 지 293일이 지나 태어나면 '과숙아'로 불리지요. 수정에서 출산까지 걸리는 시간은 거의 대부분의 경우 266일(38주)입니다. 출산의 기쁨을 누릴 날짜를 계산하고자 하는 예비 엄마라면 마지막 생리 이후 280일(40주)에 그 날이 올 것으로 추정하면 됩니다.

임신 기간의 차이

임신 기간과 관련하여 한 가지 묘한 사실은 태아 상태일 때 여자아기는 남자아기에 비해 아늑하고 따뜻한 엄마 자궁을 떠나기를 더 꺼려하는 것처럼 보인다는 것입니다. 평균적으로 여자아기는 남자아기보다 하루 가량 더 엄마 자궁에 머물러 있습니다. 또한 인종간의 차이도 존재하지요. 백인 아기들은 일반적으로 흑인 아기들보다 닷새를 더 엄마 자궁 안에 머뭅니다. 한편 인디언 아기들은 백인 아기들보다 엿새를 더 엄마 자궁 안에 머물지요. 이 같은 차이는 아기들의 몸의 크기의 차이나 엄마들의 영양 상태의 차이에 따른 것일 수 있다는 의견도 있습니다만, 이는 사실이 아닙니다. 차이는 순전히 인종적인 것입니다. 하지만 왜 그런 차이가 존재하는지는 아무도 모릅니다.

최적의 임신 연령

엄마의 나이가 22세일 때 아기는 임신 과정을 거쳐 세상의 빛을 보게 될 가능성이 가장 높지요. 인간의 경우에는 이 시기가 '풍요의 시기'로 묘사됩니다. 이때 태아 사망률은 1,000명 가운데 단 12명에 불과할 정도로 매우 낮습니다. 또한 아무런 말썽 없이 아기가 태어날 확률은 엄마 나이가 18세에서 30세일 때 매우 높습니다. 이보다 나이가 든 엄마들은 약간 더 위험을 감수해야 합니다. 하지만 심지어 엄마의 나이가 45세일 때도 태아 사망률은 1,000명 가운데 단지 45명으로 여전히 낮습니다. 몇 여성들은 50대의 나이에도 출산의 어려움을 헤쳐 나가기도 합니다. 하지만 평균적으로 51세의 나이가 폐경기라는 점을 보면 이는 대단히 드문 경우지요.

태아의 성장

자궁 안에서 아기는 놀라울 정도의 속도로 성장합니다. 하지만 이처럼 급속하게 성장하는 모습을
우리는 볼 수 없지요. 우리가 볼 수 있는 것이라고는 출산이 가까워지면서 점점 불러지는 엄마의 배뿐입니다.
하지만 현대의 발달된 기술 덕택에 수정에서 출산까지 임신 기간 동안 어떤 단계적 변화가 일어나고
있는지에 대해 상당히 많이 알려진 것도 사실이지요.

첫 달

난자가 정자로 인해 수정이 되면 난자는 접합자(接合子)를 형성합니다.
접합자는 세포 분열을 하여 마침내 배반포(胚盤胞)라고 일컬어지는 것이
되지요. 안쪽이 움푹 파인 배반포는 나팔관을 지난 다음 엄마의
자궁으로 들어가 내면 벽에 착상하게 됩니다. 이를 '착상'이라고
합니다. 아주 드문 경우지만 배반포가 둘로 나뉘기도 하는데, 이처럼
둘로 나뉜 배반포는 이른바 '일란성 쌍둥이'로 불리는 쌍둥이가 됩니다.
이 모든 일은 닷새에서 아흐레 사이에 일어납니다. 만일 아흐레 이후에
이처럼 배반포가 둘로 나뉘게 되면 이 둘이 하나로 합쳐질 위험성이
높아집니다. 이로 인해 형성되는 것이 몸이 붙어 있는 '샴쌍둥이'지요.

성장 단계의 배아(胚芽)의 바깥쪽 세포 가운데 몇몇 개가 엄마 자궁의
벽에 단단히 착상하는데, 이 세포들이 결국에는 태반을 형성하게
됩니다. 분열된 세포들이 분화 과정을 시작하게 되면, 결국에 가서
척수가 되는 홈이 형성됩니다. 임신 3주까지는 배아가 약 4mm의
길이로 자라 있으며, 이미 이때부터 C자 모양으로 형체가 굽기
시작합니다. 볼록한 심장이 형성되어 뛰기 시작하고, 봉오리 모양의
팔이 나타납니다. 이때 배아는 꼬리를 갖고 있지요. 임신 4주경에는
배아의 길이가 8mm가 되며, 주요 신체 기관의 첫 징후들이 나타나기
시작합니다. 눈이 모습을 갖추기 시작하고 콧구멍이 형성되기
시작하지요. 이제 봉오리 모양의 다리도 보이고, 팔 끝에 노 모양의
손도 보입니다.

둘째 달

임신 다섯째 주까지는 배아의 길이가 13mm가 되고, 팔다리가 좀더
또렷하게 모습을 갖추게 됩니다. 손가락 및 심지어 발가락도 보입니다.
두뇌가 발달하기 시작하고 폐도 형성되기 시작합니다. 여섯째 주의
기간 동안 배아의 길이가 18mm로 커지고, 모든 중요한 신체 기관이
발달하기 시작합니다. 모낭(毛囊), 젖꼭지, 팔꿈치가 형성되기 시작하며,
팔다리의 움직임이 이미 시작되었을 수도 있지요. 성장은 빠르게
지속되어, 일곱째 주에는 배아의 길이가 3cm까지 자랍니다.
이때쯤에는 눈꺼풀과 바깥쪽 귀 등등 얼굴 및 머리의 세세한 면들이
좀더 뚜렷하게 윤곽을 갖추지요. 임신 8주까지는 배아가 모든 주요
신체 기관을 갖추게 되며, 이제부터 세상의 빛을 볼 때까지 태아로
불리게 됩니다. 두 달이 지난 지금을 기점으로 하여 앞으로 7개월 동안

태아는 계속해서 성장할 것이고 각각의 신체 기관은 발달을 거듭할
것입니다. 하지만 이때쯤이면 모든 기본 조직이 제자리를 잡게 됩니다.

셋째 달

이제 태아의 길이는 8cm가 되며, 태아는 처음으로 손가락을 구부려
주먹을 쥘 수 있게 됩니다. 팔다리가 길어지고 간이 활동을 하게 되며,
생식기가 분화하여 제 모습을 갖추고 또 치아의 싹이 모습을 드러내기
시작합니다. 이 단계에서 태아는 눈꺼풀을 닫고 일곱째 달이 될 때까지
다시 열지 않습니다.

넷째 달

이 단계에서 태아는 두 배의 길이로 커져 15cm가 됩니다.
태아는 또한 능동적으로 활동을 하고, 입술을 움직여 빠는 동작을
합니다. 머리카락이 머리에 나며, 근육과 뼈가 더욱 강해집니다.
또한 췌장이 활동을 하게 되지요.

다섯째 달

태아의 길이는 이제 20cm가 되며, 몸 전체가 '배냇솜털'로 덮여
있지요(18쪽 "아기의 피부" 참조). 18주가 되면 속눈썹, 눈썹, 손톱, 발톱이
모습을 드러냅니다. 처음으로 엄마는 자기 아기가 자궁 안에서
움직이는 것을 느끼게 되지요. 이른바 '태동 초감'(胎動初感)으로 알려진
느낌을 경험하게 되는 것입니다. 실재하는 생명이 자기 안에 있다는
사실을 확인시켜 주기 때문에 이를 경험하는 순간은 항상 엄마에게
흥분에 휩싸이도록 하는 순간이기도 하지요.

여섯째 달

이 기간 중간까지는 태아의 길이가 28cm가 되며 무게는 725g이 됩니다.
지문이 발바닥과 손바닥에 형성되는 시기며 눈이 보다 완벽하게
발달되는 시기기도 하지요. 폐에는 공기 주머니가 형성되어 있기도
합니다. 만일 갑작스러운 충격을 받아 놀라게 되면, 이 단계에서 태아는
놀람 반사 반응을 알 수 있습니다(24쪽 "아기의 반사 반응" 참조).
어떤 엄마들은 임신 여섯째 달이 끝날 무렵에야 아기의 첫 움직임을
느낄 수도 있습니다. 태아의 움직임을 처음 체험하는 일은 빠르게는
임신 18주가 되었을 때, 늦게는 24주가 되었을 때 일어날 수 있습니다.

일곱째 달

대략 임신 26주에는 태아의 길이가 38cm가 되고,
무게는 1.2kg에 이릅니다. 이제 태아는 눈을 뜨고 감는 일을 반복하며,
엄마의 심장소리를 포함하여 엄마의 신체 기관이 만들어 내는 소리를
들을 수도 있고, 몸 바깥쪽에서 나는 커다란 음악소리까지도 들을 수
있습니다. 두뇌, 신경계, 호흡계가 급속하게 빠른 속도로 발달하기도
합니다. 이 기간이 끝날 무렵에 미숙아로 태어난 아기들은 생존이
가능할 수도 있지만, 위험에 처할 가능성이 높습니다.

여덟째 달

이 기간 중반까지는 약간의 차이가 있을 수 있지만 태아의 길이가
아마도 43cm 정도로 자랄 것입니다. 무게는 약 2kg 정도가 됩니다.
골격 구조는 완전히 발달되어 있지만, 뼈들은 아직 단단하지 않습니다.
체내 지방의 양이 증가하기도 하지요. 이 시기에 태어난 아기들은 아직
미숙아지만, 생존할 가망성이 전보다는
약간 더 높습니다.

아홉째 달

이 기간 중반까지는 전형적인 태아의 길이가 48cm 정도가 되며 무게는
3kg 정도가 됩니다. 태아의 몸은 점점 더 통통해지고, 배냇솜털을 벗게
됩니다. 태어난 아기가 미숙아가 아닌 것으로 여겨지는 가장 이른
시기가 바로 이때지요. 정상으로 받아들여지는 가장 짧은 임신 기간은
34주(240일)입니다.

열째 달

이 기간 중반까지는 배냇솜털이 사라지고, 전형적인 태아의 길이는
53cm까지 될 수 있습니다. 바로 이 시점에, 그러니까 임신하고 266일이
되는 날 또는 마지막 생리가 있고 40주가 되었을 때 출산이 이루어질
가능성이 가장 높지요. 이제 수정된 난자에서 시작하여 분만된 아기에
이르는 놀라운 여행은 끝나게 됩니다.

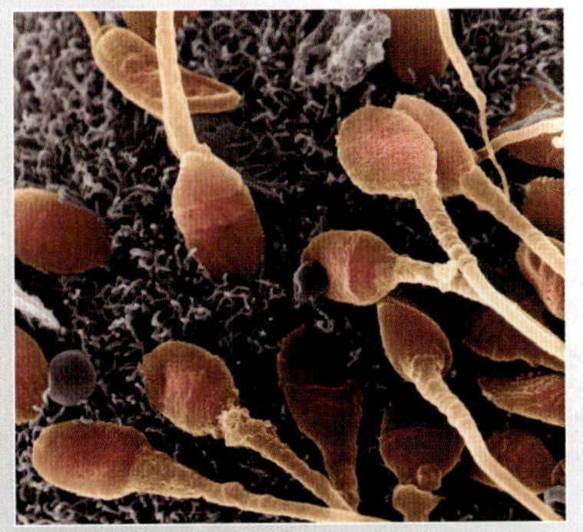

생명을 향한 경주

한 번 사정한 정액 안에는
400만 개의 정자가있습니다.
이 가운데 수천 개가 난자에
도달하게 되지만, 단 한 개만이
난자의 외벽을 뚫고 들어갈 수
있습니다. 정자와 난자의 핵이
합쳐지면 접합자가 형성됩니다.

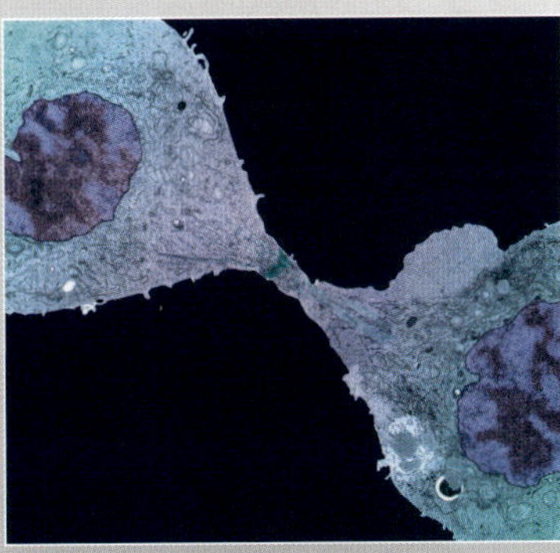

유사 분열

자라나는 아기의 세포들은
'유사 분열'(有絲分裂)의 과정을
통해 증가합니다. 이 과정을
통해 세포핵 안의 염색체 수가
두 배로 증가하고, 이것이 둘로
나뉘어 동일한 두 개의 새로운
딸세포가 됩니다.

쌍둥이

인간의 경우 엄마들은 일반적으로 하나의 아기만을 출산하지만, 100명 가운데 대략 다섯 명은
이란성 쌍둥이를 출산합니다. 이는 두 개의 난자가 서로 다른 정자에 의해 동시에 수정되기 때문에 일어나는
현상입니다. 1,000건 가운데 세 건 정도로 아주 드물긴 하지만, 수정된 난자가 둘로 나뉘어 일란성 쌍둥이가
되기도 하지요. 세 쌍둥이가 태어나는 경우는 8,000건의 출산 가운데 단지 한 건 정도에 불과합니다.

쌍둥이 임신

드물긴 하지만 일란성 쌍둥이를 출산할 확률은 유전적 특성이나 환경과
관계없이 전세계적으로 일정합니다. 하지만 엄마가 이란성 쌍둥이를
출산할 확률을 높이는 무언가 요인이 존재하는 것은 사실입니다.
예컨대, 임신할 때의 나이가 평균 나이보다 많으면 그것이 요인이 되어
이란성 쌍둥이를 출산할 수 있지요. 30대 후반까지는 그 확률이
1/100에서 1/70로 증가합니다. 또한 엄마의 몸이 다른 사람에 비해
큰 경우, 키가 크거나 뚱뚱한 경우, 또는 영양 공급이 풍족한 경우,
이란성 쌍둥이를 출산할 가능성이 높아집니다. 전쟁 시기와 같이
음식이 귀할 때면 쌍둥이 출산율이 떨어집니다. 유전적 특성이 일부
역할을 할 수도 있는데, 엄마가 쌍둥이 가운데 하나거나 쌍둥이
형제자매를 갖고 있는 경우, 이미 쌍둥이를 출산한 경험이 있거나 여러
명의 자녀를 두고 있는 경우에는 이란성 쌍둥이를 출산할 확률이
높아집니다. 임신이 이루어질 때의 성행위가 특히 열정적이거나
폭력적인 경우에도 쌍둥이를 출산할 가능성이 높아집니다(강렬한
정서적 체험은 이란성 쌍둥이를 출산할 가능성을 높여 줍니다. 아울러,
성폭행의 피해자도 이란성 쌍둥이를 출산할 가능성이 높습니다).

지리적 요인

유럽에서 살든 아프리카에서 살든 아프리카의 여성들은 이란성
쌍둥이를 출산할 가능성이 다른 인종의 경우보다 높습니다. 말하자면
기후보다는 인종이 핵심 요인이 되고 있는 것이지요. 쌍둥이를 출산할
가능성은 서아프리카의 어떤 특정 지역에서 특히 높습니다.
예컨대, 나이지리아에서는 그 확률이 1/22이 됩니다.
이와는 반대로 일본의 여성들은 쌍둥이를 출산할 확률이 낮습니다.
이 경우에는 1/200 정도밖에 되지 않지요.

쌍둥이들 사이의 특별한 유대감

나이가 서로 다른 형제자매들보다는 쌍둥이들이 서로 사이에 친밀한
관계를 발전시켜 나간다는 것은 일반적으로 널리 인정된 사실입니다.
특히 여자아이들 쌍둥이가 유아 시절에 서로에게 더 의존적이지요.
어른이 되어서도 지속해 나갈 만큼 긴밀한 유대감을 형성하는 경우도
많은데, 특히 일란성 쌍둥이의 경우에 그러합니다. 일란성이든
이란성이든 남자아이들 쌍둥이는 남자아이와 여자아이 쌍둥이보다
더 오랫동안 서로 친밀하게 지내는 경향이 있습니다.

습관의 유사성

쌍둥이들이 동일하거나 비슷한 습관을 키워나가는 예는 흔히 볼 수
있지요. 일란성 쌍둥이는 정확하게 서로 일치하는 DNA를 소유하고
있기 때문에, 심지어 두 아이를 서로 다른 방법으로 양육하거나
떨어뜨려 놓은 채 양육한다고 하더라도 두 사람 사이의 유사성은
명백하게 드러나는 경향이 있습니다. 육체적 특성을 공유하고 있기
때문에 두 사람은 비슷한 목소리를 갖고 있기도 하고, 똑같은 얼굴
표정이나 몸짓을 보이기도 합니다. 하지만 이란성 쌍둥이는 쌍둥이가
아닌 다른 형제들과 마찬가지로 DNA의 50퍼센트만 공유하고 있습니다.
쌍둥이가 친밀한 유대 관계를 유지하고 비슷한 행동을 하는 또 하나의
이유는 태어나서 첫 몇 주 동안 둘이 함께 엄마와 유대감을 쌓았기
때문일 수도 있고, 자궁 안에서 함께 시간을 보냈기 때문일 수도 있지요.

비밀스러운 언어

몇몇 쌍둥이들은 자기네들끼리만 통하는 비밀스러운 언어를 발전시켜
나가는 것처럼 보이기도 합니다. '비밀 언어 의존 장애'(크립토파지아,
cryptophasia)로 알려진 이 같은 현상은 종종 늦게 깨는 아이들한테서
관찰됩니다. 말을 좀더 일찍 깨우친 아이가 그렇지 않은 쌍둥이 형제나
자매가 이해하고 흉내낼 수 있도록 일종의 유아어(幼兒語)를 만든다고
믿어지고 있지요. 쌍둥이는 쌍둥이가 아닐 때보다 어른과 이야기를
주고받을 기회가 그만큼 줄어들 수도 있는데, 바로 그런 경우에
일어나는 것이 또한 '비밀 언어 의존 장애'일 수 있습니다.

내분비선과 호르몬

아기의 신체 활동은 신경계와 내분비계라는 두 가지 중요한 신체 조직에 의해 조절됩니다.
내분비선은 혈액 속으로 방출되는 특별한 화학 물질을 생산하는데, 이 물질은 신체 내를 순환하다가
세포 안의 수용체에 도달합니다. 이를 통해 세포 조직의 신진대사에 영향을 미치지요. 호르몬이라 불리는
이 화학 물질은 신체의 성장과 발달에 중요한 영향을 미치는 동시에 아기의 신체 내부 환경을 조절합니다.

뇌하수체

성장을 조절하는 데 중요한 역할을 하지만, 아기가 태어날 때
이 자그마한 내분비선의 직경은 단지 4mm에 불과하지요. 뇌하수체로
불리는 이 내분비선은 두뇌의 밑바닥 쪽, 시상하부(視床下部) 바로
아래쪽의 아늑한 자리를 차지하고 있습니다. 시상하부는
신경계와 내분비계를 연결하는 기관으로, 이 기관의 기능 가운데
하나가 뇌하수체의 활동을 조절하는 신경 호르몬을 생산하는 일입니다.

임신 2개월이 끝날 때까지는 뇌하수체가 배아에서 형성되며,
이는 곧바로 활동을 시작합니다. 이 뇌하수체는 두 가지 중요한 역할을
하지요. 하나는 성장 호르몬을 우리 몸의 세포에 공급하는 일이고,
다른 하나는 갑상선을 자극하여 활동을 시작하도록 하는 특수 호르몬을
갑상선에 보내는 일입니다. 아기의 성장 과정에 맞춰 뇌하수체는
세포 분열 및 DNA 형성을 촉진하는 일을 합니다.

갑상선

뇌하수체의 지시를 받아 갑상선은 티록신을 생성하는데,
티록신도 성장과 발달—특히 뼈, 이, 두뇌의 성장과 발달—을 촉진하는
호르몬입니다. 또한 신체의 일반적인 신진대사를 조절하는 데 도움을
주는 호르몬이기도 하지요. 이 갑상선은 나비 또는 나비 넥타이와
비슷한 모습을 하고 있는 것으로 묘사됩니다. 잘록한 가운데 부분
양쪽으로 각각 나뭇잎 모양의 조직이 하나씩 달려 있기 때문이지요.
이 갑상선은 후두 아래쪽 목 부위에 있습니다.

췌장

췌장은 아기의 배에 위치해 있으며, 그 무게는 태어날 때 3~5g입니다.
이는 어른의 것에 배해 1/30밖에 되지 않는 것이지요. 아기가 태어나서
첫 해가 끝날 때까지는 이 췌장의 크기가 10g으로까지 커집니다. 췌장의
기능은 음식을 소화하는 데 도움이 되는 알칼리성 액체를 분비하는
것입니다. 그리고 글루카곤과 인슐린이라는 서로 반대되는 두 호르몬을
분비하여 적절한 수준으로 혈당을 유지하는 역할도 합니다.

사랑 호르몬

내분비계는 극도로 복잡하며, 수없이 다양한 종류의 호르몬을
분비합니다. 이 호르몬들 모두가 각각 아기의 몸에 특정한 영향을
미치는데, 이 가운데 특히 언급하고 넘어가지 않을 수 없는 것이 하나
있습니다. 이는 옥시토신이라 불리는 호르몬으로, 때때로 '유대감 촉진
호르몬'으로 지칭되기도 합니다. 좀더 낭만적인 표현을 동원하자면,
'사랑 호르몬'이라 할 수 있지요. 이는 시상하부에서 만들어지며,
뇌하수체의 후엽(後葉)을 통해 혈액순환계로 방출됩니다.

우리는 젊은 두 연인 사이를 연결하는 '화학 물질'이 있는 것처럼
말하는데, 이 옥시토신이 바로 그 문제의 화학 물질입니다. 자기들이
'미친 듯이 사랑에 빠져 있다'고 설명하는 젊은 두 남녀의 몸을
검사해 보면, 정상보다 높은 수준의 옥시토신이 검출됩니다.
성적 오르가즘을 느낄 때 옥시토신이 폭발적으로 증가합니다.
성적 쾌락이 극에 달하는 바로 이 같은 순간들이 강력한 유대감 형성의
순간으로 작용하고 있음을 보여 주는 증거라고 할 수 있겠지요.
사랑의 행위는 문자 그대로 사랑을 일깨웁니다. 이와 비슷한 과정이
엄마와 아기 사이에 일어나지요.

여성이 아기를 출산할 때 그 여성의 내분비계에서 옥시토신이
생성됩니다. 이제 막 팔에 안을 자그마하고 가냘픈 아기에 대해 사랑을
느끼도록 엄마에게 화학적으로 준비를 갖춰 주는 것이지요. 옥시토신의
일부는 태반을 가로질러 아기에게 전달되며, 이는 고통스러운 출산의
압력을 겪은 후에 아기가 견디어야 할 법한 긴장감을 해소하는 데
도움을 주기도 합니다. 후에 가서 아기가 엄마의 젖을 빨게 되면
옥시토신의 분비가 더욱 활발해집니다. 이로써 편안한 느낌과
정서적으로 연결되어 있다는 애정의 느낌을 서로 갖게 되지요.

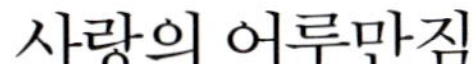

사랑의 어루만짐

흥미롭게도 젖병을 물려 젖을 먹이는 아기들 사이에도 호르몬의 차이가
존재합니다. 다소 기계적으로 젖병을 물려 젖을 먹이는 아기와 부모가
꼭 껴안은 채 젖병을 물려 젖을 먹이는 아기 사이에 차이가 존재하는
것입니다. 조사에 의하면, 껴안고 젖을 먹인 아기 쪽이 더 많은 양의
옥시토신을 몸에 지니고 있습니다. 이로써 단지 그냥 사랑의 접촉을
하는 것만으로도 신체 내 호르몬의 분비가 촉진될 수 있음을
확인할 수 있습니다.

이 사실로 미루어 볼 때 유아기 동안 친밀감을 주는 접촉이 잦아지면
잦아질수록 정서적인 애착의 감정이 강해진다고 할 수 있습니다.
이는 옥시토신의 양이 높은 수준으로 유지되는 덕분이지요.
더욱이 어린 시절에 이 호르몬의 양이 높은 수준으로 오래 유지되는
것을 체험한 아기들은 긴장에 반응하는 호르몬의 양이 극적으로
줄어들어 삶의 즐거움을 더 맛보게 될 것입니다. 이는 지속적으로
영향을 미쳐, 후에 어른이 되어서도 신뢰할 만한 사람이 되도록 하는데
도움을 주기도 하지요.

뇌하수체
적어도 아홉 가지 종류의 서로 다른
호르몬을 머리에 있는 뇌하수체가
분비합니다. 여기에는 아기의 두뇌 발달,
뼈와 근육 발달에 필요한 세포 분열 및
DNA 형성을 촉진하는 소중한
성장 호르몬이 포함됩니다.

아기의 겉모습

부모들이 느끼는 엄청난 즐거움 가운데 하나가 나날이, 달마다, 해마다 변하는 아기의 모습을 보는 일일
것입니다. 아기의 머리 색깔과 피부 색깔이 변해 가고, 팔다리가 몸의 크기에 비해 더 길어지며, 윤곽이 점점
더 다듬어져 감에 따라, 부모들은 가족과 닮은 구석이 있음을 감지하기 시작하게 될 것입니다.
또 혼자 힘으로는 아무것도 못하는 자기네들의 통통한 아기가 너무도 황홀하게 점점 강하고 점점 더
활발하게 활동하는 능동적인 아기로 변모해 가는 것을 확인하기 시작하게 될 것입니다.

첫 석 달을 보내는 동안, 아기의 불그스름한 피부는 착색이 되어
차츰차츰 좀더 진한 색깔을 띠기 시작합니다. 넉 달까지는 아기의 눈이
마침내 제 색깔을 띠게 될 것이고, 사시 현상도 사라질 가능성이
높습니다. 아기가 태어날 때 가지고 있던 머리는 첫 몇 주일 안에
빠지고 약간 더 거친 감촉의 머리가 그 자리를 대신할 수도 있습니다.
한편, 어떤 아기들은 한 살이 되어서도 여전히 대머리 상태일 수도
있으며, 머리의 색깔은 몇 해 동안 제 색깔에 이르지 못할 수도 있지요.
뼈가 단단해짐에 따라 한때 고무 같이 말랑말랑하고 유연성이 높던
아기의 몸은 점차적으로 굳어져 자신의 몸을 일으켜 세울 수 있게
됩니다. 먼저 앉는 동작을 취하고, 기어다닌 다음, 마침내 두 다리로
일어서게 되지요(74~79쪽 참조).

아래의 사진들은 어느 한 아기의 성장 과정을 보여 줍니다.
새로 태어난 바로 다음 순간부터 한 살이 될 때까지의 모습이지요.
새로 태어난 아기는 출생 이전의 자세로 짧은 팔다리를 굽히고
있습니다. 팔과 다리를 뻗을 공간이 충분히 있지만, 자궁 안의 협소한
공간에서 몸을 웅크리고 있었던 흔적이 여전히 남아 있는 것입니다.
얼마간의 시간이 지나면 이런 자세는 사라집니다. 아기가 성장하면서
몸의 상반신이 약간 더 빠르게 발달하고, 팔이 먼저 펴집니다.
명백히, 아홉 달까지도 다리는 여전히 웅크리고 있는 자세를 선호할
것이지만, 손은 점점 더 먼 곳에 가 닿으려 합니다.
이윽고 한 살이 되었을 때 다리의 발달이 팔의 발달을 뒤따라 보조를
맞추게 될 것입니다. 그리하여 마침내 유아는 일어설 수 있게 됩니다.

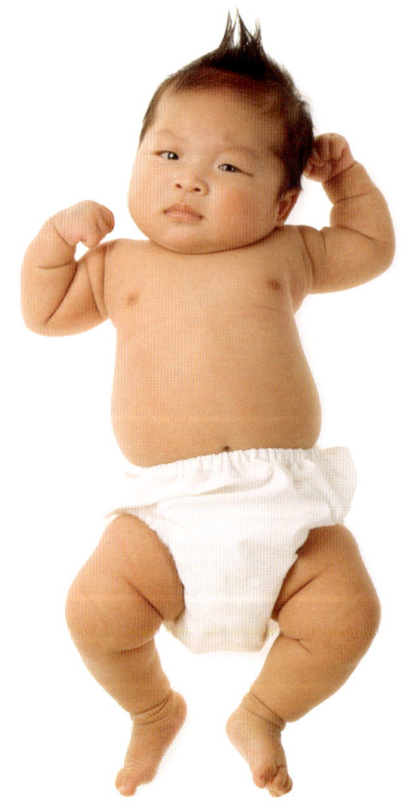

아기 얼굴의 매력

'아이들 유형'이라는 뜻을 갖는 독일어 단어 '킨더셰마'(Kinderschema)는
아기의 얼굴이 지닌 특별한 호소력을 설명하는 데 사용되기도 합니다.
인간의 어른들은 일련의 독특한 특징을 지닌 얼굴과 마주하면
그 얼굴의 주인공을 보호하고 사랑하고 싶어합니다. 그들은 이런
반응을 보이도록 유전적으로 프로그램이 되어 있는 것이지요.
바로 그 특징들이 아기의 얼굴에 더할 수 없이 강조된 형태로 담겨
있다는 사실은 우연이 아닐 것입니다. 킨더셰마는 다음과 같은
요소들로 구성되어 있지요. 우선 몸에 비해 머리가 커야 합니다.
또 얼굴은 평평해야 하고 이마는 크고 동그스름해야 합니다.
코는 자그마하고 납작해야 하며, 눈은 크고 얼굴의 아래쪽으로
치우쳐져 있어야 하지요. 뺨은 동글동글하고 포동포동해야 합니다.
피부는 부드럽고 따뜻해야 하며, 머리는 가늘고 섬세해야 하지요.
또 턱은 자그맣고 끝이 안쪽으로 들어가 있어야 합니다.

연구에 의하면, '아이들 유형'에 반응하는 것은 정서적 반응과 관련이
있는 두뇌 부위―전문 용어로는 '내측 안와 전두 피질'(内側眼窩前頭皮質)
―랍니다. 실험 결과에 따르면, 모르는 아기라 할지라도 그 아기의
얼굴을 어른에게 보여 주면 이 두뇌 부위가 1/7초도 안 걸려 반응한다고
합니다. 이 같은 반응 속도는 반응이 틀림없이 본능적인 것임을
가리키는 것이지요. 아기들의 특징적 얼굴 형상에 대한 인간의 반응은

너무도 강력한 것이어서, 비슷한 특징을 가진 애완용 동물까지도
부모가 자식에게 갖는 것과 같은 느낌을 강력하게 불러일으킬
정도랍니다. 사람들은 품종 개량을 통해 얼굴이 납작한 고양이나
강아지를 만들어 내기도 했는데, 그렇게 함으로써 '대리 부모들'에게
한결 더 강한 호소력을 갖게 된다는 것입니다.

인간의 경우 아기의 얼굴을 구성하는 요소들이 오랫동안 유지됩니다.
완전하게 각진 어른의 얼굴 모습은 사춘기가 될 때까지 나타나지
않지요. 하지만 어린 시절이 지나가면 '아이들 유형'의 징후들이 약간씩
그 힘을 잃어가기 시작합니다. 이런 징후들은 아기가 태어나서
첫 두 해를 보내는 동안, 그러니까 아무리해도 남의 보살핌이 없이는
살아갈 수 없는 동안 가장 뚜렷하게 나타납니다. 얼굴뿐만 아니라,
짧고 땅딸막한 팔다리, 둥그스름한 몸의 윤곽,
몸의 부드러운 유연성, 일반적으로 서투른
몸의 움직임 등등도 어른들에게 특별한
신호를 보내지요. 이들 특징은 '나를
보살펴 주세요'라는 메시지를 전하고,
그럼으로써 어른들의 보호 본능을
일깨우는 역할을 합니다.

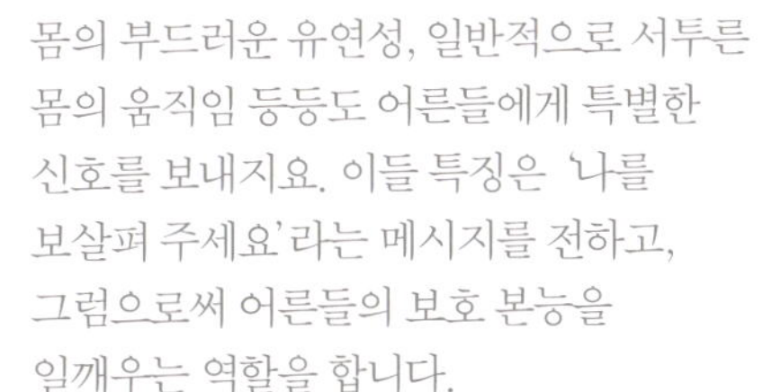

아기의 성장

태어날 당시 아기의 일반적인 몸무게는 3.5kg입니다. 태어난 후 12개월까지 몸무게가 대체로
세 배로 증가하며, 자궁에서 세상으로 나와 첫 두 해가 될 때까지 네 배로 증가합니다. 이 무렵까지, 그러니까
만 두 살이 될 무렵 아기의 키는 어른이 되었을 때 키의 대략 절반 가량으로 자랍니다.

비교를 허락하지 않는 당신만의 아기

하지만 몸무게뿐만 아니라 키나 성장 속도 모든 면에서 아기들
사이에는 엄청난 차이가 존재합니다. 어떤 특정한 아기가 다른
아기들보다 약간 더 작거나 약간 더 크더라도 점진적으로 성장하고
있다면 걱정할 필요가 없습니다. 우리에게 알려져 있는 차이가 얼마나
큰 것인가를 보이기 위해 예를 몇 개 들도록 하지요. 태어날 때 아기의
몸무게는 3~4kg 정도지만, 세상에 태어난 아기들 가운데 가장 몸무게가
많이 나간 아기의 몸무게는 10kg으로, 평균의 세 배나 됩니다. 태어나
살아남은 아기들 가운데 가장 몸무게가 적었던 아기(미숙아)의 몸무게는
단지 265g이었습니다. 이것들은 물론 극단적인 예긴 합니다. 하지만
세상으로 나와 살아남은 아기들의 몸무게가 얼마만큼 놀라운 편차를
보이는가를 가늠하는 잣대가 될 것입니다. 이 같은 극단적인 예에도
불구하고, 일반적으로 아기들의 몸무게 수치가 얼마나 되는가를 아는
것은 도움이 될 수 있습니다. 아무리 대략적인 길잡이에 지나지 않는
것이라고 해도 말이지요.

남자아기와 여자아기

아기의 성장 속도가 그러하듯 키와 몸무게는 몇 가지 정황에 따라
달라질 수 있습니다. 중요한 요인 가운데 하나가 아기의 성(性)입니다.
대체로 남자아기들이 여자아기들보다 키가 더 크고 몸무게가
더 나갑니다. 예컨대, 새로 태어난 남자아기의 평균 몸무게는
3.6kg이고, 여자아기의 평균 몸무게는 3.2kg이지요. 태어나서
1년이 되어 갈 무렵 남자아기의 평균 몸무게는 10.3kg이고,
여자아기의 평균 몸무게는 9.5kg입니다. 만 두 살일 때는
평균 몸무게가 각각 12.7kg과 12.1kg입니다.

다른 요인들

아기가 태어나는 시기도 성장에 영향을 미칠 수 있습니다. 미숙아는
정상아보다 키가 작고 몸무게가 적게 나가는 경향을 보이지요.
쌍둥이들—두 쌍둥이 및 세 쌍둥이—도 종종 그런 경향을 보이는데,
이 아기들 역시 미숙아로 태어나기 때문이지요. 참고로 두 쌍둥이의
경우 평균 임신 기간이 36주입니다. 그밖에 다른 중요한 요인으로
유전적 특질이 있습니다. 예컨대, 키가 큰 부모의 아이들은 키가
큰 경향을 보이고, 엄마의 젖을 먹고 자라는 아기들보다 그렇지 않은
아기들이 한결 더 빠른 몸무게 증가 현상을 보입니다. 인종도 중요한
요인이 되는데, 지역이 다름에 따라 태어날 때의 평균 신장이
다를 수 있습니다.

젖을 뗀 다음 아기의 식생활

유아가 성공적으로 지속적인 성장을 하는 데는 균형 잡힌 식사가
중요한 역할을 합니다. 잡식성으로 진화한 동물의 무리에 속하는 것이
인간이기 때문에, 이상적으로 말하자면 인간의 아기는 젖을 뗀 다음
동물성 음식물과 식물성 음식물을 모두 필요로 합니다. 어떤 사람들은
동물성 식품을 유아에게 주는 것은 옳지 않다고 믿습니다만,
그렇게 하는 것은 성장하는 아기에게 손해를 끼칠 수 있습니다.
단위 몸무게를 기준으로 할 때 유아는 어른에 비해 네 배의 단백질을
필요로 합니다. 또한 동물성 단백질이 포함된 음식물만이 인간의
소화계에 이상적인 수준의 아미노산을 공급할 수 있지요.
흥미롭게도, 시리얼과 곡물, 야채와 채소 같은 음식물 속으로 어쩌다
잘못 뛰어듦으로써 무심결에 음식물의 일부로 변한 유충이나 곤충
형태의 동물성 단백질을 우리 모두는 약간씩 섭취합니다.

아기의 골격 조직

우리는 보통 뼈란 활동력이 없는 것으로 생각합니다. 하지만 우리 몸 안의 뼈들은 더할 수 없이 활기찬 활동을 하는 신체 조직으로, 아기가 성장함에 따라 아기의 뼈도 극적인 변화의 과정을 거칩니다. 아기의 뼈는 대단히 부드럽고, 어른의 뼈보다 한결 더 푹신푹신한 해면질 구조로 되어 있지요. 또 어른의 뼈보다 작은 구멍들을 더 많이 갖고 있으며 수분 함량도 더 높습니다. 태어나서 두 해 동안 아기의 뼈는 성장하여 크기가 커지고(무게로 따지면 어른의 골격 조직은 이때 아기의 뼈의 25배가 됨), 단단하게 굳고, 여러 개가 서로 합쳐집니다. 자궁 안의 협소한 공간에 적합하도록 신축성이 있던 골격 조직은 강하고 견고한 버팀목으로 발달하여, 점점 더 활발하게 움직이는 몸을 떠받쳐 줍니다.

단단해지는 과정

자궁 안에 있을 때 태아의 골격 조직은 뼈로 이루어져 있는 것이 아니라 연골이라 불리는 유연한 물질로 이루어져 있는데, 이 연골은 뼈보다 한결 더 쉽게 성장하지요. 태아의 크기가 커짐에 따라 단단하게 굳는 과정이 시작되어, 이로 인해 발달 중인 골격 조직 가운데 일부가 점점 굳어지고 마침내 뼈로 변합니다. 아기가 태어난 다음에 엄마의 젖으로부터 공급받는 칼슘이 이 과정에 결정적인 도움을 줍니다.

태어날 당시 골격 조직의 일부는 아직 연골 상태를 유지하고 있습니다. 새로 태어난 아기가 그처럼 약하고 무력한 것은 바로 이 때문이지요. 아이가 어른이 되면서 굳어지는 과정이 완성됩니다. 연골이 뼈로 얼마만큼 굳어졌는가에 비례하여, 아이는 점차적으로 자신의 동작—그러니까, 앉는다든가 선다든가, 긴다든가 걷는다든가, 또는 달린다든가 껑충 뛰어 오른다든가 등의 동작—을 그만큼 더 통제할 수 있게 됩니다.

얼마나 많은 뼈가 아기 몸 안에 있을까요?

골격 조직은 두 개의 중요한 부분으로 나뉩니다. 그 가운데 하나가 중추 골격으로, 이는 두개골 및 중이(中耳)의 작은 뼈들, 목 부위의 설골(舌骨), 등뼈와 가슴뼈로 이루어져 있습니다. 또 하나는 사지 골격 또는 부속 골격으로, 여기에 속하는 뼈로는 팔이음뼈, 팔과 손의 뼈, 다리이음뼈, 다리와 발의 뼈가 있습니다. 인간의 어른은 206개의 뼈로 이루어진 골격 조직을 갖고 있는데, 이는 새로 태어난 아기의 골격 조직에서 발견되는 뼈의 숫자보다 한결 적은 것입니다. 아기의 몸에 있는 뼈의 숫자는 저마다 틀리는데, 아기들은 태어날 때 대략 270개의 뼈를 갖고 있습니다.

뼈의 숫자가 감소하는 일은 중추 골격에서 일어납니다. 이는 따로 나뉘어 있던 두개골 및 등뼈 부위의 뼈들이 합쳐지기 때문에 일어나는 현상이지요. 태어날 때 중추 골격은 172개의 뼈로 이루어져 있지만 성인이 되면 80개로 줄어듭니다. 동시에 사지 골격에서는 뼈의 숫자가 증가하는 현상이 일어납니다. 이는 팔목과 발목에 좀더 많은 뼈가 발달하기 때문입니다. 태어날 때 이 부위의 뼈는 단지 98개지만, 어른이 되면 126개로 늘어납니다. 결국 92개가 줄어들고 28개가 늘어나기 때문에 64개가 줄어드는 셈이 되지요. 이처럼 270개에서 64개가 줄어들어, 어른의 몸에 있는 뼈는 206개입니다.

함께 결합하는 뼈

아기가 성장함에 따라, 새로 태어날 때 아기의 두개골을 형성하고 있던 45개의 뼈 조각들 가운데 많은 것들이 서로 합쳐져 어른이 되었을 때는 단지 22개의 뼈로 정리됩니다. 여덟 개의 뼈가 합쳐져 머리를 감싸는 뼈가 되고, 14개의 뼈가 합쳐져 얼굴을 지탱합니다. 태어날 당시 등뼈 아래쪽에는 서로 나뉘어 있는 다섯 개의 뼈가 있습니다. 이 뼈들도 함께 합쳐져, 어른이 되었을 때는 천골(薦骨)로 불리는 한 개의 뼈 조직으로 바뀝니다.

새로 생기는 뼈

일단 아기가 자궁이라는 감금 장소에서 벗어나게 되면, 팔이나 다리에서 발견되는 몸 안의 기다란 뼈들은 엄청난 속도로 성장이 촉진됩니다. 이들 뼈 안에는 '성장판'이라 불리는 특별한 부위가 있어, 그곳에서 연골 세포들이 분열을 일으켜 그 수가 증가합니다. 이렇게 해서 생성된 연골 세포들은 점차 뼈의 중앙 부분으로 자리를 옮겨 그곳에서 결국에는 단단한 뼈로 대체됩니다. 뼈 전체가 단단하게 굳는 과정이 완료되었을 때 비로소 '성장판' 자체가 굳어져 뼈로 바뀌게 됩니다.

팔과 다리의 끝 부분은 유아기 시절에 중요한 변화를 겪습니다. 태어날 때는 단단한 상태의 손목뼈가 없으며, 발목뼈는 단지 두 개만 있을 뿐입니다. 심지어 만 한 살일 때도 유아는 단지 세 개의 손목뼈만을 갖고 있는데, 어른이 되었을 때 마침내 갖게 되는 여덟 개의 손목뼈와 비교하면 정말로 얼마 안 되는 것이지요. 또한 아기는 태어날 때 단단한 상태의 종지뼈도 갖고 있지 않습니다. 약 두 살이 될 때까지 이 뼈는 발달하지 않으며, 종종 나이가 한결 더 먹어야 발달이 시작되기도 합니다.

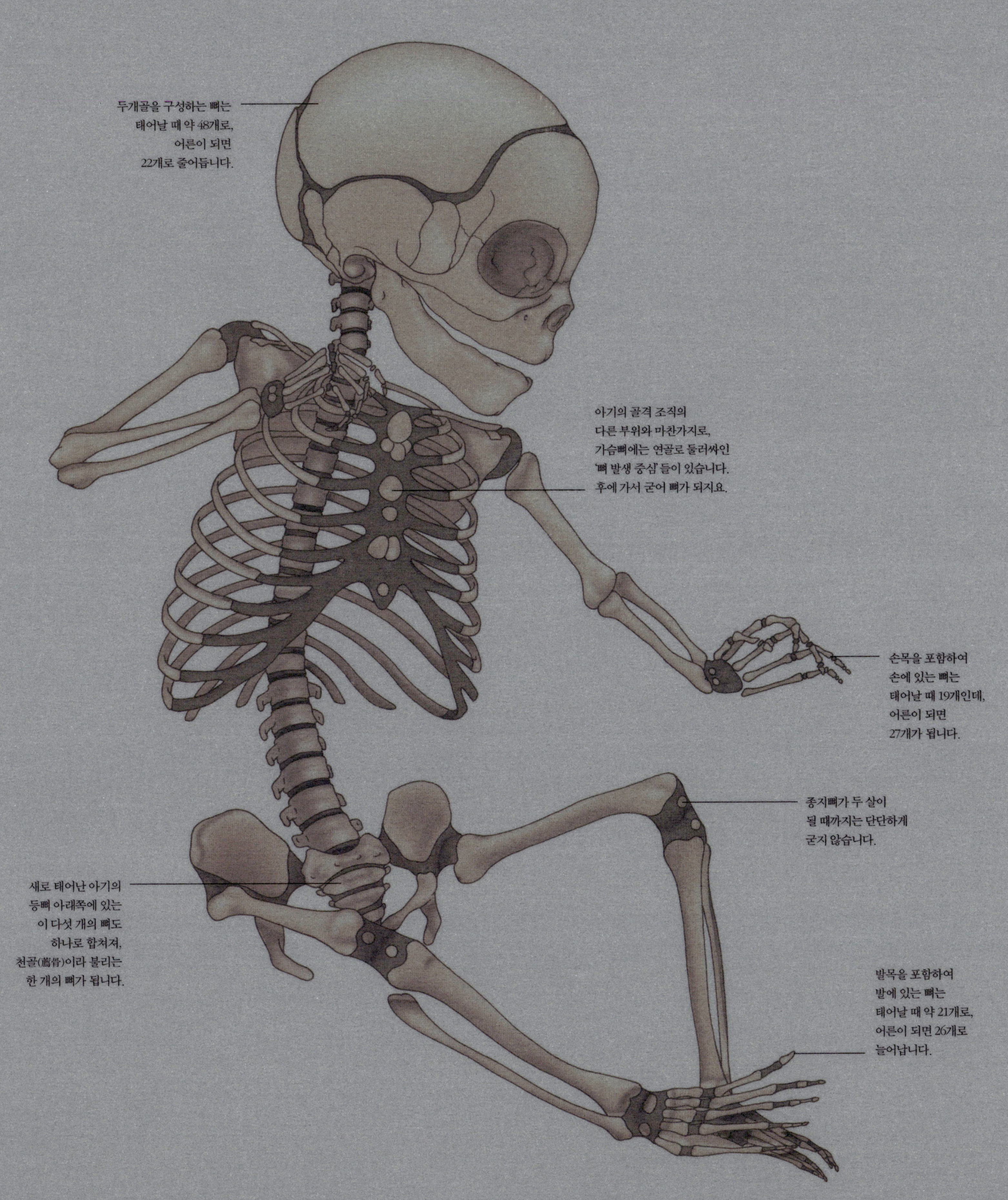

두개골을 구성하는 뼈는 태어날 때 약 48개로, 어른이 되면 22개로 줄어듭니다.
아기의 골격 조직의 다른 부위와 마찬가지로, 가슴뼈에는 연골로 둘러싸인 '뼈 발생 중심' 들이 있습니다. 후에 가서 굳어 뼈가 되지요.
손목을 포함하여 손에 있는 뼈는 태어날 때 19개인데, 어른이 되면 27개가 됩니다.
종지뼈가 두 살이 될 때까지는 단단하게 굳지 않습니다.
새로 태어난 아기의 등뼈 아래쪽에 있는 이 다섯 개의 뼈도 하나로 합쳐져, 천골(薦骨)이라 불리는 한 개의 뼈가 됩니다.
발목을 포함하여 발에 있는 뼈는 태어날 때 약 21개로, 어른이 되면 26개로 늘어납니다.

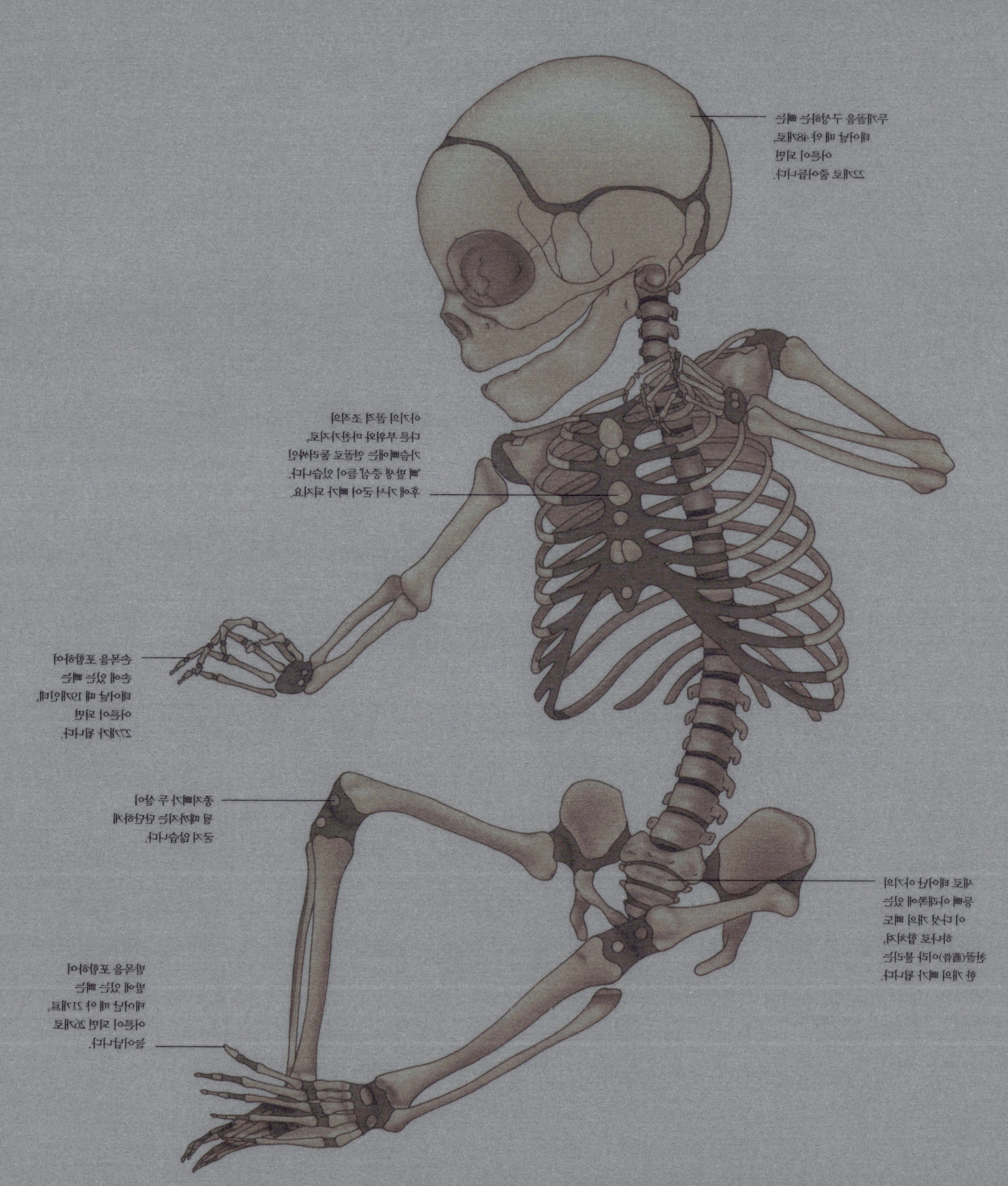

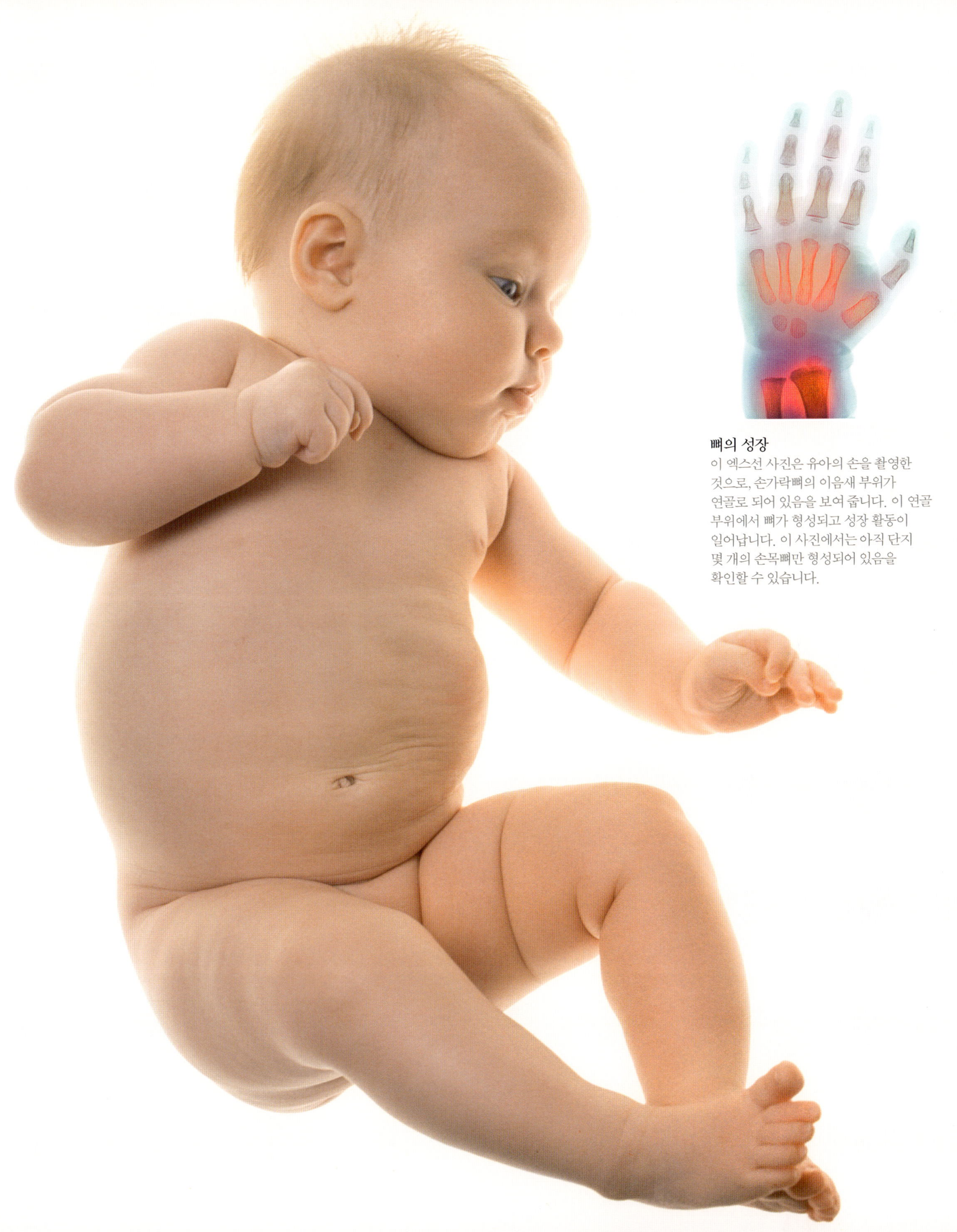

뼈의 성장
이 엑스선 사진은 유아의 손을 촬영한
것으로, 손가락뼈의 이음새 부위가
연골로 되어 있음을 보여 줍니다. 이 연골
부위에서 뼈가 형성되고 성장 활동이
일어납니다. 이 사진에서는 아직 단지
몇 개의 손목뼈만 형성되어 있음을
확인할 수 있습니다.

아기의 신경계

육체적 성장의 징후들 가운데는 눈에 띄기 때문에 부모가 관찰하고 측정할 수 있는 것도 있으나,
아주 중요하지만 보이지 않는 상태로 아기의 신체 내부에서 일어나는 변화도 있습니다.
이 가운데 무엇보다도 중요한 것은 더디게 성장하는 신경계입니다. 각 나이마다, 아기의 능력은 그 아기의
신경계가 어떤 발달 단계에 이르렀는가에 따라 결정됩니다. 하지만 이 과정을 성급하게 몰아가면 아기에게
고통과 피로를 안겨 줄 수 있습니다.

신경계는 스스로 정한 속도에 맞춰 발달하며, 매주 시간이 흐름에 따라 더욱더 정교한 조절 기능이 모습을 갖춰 갑니다. 아기에게 자신의 신경계가 아직 완벽하게 익히지 못한 조절 능력을 발휘해 보라고 하는 것은 그에게 불가능한 것을 요구하는 셈이 됩니다. 마찬가지로 아기가 도달해 있는 발전 단계를 표출하도록 적절한 기회를 아기에게 제공하지 않는 경우 아기는 망설임과 좌절을 느끼게 될 것입니다.

두뇌의 크기

태어날 때 아기의 두뇌는 몸의 다른 어느 부분에 비해 잘 발달되어 있지요. 특히 두뇌는 어른이 되었을 때와 비교하면 머리의 다른 어떤 부분에 비해 한결 더 큽니다. 그리하여 아기는 머리가 커서 불안정한 느낌을 주기도 하지요. 새로 태어난 아기의 두뇌는 몸 전체 무게의 10퍼센트에 해당합니다. 어른의 경우 머리의 무게는 몸 전체 무게의 2퍼센트로 떨어집니다. 태어날 때 두뇌의 무게는 약 350g이고, 두뇌 용적은 약 400ml지요. 이에 비해 어른의 경우 두뇌 무게는 1.1~1.7kg 이고, 두뇌 용적은 1,300~1,500ml입니다. 태어나서 만 1년을 보낼 무렵 까지는 아기의 두뇌가 크기 면에서 2.5배가량 증가합니다. 그리고 만 5년을 넘길 무렵까지는 태어날 때에 비해 세 배로 증가합니다. 어떤 단계에서도 남자아이의 두뇌는 여자아이의 두뇌보다 약간 더 큽니다.

두뇌의 기능

새로 태어난 아기는 배워야 할 것이 많지요! 잠을 자고 깨어나는 일을 관장하는 부위 및 먹고 배설하는 일을 관장하는 부위—주로 후뇌(後腦)와 중뇌(中腦)—는 이미 활동 중이지만, 조절된 몸 동작, 복잡한 생각과 언어 등을 관장하는 부위—대뇌 피질—는 완전하게 발달하는 데 몇 년의 세월이 걸립니다. 태어날 때를 기준으로 하면 대뇌 피질이 가장 덜 발달된 부분이지요. 두뇌 활동이 정교해지고 있다는 사실은 느린 속도로 천천히 드러나며, 아기가 초창기 삶을 살아가는 동안 두뇌는 매주마다 포착하기 힘들 정도로 미묘한 진전을 보이고 또 점점 더 섬세하고 예민한 조절 과정을 거치게 됩니다.

신경 조직망의 발달

새로 태어난 아기의 두뇌가 마주해야 할 도전 가운데 하나는 신경계를 통해 몸의 다양한 부위에 메시지를 전하는 일입니다. 이처럼 중요한 일—특히 몸의 맨 끝 부분에 메시지를 전하는 일—을 수행하기에는 아직 준비가 전혀 되어 있지 않은 조직을 통해서 말입니다. 그 일이 쉽지 않은 이유는 신경 세포들이 신호를 효율적으로 전달할 수 있기 위해서는 먼저 충족되어야 할 여건이 있기 때문입니다. 충족되어야 할 여건이란, '미엘린'(myelin)으로 불리는 신경 피막이 충분히 발달하여 신경 세포들을 감싸주어야 한다는 것입니다. 미엘린이란 신경 섬유들을 하나하나 감쌈으로써 신경 세포들이 신경 자극을 전달하는 일을 쉽게 하는 물질이지요. 이 보호 피막의 주요 부위가 완전히 발달하는 데는 약 2년이 걸립니다. 그리고 이런 과정은 단계 별로 이루어지는데, 먼저 머리 끝 부분에서 발달이 이루어지고, 이어서 몸통 부분에서 발달이 이루어집니다. 이어서 팔다리에서 발달이 이뤄지는데, 먼저 몸통과 가까이 있는 부위에서 정교한 조절 기능이 발달하고, 그 뒤에 발가락 끝이나 손가락 끝에서 이 같은 조절 기능이 발달하게 됩니다. 두뇌 자체 안에서 미엘린 보호막이 발달하는 데는 한결 더 많은 시간이 요구되어, 사춘기에 이르기까지 발달이 계속 이어지지요.

두뇌 발달에 필요한 자극

신경 조직망이 성장과 발달을 거듭해 감에 따라, 아기가 거쳐 가는 일련의 정해진 절차가 있습니다. 무력한 아기에서 시작하여 한결 더 능동적으로 조절된 활동을 할 수 있는 두 살짜리 아기가 될 때까지를 놓고 보면, 먼저 조화롭고 균형 잡힌 활동에 필요한 신경 조직이 향상됩니다. 이어서 자발적인 행동을 솜씨 있게 해 내는 능력이 증가합니다. 이어서 듣는 일, 보는 일, 말을 이해하는 일, 말을 시작하는 일에 향상이 뒤따릅니다. 다음으로 주의력, 기억력, 창조력, 일을 계획하는 능력, 행동을 통제하는 능력이 세련화의 과정을 거치게 됩니다. 이 모든 일이 일어나는 기나긴 기간 동안, 유아의 두뇌가 환경에 의해 더 많은 자극을 받으면 받을수록 그만큼 성장이 촉진됩니다. 이 단계에는 아기의 '생물학적 컴퓨터'에 축적해야 할 풍요로운 입력 정보가 필요합니다. 그래야만 후에 가서 필요할 때 자료를 꺼내 쓸 '경험 축적 은행'을 제대로 마련할 수 있지요. 황폐하고 단조로운 환경에 처해 있는 아기는 명백히 불리한 입장에 처하게 될 것입니다. 이 같은 사실은 발달의 초기 단계에까지도 해당하는 것입니다.

젖 먹이기

젖을 떼고 다른 음식물을 섭취할 수 있기 전까지 아기는 전적으로 엄마의 젖이 제공하는 모유 또는 젖병을 통해
공급되는 모유 대용품에 의존하여 생명을 이어갑니다. 이는 태어나고 첫 6개월 동안 적용되는 사실이지요.
그 이후부터 아기는 약간의 비(非)유동식도 섭취할 수 있습니다. 이때부터 아기가 섭취하는 비유동식의 비율이
조금씩 증가하지요. 여전히 모유나 젖병에 담긴 모유 대용품을 섭취하면서 말이지요. 태어난 후 9개월에서
12개월 사이에 아기는 스스로 음식을 먹는 중요한 다음 단계로 넘어갑니다(57쪽 "젖 떼기" 참조).

아기의 엄마 젖 빨기

아기는 엄마의 젖꼭지를 물고 젖을 빨아먹는다고 흔히들 말하지만,
이때의 행위는 빨기보다는 조이기에 더 가까운 것입니다.
유아는 입술을 이용해 젖꼭지 주변의 착색이 되어 있는 피부를 꼭
물지요. 그리고는 턱과 혀를 이용해 입술로 문 피부를 조입니다.
이런 방식으로 아기가 가한 압력 때문에 젖이 젖꼭지를 통해 흘러나와
아기의 입에 들어가게 됩니다. 그리하여 젖꼭지 자체는 빨림을 당하지
않은 채, 젖을 공급하는 배출구 역할을 할 뿐입니다. 태어나서 첫 해
동안, 젖을 빠는 것 때문에 아기의 입술 주변에 '흡입 받침대'(sucking
pad)라는 이름으로 알려진 물집이 생기기도 하지요.

새로 태어난 아기가 젖을 빨기 시작하면 아기는 보통 눈을 감은 채
모유를 맛보고 즐기는 일에 집중합니다. 몇 달이 지나면 아기는 이런
습관을 바꿔, 젖을 빠는 동안 점점 더 자주 눈을 뜨고 있는 모습을
보이기 시작합니다. 바로 이 단계에서 엄마와 아기 사이에 이루어지는
지속적인 눈맞춤이 둘 사이를 이어 주는 유대감을 강화하는 데 중요한
역할을 합니다.

초유(初乳)

새로 태어난 아기가 엄마의 젖을 통해 공급받는 최초의 액체를
'초유'라고 하는데, 이는 젖이 나오기 이전에 나오는 액체를 말합니다.
이 액체는 노르스름한 빛깔을 띠고 있으며, 단백질과 항체를 풍부하게
담고 있어서 새로 태어난 아기가 병에 감염되는 것을 막아줍니다.
엄마의 젖은 계속해서 약 3일 동안 이 중요한 첫 음식을 아기에게
제공합니다. 그런 다음부터 진짜 모유가 흘러나오기 시작하지요.
진짜 모유는 초유에 비해 두 배나 되는 풍부한 지방과 당분을 함유하고
있습니다. 진짜 모유는 너무도 풍부한 자양분을 함유하고 있어서
이를 공급받은 아기의 체중이 곧바로 급속히 증가하기 시작합니다.

아기에게 필요한 모유 공급의 시간

일단 진짜 모유가 나오기 시작하면, 아기에게 모유를 먹일 때마다
정해진 순서에 맞춰 두 종류의 모유가 제공됩니다. 먼저 엄마의 젖은
초기 단계 모유를 제공한 다음, 일정한 시간이 지나면 후기 단계 모유를
제공하지요. 초기 단계 모유는 묽고 수분이 많아, 무엇보다도 아기의

갈증을 풀어 주는 역할을 합니다. 후기 단계 모유는 좀더 진하고
영양분을 한결 더 풍부하게 함유하고 있어서 영양분에 대한 아기의
요구를 충족시켜 주는 역할을 합니다. 마치 엄마의 젖이 '먼저 목을
축이고 밥을 먹어라'라고 아기에게 말이라도 하는 듯 말이지요.
이 사실을 통해 우리는 모유를 먹이는 시간이 아주 짧은 경우 그것이 왜
아기에게 불리하게 작용하는가의 이유 하나를 확인하게 됩니다.
모유를 먹이는 시간이 짧으면 목마른 아기의 갈증은 풀어 줄 수 있지만,
만족스러울 만큼의 음식을 아기에게 제공하지는 못하지요.
충분한 모유 공급 시간을 채우기 위해서는 아기에게 한쪽 젖을 한 번에
10분에서 15분 동안 빨게 할 필요가 있습니다.

아기가 원할 때 젖 먹이기

요즈음 실행되고 있는 '아기가 원할 때 젖 먹이기'의 관행은
선사 시대부터 부족 사회의 엄마들이 이미 실천해 왔던 것입니다.
이 관행의 운용 원리는 아기가 배고파할 때 아기에게 젖을 먹인다는
식의 아주 단순한 것입니다. 이 방법을 사용하면 아기에게 젖을 먹이는
횟수가 늘어날 수도 있지요. 하지만 이점도 있는데, 자주 젖을 먹일수록
그만큼 가슴에 젖이 가득 차는 일을 막을 수도 있고, 또 젖을 먹일
때마다 한꺼번에 지나치게 많은 양의 젖을 아기에게 먹이는 경향을
줄일 수도 있지요. 더욱이 아기는 자연스러운 속도로 젖을 먹을 수 있게
됩니다. 결과적으로, 시간이 흐름에 따라 아기는 젖을 요구하는 횟수를
자동적으로 줄여 나가는 등, 나름대로 자기에게 맞는 일정을 개발하고
이에 맞춰 '스스로 스케줄을 짜게' 되지요.

모유의 이점

모유를 먹일 수 없는 엄마들에게는 젖병이 하나의 가능한 대안을
제공합니다. 하지만 모유는 아기가 원하는 것을 정확하게 제공하도록
100만 년 이상을 걸쳐 진화해 왔습니다. 모유는 아기가 태어나 얼마
안 되었을 때 항체를 아기에게 제공할 뿐만 아니라, 영양학적으로도
아주 잘 균형이 잡혀 있습니다. 모유를 먹일 때 요구되는 아기와의
밀접한 신체 접촉 및 이처럼 살과 살을 맞댐으로써 싹트는 친밀감은
엄마와 아기 사이의 애정 어린 유대감을 강화하는 데 도움을 줍니다.
이런 유대감은 젖병을 아기에게 물린다고 해서 완전히 상실되는 것은
아니지요. 하지만 필연적으로 강도가 약화될 수밖에 없습니다.

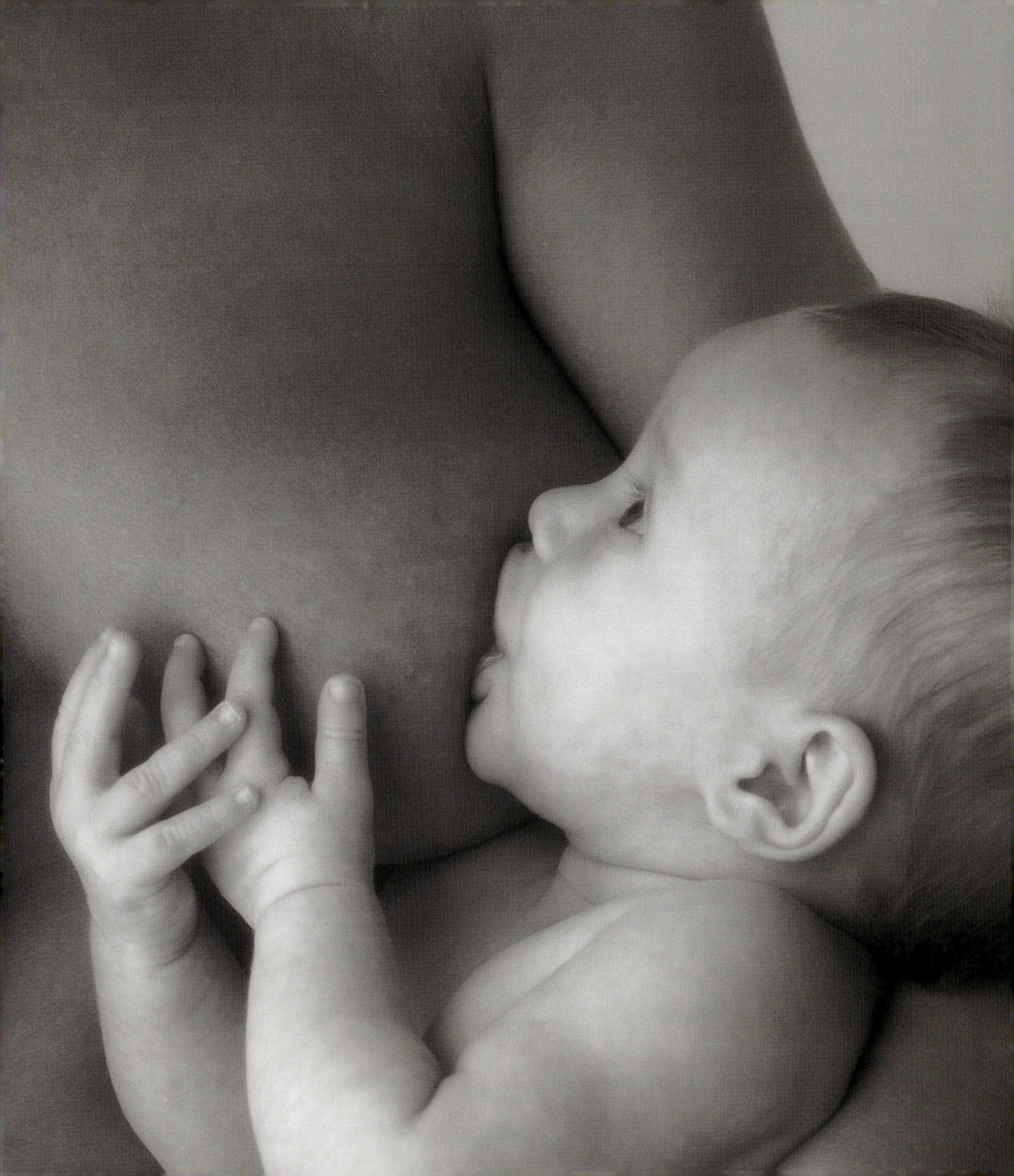

치아의 발달

아기의 치아는 아기가 아직 자궁에 있을 때부터 발달하기 시작합니다. 하지만 최초의 치아가 잇몸을 뚫고 나오는 것은 일반적으로 아기가 대략 6개월의 나이가 되었을 때입니다. 일반적으로 최초의 치아는 아래쪽 가운데 앞니로, 곧 이어 위아래쪽으로 가운데 앞니 이외의 앞니들이 모습을 드러냅니다.

그런 다음 7개월에서 11개월 사이에 덧니들이 모습을 드러내지요. 이윽고 최초의 어금니들이 10개월에서 16개월 사이에 나오고, 이어서 송곳니들이 16개월에서 20개월 사이에 나옵니다. 마지막으로 둘째 어금니들이 나와, 대략 만 두 살이 될 때까지 아기의 치아 전체가 제 모습을 갖추게 됩니다. 이 같은 아기의 치아들은 아기가 자라 여섯 살이나 일곱 살이 될 때까지 계속 자리를 지킵니다. 아기가 자라 여섯 살이나 일곱 살이 되면 그때까지 사용되고 있던 치아들은 그 아래 숨어 있다가 올라오는 영구 치아들에게 자리를 내 주기 시작합니다. 영구 치아가 32개인 반면 아기의 치아는 20개입니다. 아기의 치아는 여덟 개의 앞니, 네 개의 송곳니, 여덟 개의 어금니로 구성되어 있지요. 영구 치아는 아기의 것과 같은 수의 앞니와 송곳니, 여덟 개의 작은 어금니와 열두 개의 어금니로 이루어져 있습니다.

우리 몸에서 가장 단단한 부분인 치아

인간의 몸에서 손상을 당하거나 파손되었을 때 저절로 복원되지 않는 유일한 부분이 바로 치아입니다. 아울러, 치아의 에나멜은 인간의 몸을 구성하고 있는 그 어느 물질보다도 단단하지만, 우리가 먹는 음식에 함유되어 있는 산(酸)이나 당분의 공격에 취약하기도 합니다. 침의 생성은 해로운 물질의 영향을 줄이는 데 어느 정도 도움이 되기도 하지요. 하루 종일 계속해서 생성되고 특히 음식을 섭취할 때 좀더 많이 생성되는 침이라는 물질은 입안의 청결을 유지하고 음식 찌꺼기가 남아 있지 않도록 하는 데 도움을 주기도 합니다. 침은 또한 박테리아, 바이러스, 진균의 공격을 막고 이에 저항하는 특성을 갖고 있기도 합니다.

치아가 나올 때의 문제점들

치아가 나올 때 별다른 불편을 느끼지 않는 것처럼 보이는 아기들도 있지만, 통증으로 인해 엄청나게 고통을 겪는 아기들도 있습니다. 비록 아기들이 자신을 괴롭히는 것이 무엇인지에 대해 부모에게 말하지 못한다고 해도, 숨길 수 없는 몇몇 징후들이 아기의 치아가 나오고 있음을 알려 줍니다. 예컨대, 아기의 얼굴이 홍조를 띠고 있거나 아기의 체온이 평소보다 높아지기도 하지요. 입안을 들여다보면 잇몸이 발갛게 부어 올라 있기도 하고, 치아가 나오는 동안 생성된 과도의 침 때문에 아기가 침을 흘리기도 합니다. 많은 아기들이 통증을 줄이기 위해 손에 집히는 것이라면 무엇이든 집어들어 씹기도 합니다. 치아가 나오는 동안 아기들은 고통 때문에 계속해서 보채기도 하고 대개의 경우 평시보다 더 부모한테 매달려 떨어지지 않으려 하는 등, 정서적으로 매우 불안정한 상태를 보입니다.

치아가 나 있는 상태로 태어나는 아기들

2,000명의 아기들 가운데 한 명 정도는 반짝이는 치아 한 개를 입안에 갖고 세상에 나오기도 하는데, 이를 '선천치'(natal tooth)라고 합니다. 선천치를 갖고 태어나는 경우, 엄마의 젖으로 아기를 먹이든 젖병으로 아기를 먹이든 이 치아가 방해하는 바람에 아기는 젖을 빠는 동작을 제대로 하지 못합니다. 엄마의 편안함을 위해 또한 아기의 안전을 위해 선천치를 제거하는 것이 일반적인 관례입니다. 만일 제거하지 않은 채 그대로 내버려두면, 젖을 먹는 동안 새로 태어난 아기의 혀가 쉽게 손상될 수 있습니다.

젖 떼기

아기에게 모유를 먹이든 또는 우유와 같은 모유 대체물을 먹이든 첫 6개월 동안은 다른 형태의 음식을 먹이지 말아야 한다는 것이 오늘날 아기 엄마들이 받는 조언입니다. 그런 다음 여전히 모유나 우유(또는 그밖에 다른 모유 대체물)를 먹이면서 점차적으로 비(非)유동식을 먹이기 시작해야 한다는 것이지요. 아기가 태어난 후 6개월에서 9개월 사이에 가공된 부드러운 반(牛)고형식을 조금씩 먹이기 시작하여, 마침내 생애 첫 해가 끝날 무렵 대부분의 아기들이 아무런 문제없이 자기 힘으로 밥을 먹을 때까지 그 비율을 천천히 높이라는 것입니다.

옛날의 젖 떼기 방식

특별히 아기에게 맞춰 제조된 이유식이 나오기 전의 시대에 엄마들은 어떤 방법으로 자기 아기들에게 젖을 떼게 했을까요? 선사 시대의 엄마들은 이 중요한 변화의 과정을 어떻게 처리했을까요? 이 물음에 대한 답은 '수많은 다른 동물들이 하는 방식대로 했다'입니다. 말하자면, 그들은 미리 씹은 음식을 입에서 입으로 전하는 방식으로 아기들에게 먹을 것을 주었습니다. 먼저 엄마가 음식물을 입어 넣고 부드러운 반죽—거의 따뜻한 죽에 가까운 것—이 될 때까지 씹습니다. 그런 다음 아기의 입술에 자신의 입술을 압착시키고 아기의 입에 혀를 밀어 넣지요. 아기는 젖꼭지에 반응하듯 엄마의 혀에 반응을 보이고는 빨기 시작합니다. 이런 식으로 아기는 엄마가 씹어 놓은 음식물을 섭취하게 되고, 이로써 이유의 과정이 시작되었던 것입니다.

오늘날의 젖 떼기 방식

오늘날 젖을 떼는 방법은 간단합니다. 기계식 믹서와 상품화된 이유식을 어디 가더라도 구할 수 있으니까요. 하지만 젖 떼기 과정을 서두르지 않는 것이 더할 수 없이 중요합니다. 비록 아기에게 이유식을 쉽게 제공할 수 있지만 말입니다. 비유동식은 아주 천천히 조금씩 아기에게 선보여야 하지요. 아기에게 주는 젖의 양을 마찬가지로 천천히 줄이면서 그렇게 해야 할 것입니다. 젖에서 비유동식으로 바꾸는 일을 너무나 급작스럽게 전면적으로 하는 것은 바람직하지 않습니다. 아기의 식생활을 완전히 바꾸는 데는 적어도 석 달의 기간이 허용되어야 합니다.

아기가 좋아하는 맛

놀랍게도 아기는 어른보다 음식 맛을 식별하는 맛봉오리를 더 많이 가지고 있습니다. 그리고 이 맛봉오리들은 입안 전체에 널리 퍼져 있지요. 혓바닥뿐만 아니라 입천장, 목구멍 뒤쪽, 편도선, 심지어 양쪽 뺨 안쪽에도 아기는 맛봉오리를 갖고 있습니다. 맛에는 네 가지 기본적인 것이 있는데, 쓴맛, 짠맛, 신맛, 단맛이 그것입니다. 아기에게 각각의 맛을 개별적으로 지닌 음식을 차례로 하나씩 주면, 아기는 앞의 세 종류의 맛을 싫어하고 넷째 번의 단맛을 좋아합니다. 태어나서 얼마 안 되는 기간 동안 아기는 다만 단맛이 나는 것만을 좋아합니다. 아기는 그 외의 다른 모든 맛에 얼굴을 찡그리기도 하고, 먹지 않으려고 떼를 쓰기도 하지요. 찡그리고 떼를 써도 안 되면, 성이 나서 울음을 터뜨립니다.

유동식에서 고형식으로

유동식에서 부드러운 반고형식으로, 여기에서 다시 고형식으로 이행되는 아기의 식생활 변화의 과정에서 부모에게 요구되는 것은 상당한 인내심입니다. 아기는 오로지 단맛만을 좋아하기 때문에 보다 다양한 음식을 항상 고분고분하게 받아들이지는 않습니다. 이 분야의 어떤 권위자들은 이유기를 거치는 동안 '단 것을 좋아하는 성향'을 일찍부터 고쳐야 한다는 제안을 하기도 합니다. 만일 아기들이 바나나를 갈아 만든 이유식과 같이 달고 부드러운 음식에만 의지하여 젖을 떼게 되면, 단맛에 너무 중독이 되어 건강상 한결 더 다양한 음식을 섭취해야 할 단계에 이르러서도 달지 않은 음식을 먹도록 부추기기가 어려워진다는 것—이 점을 권위자들은 걱정하지요.

잠과 꿈

새로 부모가 된 사람들이 곧 알아차리게 되듯, 아기의 잠자는 패턴은 부모의 것과 아주 다릅니다. 새로 태어난 아기들은 어른보다 두 배나 길게 잠을 자고, 오랫동안 잠이 들어 있는 것이 아니라 잠깐씩 자다 깨다 하는 일을 반복합니다. 그리고 무엇보다도 아기는 밤과 낮을 구별하여 잠을 자지 않습니다. 아기의 이 같은 잠 패턴을 바꾸기란 불가능합니다. 부모가 된 다음 적어도 첫 몇 주 동안, 어른들은 아기의 이 같은 습관에 자신을 맞추어야 합니다.

잠자는 시간

자궁 밖으로 나와 세상에서 첫 주를 보내는 동안, 보통의 아기들은 24시간 가운데 총 16.6시간을 잠으로 보냅니다. 이러한 수면 시간은 많은 경우 18번의 짤막한 잠으로 나누어질 수 있습니다. 하지만 아기가 이보다 한결 더 오래 잠을 자거나 한결 더 짧게 잠을 자는 것은 흔히 있는 일입니다. 이는 개인차가 상당히 있기 때문이지요. 사실을 말하자면, 24시간당 단지 총 10.5시간만 잠에 취하는 아기들이 있는가 하면, 24시간당 무려 23시간을 잠에 빠져 있을 정도로 졸음에 겨워하는 아기들도 있지요.

아기가 태어나서 4주까지는 수면 시간이 두 시간가량 짧아집니다. 태어나서 한 달이 된 아기들은 평균 14시간 45분가량 잠을 자며, 6개월의 나이일 때는 14시간 이하로 좀더 줄어들게 됩니다. 만 한 살의 나이일 때는 수면 시간이 평균 13시간으로 줄어들며, 유아 시절 내내 계속 줄어듭니다. 만 다섯 살이 될 때까지는 24시간 가운데 12시간으로 수면 시간이 줄어들고, 어른의 평균적인 수면 시간인 여덟 시간이 될 때까지 느린 속도로 계속 줄어듭니다.

수면 시간의 점차적인 감소 현상은 특히 낮 시간에 한결 더 두드러지게 나타납니다. 태어나서 3주가 되었을 때 벌써 이런 현상이 뚜렷하게 나타나지요. 이때 이미 낮에 잠을 자는 시간과 밤에 잠을 자는 시간 사이에 차이가 나기 시작합니다. 태어나서 3주가 된 아기는 낮 시간의 54퍼센트 동안만 잠을 자지만, 여전히 밤 시간의 72퍼센트를 잠으로 보냅니다. 아기의 나이가 26주에 이를 즈음 각각 낮 시간의 28퍼센트, 밤 시간의 83퍼센트를 잠으로 보내는 것으로 바뀝니다. 낮은 이제 짤막한 낮잠을 자는 시간이 되어, 부모들은 밤에 좀더 편안히 쉴 수 있게 됩니다. 아기가 때때로 열 시간 동안 중간에 깨어나지 않은 채 잠을 즐기게 되니까요. 곧 이어 아기는 아침에 한 번, 오후에 한 번 낮잠을 자게 됩니다. 이윽고 아기가 첫 생일을 맞이할 때쯤이 되면 아침에 자는 낮잠도 마침내 사라집니다.

잠의 종류

잠에는 서로 다른 두 종류의 잠이 있는데, 하나는 꿈을 꾸며 자는 잠이고, 다른 하나는 꿈을 꾸지 않은 채 자는 깊은 잠입니다. 꿈을 꾸며 잠을 자는 동안에는 눈꺼풀이 깜박이며, 눈꺼풀 아래의 눈동자가 이 방향 저 방향으로 빠르게 움직입니다. 이런 이유 때문에 꿈을 꾸며 자는 잠을 전문적 용어로는 '급속 안구 운동'(rapid eye movement, REM) 수면이라고 합니다. 어른들은 총 수면 시간의 약 1/3을 이 REM 수면 단계에서 보내지만, 아기들은 수면 시간의 절반을, 심지어 2/3를 이 단계에서 보냅니다.

REM 수면 단계에 있는 동안 두뇌 쪽으로의 혈액 공급이 엄청나게 증가하며, 이는 아기의 학습 능력에 도움을 줄 수 있지요. 아기가 이 같은 잠에서 깨어났을 때, 정신이 더 말짱해지고, 정보를 처리하고 유지하는 능력도 증가합니다. 그리고 감각도 한층 더 예민해지지요. 꿈을 꾸지 않은 채 깊은 잠을 자는 동안에는 아기의 몸이 원기를 회복하게 됩니다. 바로 이때 혈액은 발달 중에 있는 근육 쪽으로 흐르고, 성장 호르몬의 방출이 이루어지며, 조직 세포가 한결 더 빠르게 분열합니다.

아기의 꿈

물론 아기가 어떤 꿈을 꾸는지는 알 수 없습니다. 하지만 24시간마다 아기가 소화해야 할 엄청난 양의 정보가 있는 것만은 틀림없습니다. 새로 태어난 아기는 잠에 빠져들자마자 REM 수면 단계에 들어갑니다. 이와는 달리, 나이가 좀더 든 아기는 꿈이 없는 깊은 잠 속으로 먼저 빠져들지요. 잠자는 아기를 관찰해 보면, 아기가 어떤 수면 단계에 있는지를 쉽게 알 수 있습니다. 꿈을 꿀 때 눈동자가 빠르게 움직이기도 하지만, 아기의 몸이 이따금씩 씰룩거리기도 하고 호흡이 약간 불규칙적인 것이 되기도 하지요. 아기가 꿈꾸기를 멈추고 깊은 잠에 빠져들게 되면, 아기는 몸을 움직이지 않습니다. 근육은 이완된 상태가 되고, 아기의 얼굴에는 평온한 표정이 감돌게 되지요.

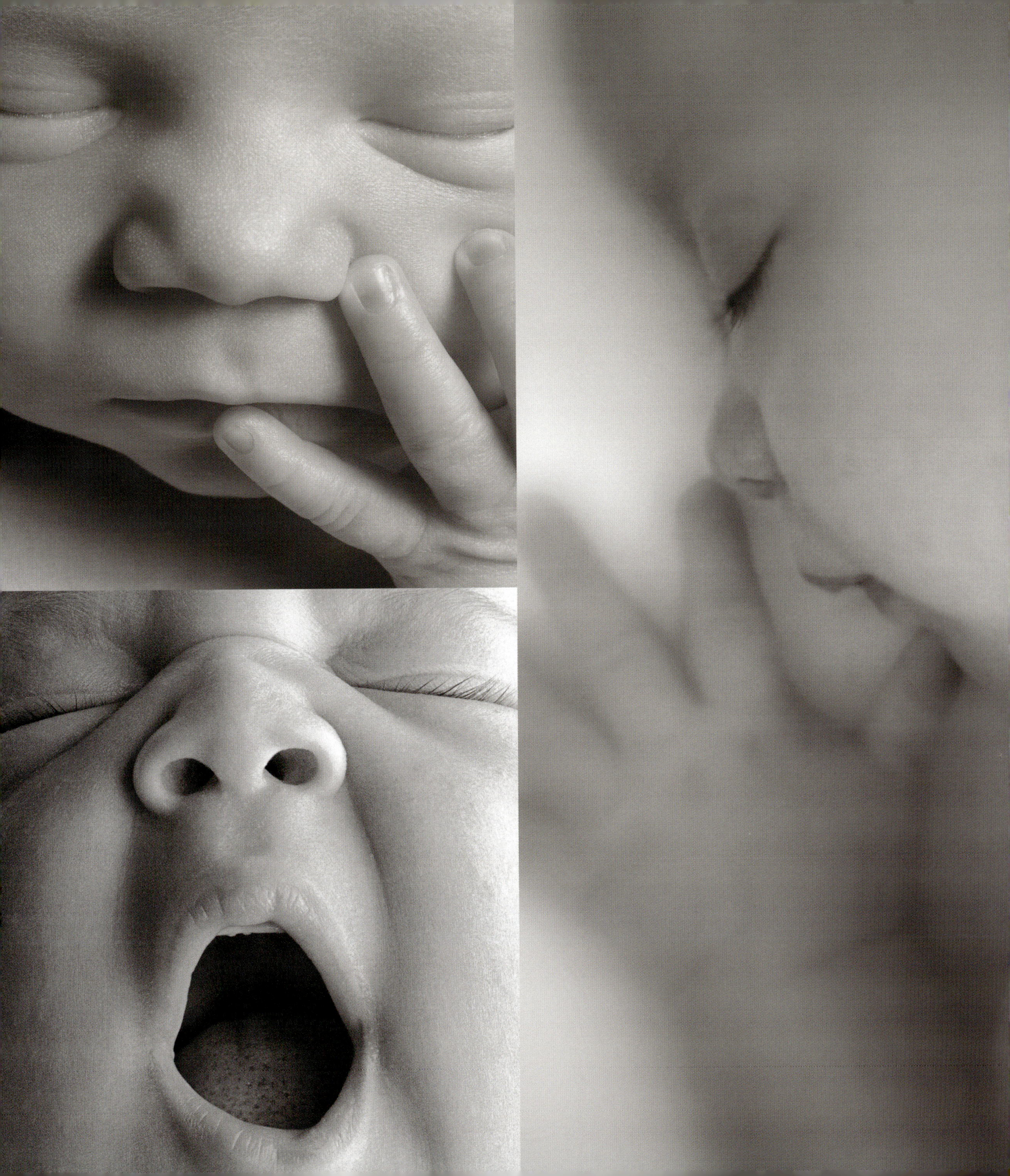

아기의 몸 동작

몸 동작의 발달 순서

몇몇 동물의 새끼들은 태어나는 바로 그 날 여기저기 뛰어다닙니다. 하지만 인간의 아기는
몇 달을 기다려야 어떤 형태의 몸 동작이든 할 수가 있습니다. 아기의 몸 동작은 점차적으로 매우 느리게
그리고 예정된 순서에 따라 발달하지요.

아기의 첫 몸 동작

아기가 태어나서 하는 최초의 몸 동작은 젖을 먹으면서 엄마의
젖가슴을 더듬을 때 보이는 부드러운 몸짓 이상의 것이 아닙니다.
이 같은 최초의 서투른 어루만짐을 시작으로 하여, 아기는 엄마 주변에
있는 사물들의 표면을 더듬으면서 간단한 죄기, 움켜쥐기 동작,
문지르기 동작 등등 다양한 몸 동작을 곧 발달시켜 나갑니다.
아기는 곧 단단함과 부드러움, 거침과 매끈함, 차가움과 따뜻함 사이의
차이를 구별할 수 있게 되지요.

비록 이 같은 초기 단계에 몸 전체를 움직이려는 듯 무언가를 차거나
팔을 흔들기도 합니다만, 일반적으로 아기의 몸 동작은 꿈틀거리거나
몸부림치는 것 정도를 넘어서지 않습니다. 아기는 이런 동작을
불편함을 느끼거나 기분이 안 좋을 때 하게 마련이지요. 아기의 진정한
첫 몸 동작이 시작되는 것은 발로 바닥을 누르고 걸어차면 몸이 위로
밀려간다는 사실을 알아차리게 될 때입니다. 이 작은 성공에도
불구하고, 태어나서 첫 몇 주 동안 아기는 정말로 무력한 존재지요.

턱에서 가슴, 이어서 하체 들어올리기로

시간이 지남에 따라 아기의 기동성은 천천히 증가합니다. 아기를
엎어놓으면 아기는 갖은 애를 다 써서 턱을 바닥에서 들어올립니다.
마치 엎어놓은 자세가 마음에 들지 않기라도 하듯 말이지요.
이런 몸짓을 하는 것은 아기가 태어나서 약 4주 때입니다. 머리를
제대로 통제하는 일은 아직 몇 달 더 있어야 가능하고, 아기를 안을 때
아기의 무거운 머리를 계속해서 받쳐 줄 필요가 있긴 하지만 말입니다.
몸을 들어올리려는 시도를 살펴보면, 항상 머리 쪽을 들어올리려는
시도가 몸의 아래쪽을 들어올리려는 시도보다 앞서 이뤄집니다.

대략 16주일 때 아기는 팔로 몸을 밀어 올릴 수 있게 되며, 잠시 후
다리를 사용하여 같은 동작을 하게 됩니다. 하지만 처음에는 이처럼
가슴을 들어올리는 동작과 몸의 아래쪽을 들어올리는 동작을 따로따로
한 번에 한쪽씩만 할 수 있습니다. 이 두 동작을 따로따로 완벽하게
해 냄으로써 아기가 손과 발로 기어다닐 준비를 하고 있는 것처럼
보이기도 하지만, 아직까지 아기는 이 두 동작을 동시에 할 수 없습니다.
이때 아기는 몸을 뒤집음으로써 움직일 수 있다는 사실을 알아차리고는
몸을 옆으로 돌리기 시작하기도 합니다. 어쩌면 몸을 들어올릴 수 없기
때문에 좌절을 느껴 그러는 것이겠지요.

기어다니기에서 걷기로

다음 단계에서 아기의 몸 동작은 '바닥에 몸을 붙인 채 기어다니기'로
발전합니다. 특공 대원의 낮은 포복과 닮은 이 같은 몸 동작을 할 때
보면, 아기는 배를 바닥에 붙인 채 팔과 다리로 몸을 밀어 앞으로
나가지요. 7개월일 때 아기는 마침내 다른 사람의 도움이 없이 앉아서
자신의 자세를 통제할 수 있음을 알아차리게 됩니다. 이제 아기의 몸은
한층 더 강해진 상태로, 대략 8개월일 때 완벽한 기어다니기 동작을
시작하게 됩니다. 이는 아기가 최초로 진정한 의미에서의 기동성을
갖추게 되었음을 뜻하지요. 이 단계는 여러 달 동안 지속되는데,
이 단계가 지나면 아기는 드디어 처음에는 부모의 도움을 받아,
나중에는 자기 힘으로 어렵게나마 몸을 바로 세우는 자세를 취하게
됩니다. 일단 몸을 세울 수 있게 되면, 걷기가 곧 시작됩니다.
이로써 아기는 걸음마를 하는 아기—영어로 말해
'토들러'(toddler)—가 됩니다.

아기의 근육

근육이라고 할 만한 것이 거의 없는 상태로 태어난 아기는 태어나서 24주까지는 엄청나다고 할 정도의
근육을 갖추게 됩니다. 부모는 아기가 앉아 있거나 서 있는 동안 아기의 몸을 받쳐 주는 동시에 아기가 자세를
유지하려고 애를 쓸 때 돌봐 줌으로써 아기에게 도움이 될 수 있지요. 처음에는 성공을 할 수 없을지 모르나,
여러 번 반복하는 가운데 아기는 발달 과정에 있는 자신의 근육계에 대해 무언가를 배우게 됩니다.
다양한 자세와 몸 동작의 한계가 어느 지점인가를 실험해 봄으로써 말입니다.

근육의 성장

태어날 때 아기는 모든 종류의 근육 섬유를 갖추고 있습니다.
비록 이 단계에서 근육 섬유는 작고 수분을 많이 함유하고 있지만
말입니다. 근육이 성장을 거듭함에 따라, 이 같은 근육 섬유들은
길어지고 두꺼워집니다. 또 수분 함량도 적어지지요. 이 같은 발달
과정은 '머리부터 시작하여 아래쪽으로'의 순서로 진행됩니다.
그러니까 머리 끝 가까이에 있는 근육의 발달이 몸의 맨 끝 가까이에
있는 근육의 발달보다 항상 조금 더 일찍 이뤄집니다. 아기가 마침내
어른이 되었을 때의 근육은 태어날 때의 근육보다 40배나 강해집니다.
여자아기보다는 남자아기에게 근육 세포가 더 많은데, 이런 차이는
일생 동안 유지되지요. 그리고 근육의 성장 과정을 보면 여자아기의
경우보다 남자아기의 경우에 더 다양하게 진행됩니다.

근육의 종류

어른과 마찬가지로 아기는 세 종류의 근육을 갖고 있습니다.
줄무늬가 있는 근육들은 팔다리, 목, 얼굴의 움직임을 관할하는 것으로,
이를 수의근(隨意筋)−당사자가 마음대로 수축하거나 이완할 수 있는
근육−이라고 합니다. 이들 근육은 모두 뼈에 붙어 있으며,
종종 '골격 근육'으로 지칭되기도 합니다. 성장해 감에 따라
아기는 이들 근육의 움직임을 점점 더 정확하게 조종하는 능력을
키워 나갑니다.

무늬가 없는 근육들은 자율적으로 움직이는 불수의근(不隨意筋)입니다.
이들 근육은 의식적으로 조종할 수 없으며, 무언가 잘못되지 않는 한
이들의 움직임은 의식되지 않은 채 계속됩니다. 무늬 없는 근육들
가운데 내장을 통과하는 음식물의 움직임을 조정하는 일을 맡아 하는

것도 있는데, 고리 모양의 환상근(環狀筋)은 내장을 조이고 세로 방향의
종주근(縱走筋)은 내장을 넓힙니다. 또한 침샘을 조종하는 일을 하는
무늬 없는 근육도 있습니다. 음식을 먹는 동안 침샘을 조여 침이
흘러나오게 하고 이로써 음식물을 촉촉하게 적셔 주지요. 빛의 강도에
따라 변하는 안구의 홍채(虹彩)도 또한 무늬 없는 근육에 의해
자동적으로 조절됩니다.

심장 근육들은 줄무늬를 갖고 있지만, 이 또한 불수의근입니다.
이들 근육은 자동적으로 일정하게 맥박을 뛰게 하며, 육체적 행동의
양이 어느 정도인가에 따라 맥박을 빠르게 하거나 느리게 할 수도
있습니다. 이들 근육은 공포, 분노, 불안의 순간에도 맥박의 속도를
높이는데, 이런 감정들이(실제로 있을 수도 있고 있지 않을 수도 있는) 육체적
행동의 증가를 예상하기 때문입니다.

짝을 이뤄 서로 길항적으로 작용하는 근육

세 종류의 이들 모든 근육의 수축 작용은 능동적으로 이뤄지지만,
이완 작용은 수동적으로만 이뤄집니다. 따라서 근육은 서로 짝을 이뤄
길항적으로 작용해야 합니다. 말하자면, 둘 가운데 하나가 강제로 수축
활동을 하면 짝을 이루는 다른 하나는 긴장을 풀고 이완 상태가 되어야
합니다. 예컨대, 팔에 있는 이두근(二頭筋)이 수축하면 이와 동시에
삼두근(三頭筋)이 이완하며 팔이 안으로 굽고, 삼두근이 수축하면
이와 동시에 이두근이 이완하며 팔이 다시 펴집니다. 팔이 앞뒤로
흔들릴 때에는 근육의 능동적인 활동이 이뤄지지 않은 채 단순히
서로 반대되는 수축과 이완 현상이 일어날 뿐이지요. 아기의 경우
이런 근육계의 힘은 아직 미약한 것이지만, 아기가 성장함에 따라
천천히 그 힘을 얻게 됩니다.

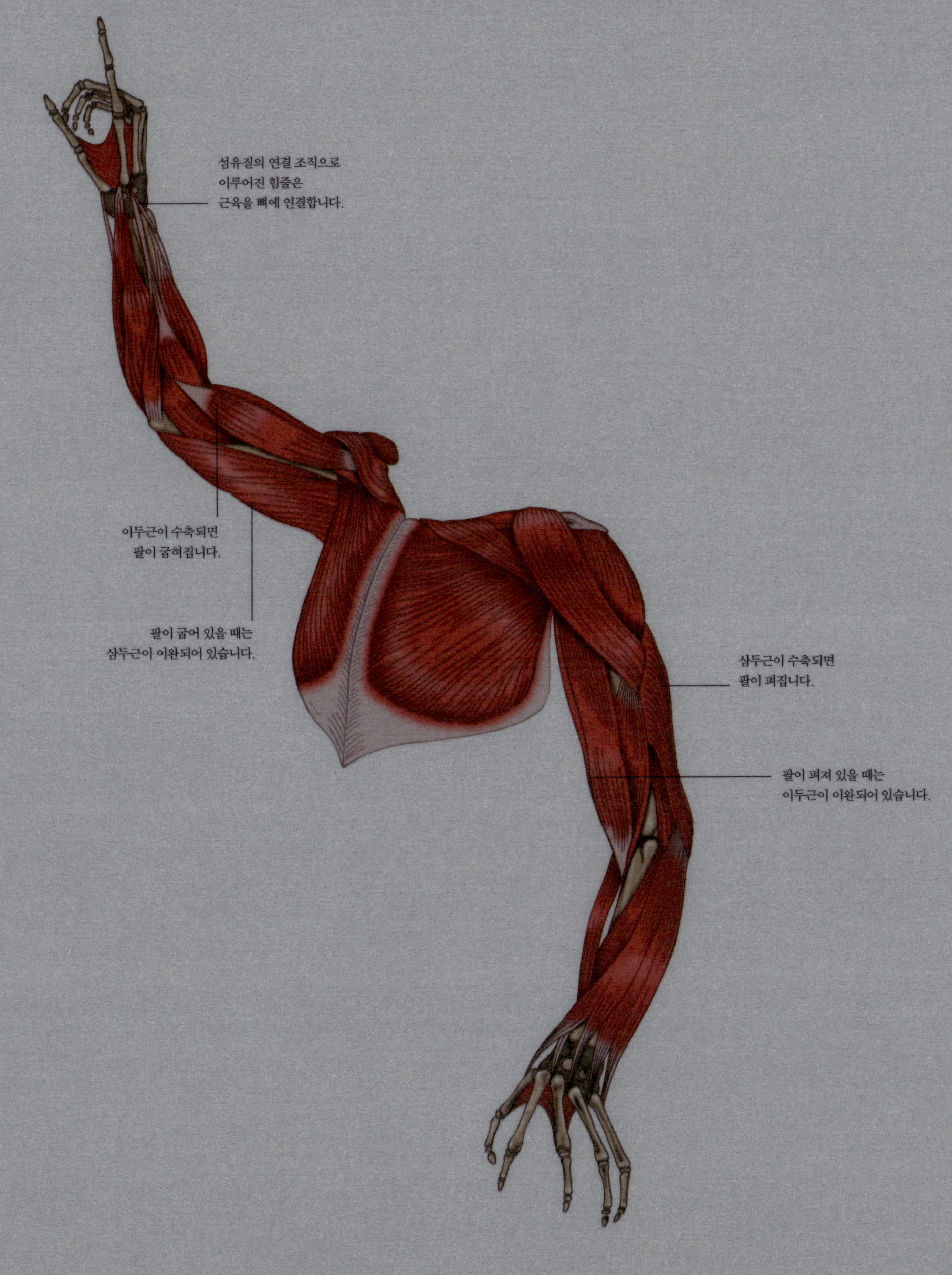

섬유질의 연결 조직으로 이루어진 힘줄은 근육을 뼈에 연결합니다.
이두근이 수축되면 팔이 굽혀집니다.
팔이 굽어 있을 때는 삼두근이 이완되어 있습니다.
삼두근이 수축되면 팔이 펴집니다.
팔이 펴져 있을 때는 이두근이 이완되어 있습니다.

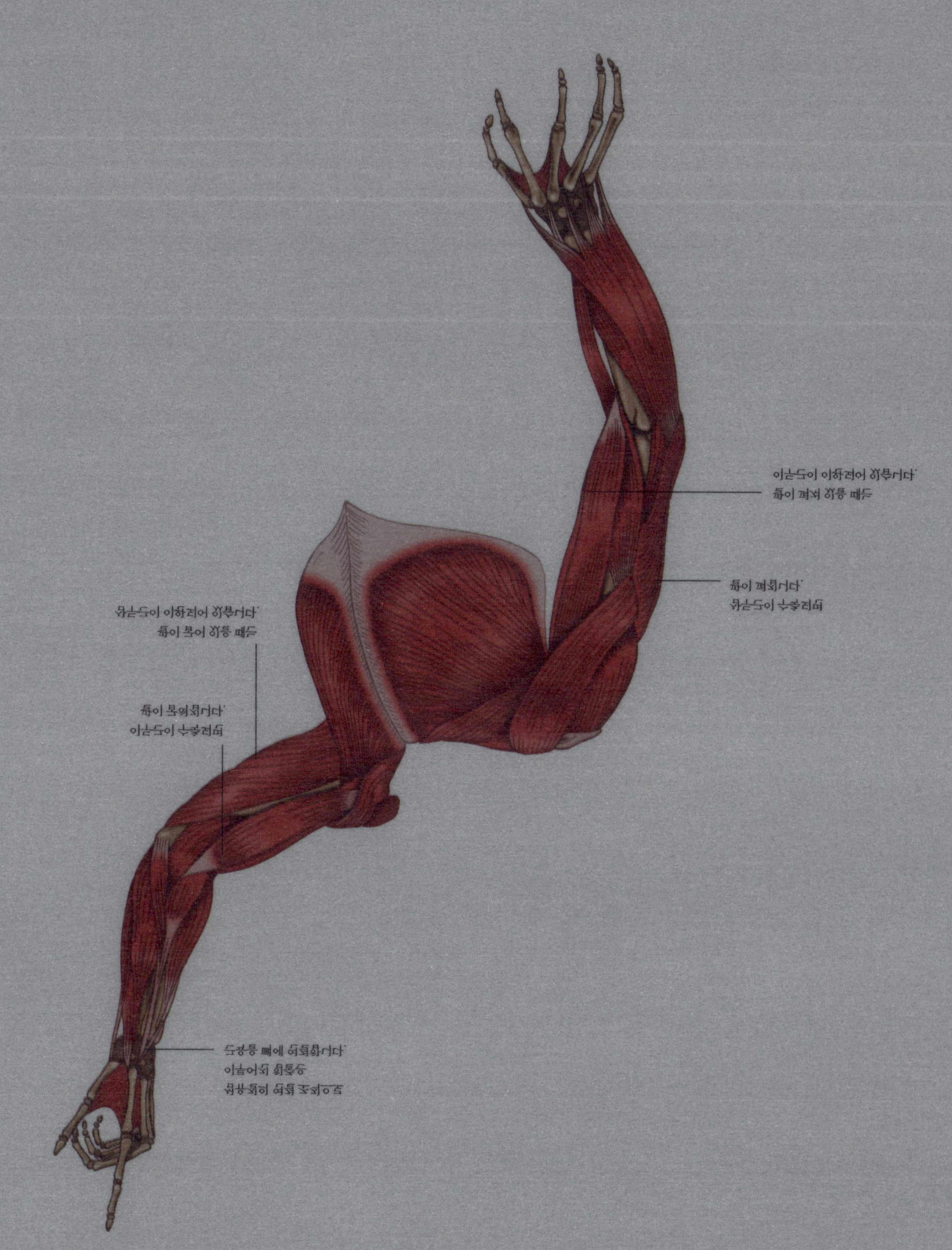

팔이 펴져 있을 때는
이두근이 이완되어 있습니다
삼두근이 수축되어
팔이 펴집니다
팔이 굽어 있을 때는
삼두근이 이완되어 있습니다
이두근이 수축되어
팔이 굽혀집니다
근육은 강한 결합조직으로
이루어진 힘줄을 통해
뼈에 연결됩니다

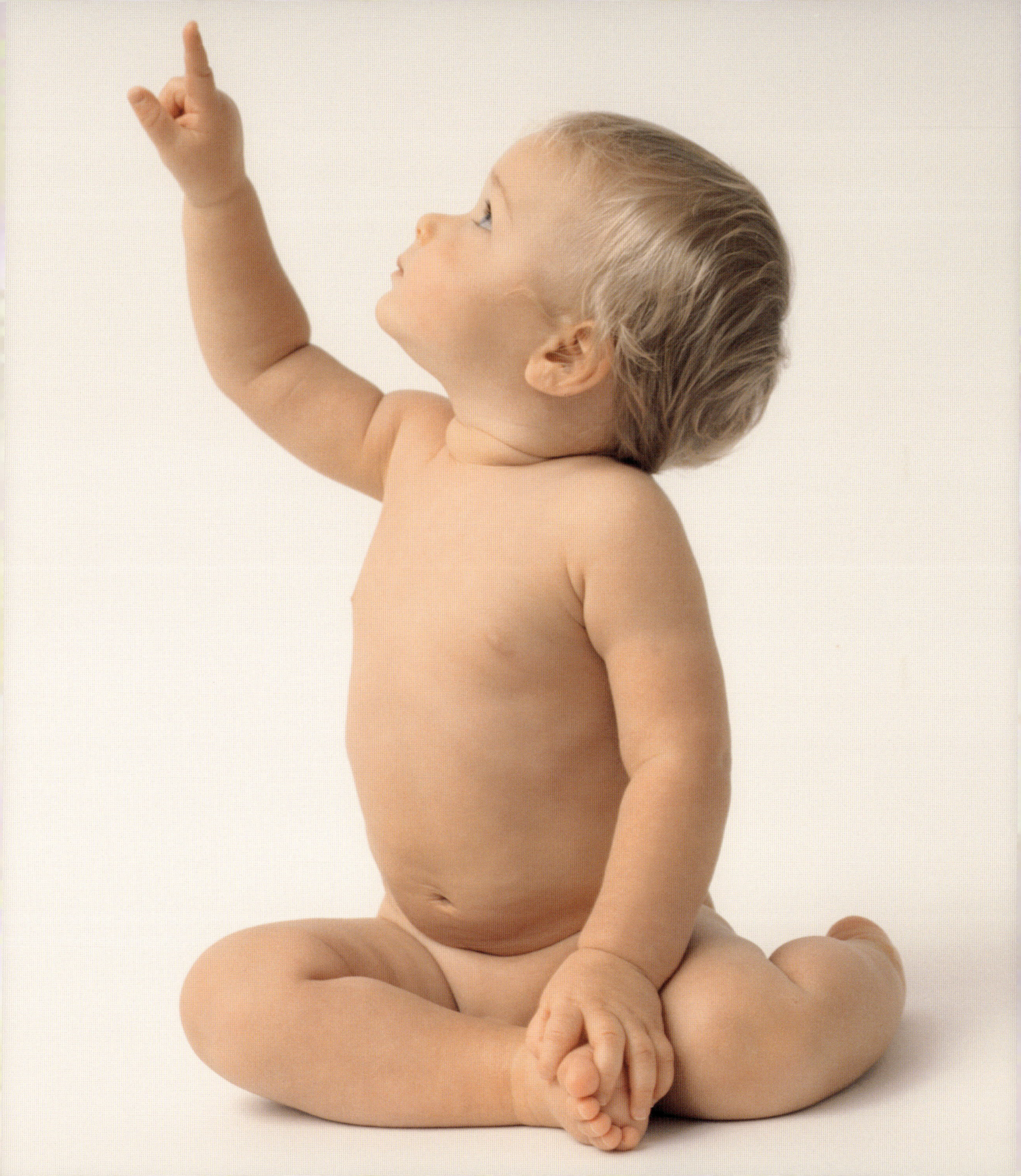

아기의 유연성

아기의 뼈가 부드럽고 유연한 때인 첫 몇 달의 기간 동안, 아기의 몸은 놀라울 정도로 유연합니다.
아기는 기묘한 동작을 할 수도 있고, 또 색다른 자세를 취할 수도 있지요.
어른 곡예사들이라면 누구라도 희망하나 결코 성취할 수 없는 동작이나 자세가 아기에게는 가능한
것입니다. 예컨대, 아기는 자신의 발가락을 움켜쥐어 발을 자기 입으로 가져갈 수도 있지요.

아기에게 마사지를 해 주는 것이 점차적으로 유행의 물결을 타고
있습니다. 아기한테 매일 부드러운 마사지를 해 주면, 혈액 순환에
도움이 되고, 조화로운 몸 동작이 촉진되며, 바른 자세의 발달에 도움이
될 뿐만 아니라, 몸의 유연성도 늘릴 수 있다는 것이 사람들의
주장이지요. 사실을 말하자면, 건강한 아이의 경우 자연스럽게
성장하도록 내버려두면 필요한 모든 신체적 발달이 저절로 이뤄집니다.
아기는 신체 접촉을 좋아하기 때문에 매일 같이 마사지를 해 주는 것이
나쁠 것이야 없지만, 아기의 유연성이 늘어나게 할 확률은 높지
않습니다. 아기가 점점 나이를 먹게 되면, 아기의 골격 조직 가운데
연골질의 유연한 부분이 굳어서 뼈로 바뀌게 마련이고, 신체가 점점
강해지고 기동성이 늘어남에 따라 아기 특유의 유연성은
줄어들게 마련입니다.

아기의 손

아기가 태어날 때 그의 자그마한 손은 아무런 정밀한 활동도 할 수 없습니다. 선천적인 강력한 움켜쥐기
반사 기능(23쪽 "아기의 반사 반응" 참조)이 있긴 하지만, 아기에게는 주먹을 꼭 쥐는 일 이외에 손가락으로
할 수 있는 일이란 거의 아무것도 없습니다. 하지만 곧 손을 뻗을 수 있게 되고, 주의를 끄는 자그마한 물체들을
움켜쥘 수 있게 됩니다. 이에 이어지는 지극히 중요한 다음 단계에서 아기는 손을 뻗어 무언가를 움켜쥐고,
움켜쥔 물체를 입으로 끌고 가 그것이 무엇인지를 알아내려 합니다. 후에 가서 아기의 손가락은 원시 시대의
유산인 강력한 움켜쥐기 이외의 활동—그러니까 한결 더 섬세하고 정확한 활동—을 할 수 있게 됩니다.

초기의 움직임

태어나서 첫 몇 주일 동안 아기는 거의 항상 주먹을 꼭 쥐고 있습니다.
이윽고 대략 6주가 되면 한 손으로 다른 한 손을 끌어당기려 합니다.
한편 8주가 되면 손가락을 폈다가 오므리는 시도를 시작하게 됩니다.
또한 침대 위에 장난감이 매달려 있으면 이를 쳐서 움직이게 하기도
합니다.

손바닥으로 움켜쥐기

태어나서 12주가 된 아기는 가까운 곳에 있는 물체를 손으로 칠 때
한결 더 절제된 움직임을 보입니다. 자기 손이 어떻게 움직이는가를
알아내기 위해 손을 관찰하는 등, 이제 손을 가지고 노는 시간이
길어집니다. 태어난 지 16주일 때 아기는 두 손으로 물건을 쥐려 하기도
하고, 두 손을 이용해 자기 앞으로 물건들을 끌어 모으기도 합니다.
손가락을 이용해 물건을 집기보다는 손 전체를 사용해 물건을 집으려
하는 등, 아기의 몸 동작은 아직 서툴지요. 하지만 손을 이용한 활동의
범위는 계속 늘어갑니다. 태어난 지 20주가 될 때까지 아기의 움켜쥐는
힘은 계속 강해지며, 이로 인해 보다 더 효과적으로 무언가를
움켜쥡니다. 이때쯤 물체를 입으로 가져가서 입술과 혀로 그것이
무엇인지를 탐구하는 경향을 보이기도 합니다.

두 손으로 움켜쥐었다 놓기

아기가 나이가 7개월째에 접어들면 손의 행동은 한결 개선되어,
나무토막 또는 이와 유사한 장난감을 갖고 노는 일을 시작할 수 있을
정도가 됩니다. 아기는 또한 한 손으로 쥔 물건을 다른 손으로 옮기는
일을 되풀이할 수 있게 되고, 물건을 자발적으로 손에서 놓을 수도 있게
됩니다. 8개월이 되었을 때는 손을 입으로 가져가는 행동을 응용하여
스스로 무언가를 먹으려는 시도까지 하게 됩니다. 마실 것을 주면
아기는 두 손으로 컵을 쥔 채 혼자의 힘으로 그것을 입까지 가져가려고
애를 쓰기도 하지만, 이 시도에서 성공하는 경우는 드물지요.
이 시기에는 손재주가 급속하게 발전합니다.

손가락의 움직임

이때쯤이 되면 아기는 두 손바닥을 마주 치는 놀이를 스스로 터득하게
됩니다. 개별적으로 손가락을 움직이는 징후가 처음 나타나기도
하는데, 일반적으로 아기는 집게손가락을 사용하여 무언가를 가리키는
정도의 행동을 하게 되지요. 이는 손가락을 개별적으로 사용하는
단계가 가까워졌음을, 또한 엄지손가락과 집게손가락을 정확하게
사용하여 물건을 집어 올리는 중요한 단계—작은 물건을 어느 정도
정확하게 집고 이를 들어올릴 수 있는 단계—가 가까워졌음을 예견하는
것입니다. 일반적으로 태어나서 10개월째에 접어들었을 때
이런 단계에 이르게 됩니다.

태어나서 첫 해가 끝날 무렵까지 아기는 다루기 쉬운 책자의 페이지를
넘길 수도 있으며, 물건을 꼭 쥘 수도 있지요. 또 족집게로
물건을 집어 올리듯 점점 더 솜씨 있게 두 손가락을 사용하여 물건을
집어 올리기도 하고, 장난감을 쌓아 놓았다가 이를 쳐서 다시
흩뜨리기도 합니다. 숟가락을 사용하여 혼자 힘으로 음식을 먹기도
하지요. 두 살이 되었을 때 이 모든 손재주는 좀더 세련된 것이 되고
발달된 것이 됩니다. 정밀한 통제 능력이 매주 단위로 점점 더
그 강도를 더해 가면서 말입니다.

아기의 지문

태어나기 전부터 아기의 손에는 지문이 보입니다. 임신 셋째 달과
넷째 달 사이에 태아의 자그마한 손가락은 일정한 패턴으로 파여 있는
홈을 보여 주기 시작합니다. 이는 개인마다 독특한 것으로,
일단 형성이 되면 일생 동안 동일한 모습으로 남아 있게 되지요.
지문은 손이 커짐에 따라 함께 커지지만, 복잡한 패턴으로 파여진
홈 자체는 변하지 않습니다.

손의 활동

태어나서 첫 몇 년을 살아가는 동안 아기는 일련의 복잡한 '손 선호 단계'를 거칩니다. 이는 마치 시계추가
오른쪽에서 왼쪽으로, 다시 왼쪽에서 오른쪽으로 움직이는 것과 같아, 먼저 어느 한쪽 손이 선호되고 이어서 다른
한쪽 손이 차례로 선호되고, 다시 선호 대상이 바뀌는 방식으로 진행됩니다. 추가 어느 한쪽에서 멈췄을 때 아이는
멈춘 쪽의 손을 자기 것으로 삼아, 오른손잡이 또는 왼손잡이가 되어 일생을 살아가게 될 것입니다.
아무튼, 추가 움직이는 동안에는 결국 어느 쪽에서 멈출 것인가를 확실하게 예상케 하는 것이 아무것도 없습니다.

초기 경향

태어난 지 3개월일 때 물건을 제시하면 아기는 보통 동시에 두 손을
내밀어 그 물건을 잡습니다. 이때 팔의 움직임은 정확하지가 않으며,
먼저 어느 쪽이든 한 손을 내밀고 이어서 다른 한 손을 내미는 경향이
우세합니다. 따라서 이 초기 단계에는 왼쪽이든 오른쪽이든 치우침이
없습니다. 4개월일 때 아기에게 물건을 제시하면 아기는 한 손으로
그 물건을 잡으려 하는데, 대부분의 경우 왼쪽 손 먼저 나옵니다.
치밀한 연구 결과, 이 발달 단계에서 왼쪽 손에 치우치는 경향은 어른이
되어 어느 쪽 손을 선호하여 사용하는가와 아무런 관련이 없다고
합니다. 이 같은 왼쪽 손 선호 경향은 태어나서 6개월일 때 사라집니다.
그리고 어느 쪽 손에 대해서도 강한 선호 경향을 보이지 않게 되지요.

추의 움직임

나이가 대략 7개월일 때 추는 오른쪽으로 움직입니다. 아직까지 아기는
어느 한쪽 손을 먼저 사용하기도 하고 이어서 다른 한쪽 손을 사용하는
등 실험을 완전히 끝낸 것은 아니지요. 하지만 이제부터는 대체로
오른쪽 손에 선호 경향을 보입니다. 아무튼, 8개월일 때 오른쪽 손 선호
경향이 사라지고, 이제 아기는 오른쪽 손과 왼쪽 손을 동일하게
사용합니다. 나이가 9개월일 때 추는 다시 왼쪽 손을 향해 갑니다.
이 무렵 아기는 그 어느 때보다 더 강하게 왼손잡이 경향을 보이지요.
10개월일 때 또 한 번 변화가 있는데, 이제 오른쪽 손이 다시 한 번
지배적인 역할을 하게 되지요.

대략 11개월의 나이가 되었을 때 아기는 다시 왼쪽 손을 선호하는
쪽으로 돌아갈 수도 있지만, 대부분의 경우 지배적인 역할을 하는 것은
아직까지 오른쪽 손입니다. 이 상황은 한 살이 끝날 때까지 지속됩니다.
이 지점에서 오른손잡이가 되든 왼손잡이가 되든 어느 쪽으로 결정되어
일생을 살게 될 것이라고 추정할 수도 있습니다. 하지만 사정은
그렇지가 않지요.

추가적 실험

태어난 후 20개월이 가까워오면 혼란이 다시 시작되어, 아기는 어느
손을 선호하는가의 징후를 뚜렷하게 보이지 않은 채 다시금 두 손을
다 사용하게 됩니다. 만 두 살이 끝나갈 때 아기의 오른쪽 손은
다시 한 번 지배적인 역할을 되찾게 됩니다. 이어서, 만 두 살 반과
세 살 반 사이에 아기들은 마지막으로 또 한 번 혼란의 단계를 거칩니다.
지배적인 역할을 하는 손이 따로 존재하지 않게 되는 것이지요.
그 후 대략 네 살의 나이일 때 아이는 마침내 오른쪽이든 왼쪽이든 어느
쪽을 선호할 것인가를 결정하게 됩니다.
세월이 지나면서 이 같은 선호 경향은 점점 더 강해져서, 마침내 아이가
여덟 살이 될 무렵까지는 영원히 어느 한쪽으로 굳어지게 됩니다.

왼손잡이와 오른손잡이

이 단계에서 보면, 열 명의 아이 가운데 한 명은 왼손잡이고, 아홉 명은
오른손잡이지요. 인간이 왜 이처럼 오른쪽 손에 강한 선호도를
보이는가에 대해 아무도 확실하게 말할 수 없습니다. 하지만 고대의
손도끼에 대한 연구를 통해 이 같은 선호 경향이 적어도 20만년 이상
존재해 왔음을 알 수 있지요. 말하자면, 오른손잡이 경향은 현대에 와서
갑자기 발달한 것은 아닙니다.

태어나기 이전의 아기가 엄마의 자궁 안에서 어느 쪽 방향으로 누워
있는가에서 해답이 실마리가 나옵니다. 임신의 끝 무렵에 아기는
선호하는 자세를 확립하게 되는데, 대부분의 아기들은 오른쪽을 엄마의
몸과 가깝게 한 자세로 눕지요. 이는 임신 기간 동안 태아의 오른쪽이
더 많은 자극을 받아 왼쪽보다 더 발달하게 됨을 뜻합니다.
해부학적으로 볼 때, 대부분의 경우, 태아의 몸 왼쪽보다는 오른쪽으로
연결되는 신경이 더 많습니다. 그리고 아기가 태어날 때를 보면 아기의
몸 오른쪽을 통제하는 두뇌 부위에서 더 강한 전기(電氣) 활동이
일어나고 있습니다. 따라서 처음부터 이미 오른쪽에 대한 선호도가
약간 더 높은 깃처럼 보이기도 합니다.

몸 뒤집기

수많은 아기들에게 몸을 움직이는 최초의 방법은 몸 뒤집기입니다. 손이 약간 미치지 않는 바로 그곳에 장난감이 있으면, 아기들은 그 장난감을 잡기 위해 몸을 뒤틀고 갖은 애를 다 씁니다. 그런 다음 어쩌다 자신의 몸을 한쪽으로 쏠리게 하고, 결국에는 원하는 물체가 있는 쪽으로 몸을 뒤집게 되지요. 자신이 그런 일을 할 수 있다는 데 아기도 무척 놀랄 것입니다. 일단 이렇게 할 수 있다는 것을 알게 되면, 아기에게 이는 몇 번이고 되풀이하여 시도해 볼 만한 자극적인 모험이 되지요.

배 쪽에서 등 쪽으로

몸 뒤집기 방법 가운데 좀더 쉬운 쪽인 '배 쪽에서 등 쪽으로 몸 뒤집기'는 참으로 매우 일찍부터 시작됩니다. '몸 뒤집기를 하는 아기들' 가운데 1/3이 태어나서 3개월까지는 이 전략을 사용하기 시작하지요. 엎어놓는 경우, 아기는 머리를 가능한 한 높이 들기 시작한 다음 몸을 한쪽으로 기울입니다. 팔과 목의 근육이 강해짐에 따라 몸을 기울이는 힘도 강해지지요. 그리하여 어느 날 자신의 몸을 뒤집어 등이 바닥에 닿게 할 수 있음을 알게 됩니다. 다음 단계에서 아기는 무언가의 대상—장난감이나 부모, 또는 아기의 관심을 끄는 그밖에 무언가의 대상—에 가까이 다가가기 위해 몸 뒤집기 전략을 계획적으로 활용하기도 합니다.

등 쪽에서 배 쪽으로

대부분의 아기들에게 등 쪽에서 배 쪽으로 몸을 뒤집는 일은 일반적으로 약간 더 시간이 지나서, 그러니까 대략 5개월일 때 일어납니다. 여섯 달의 나이까지는 90퍼센트 이상의 아기들이 양쪽 몸 뒤집기 기술을 익히게 되지요. 비록 서투르고 또 대단히 비효율적인 방법으로 뒤집기를 하지만 말이지요. 몇몇 아기는 배 쪽에서 등 쪽으로 뒤집기에 앞서 등 쪽에서 배 쪽으로 뒤집는 방법을 먼저 터득하기도 하고, 어떤 아기들은 어느 쪽 방법이든 귀찮게 시도하려 하지 않은 채 곧바로 앉기와 기어다니기라는 다음 단계로 넘어가기도 합니다. 뒤집기에 애착을 전혀 보이지 않은 채 말입니다.

안전하게 몸 뒤집기

일단 아기가 몸 뒤집기를 시작하면, 아무리 잠깐 동안 아기를
침대 위 또는 기저귀 교환대 위에 혼자 내버려두어야 하는 경우라도
부모 쪽에서 극도의 주의를 기울여야 합니다. 이렇게 말한다고 해서
몸 뒤집기를 아기에게 하지 못하게 해야 한다는 뜻은 아닙니다.
반대로, 장난감을 약간 손에 미치지 않는 곳에 둠으로써 아기에게
이런 방법으로 신체 훈련을 하도록 장려해야 할 것입니다.
안전하게 몸 뒤집기를 하도록 하는 것은 아기의 팔다리와 목의 근육을
단련하는 데 필요한 뛰어난 형태의 운동이기도 합니다.
몸 뒤집기는 근육을 강화하고 팔다리의 움직임을 조화롭게 하는 데
도움이 되는 유아용 체력 단련 방법이니까요.

앉기

태어나서 첫 몇 달 동안 아기는 보통과 다른 시각에서 세상을 봅니다. 대부분의 시간을 아기는 바닥에 등을
댄 채로 천장을 응시하게 되지요. 하지만 부모들이 아기를 팔에 안게 되면, 아기는 이제 우리 모두가 세상을
보는 방식으로 세상을 보게 됩니다. 다시 바닥에 등을 댄 채 세상을 보는 상태로 되돌아가기 전까지 말이지요.

반쯤 이미 시작한 셈이지요

아기의 목 근육이 점점 강해지고 머리를 약간 들 수 있게 되면 이런
상황은 변합니다. 곧 부모의 손길에 의지하여 아기는 일어나 앉으려
할 것입니다. 보통의 경우 상당히 빠르게 다시금 벌렁 누운 자세가
되지만 말이지요. 아기의 근육은 천천히 발달하니까, 부모는 인내심을
가져야 합니다. 얼마 되지 않아 아기는 중요한 경계를 넘어 남의 도움을
받지 않고서도 앉아 있을 수 있게 될 것입니다.

몸을 두 팔에 의지한 채 앉아 있는 자세

태어난 지 대략 3개월일 때, 일단 부모의 도움을 받아 앉는 자세를
경험하게 되면, 아기는 더할 수 없이 흥미로운 이 자세를 되찾으려고
갖은 노력을 다할 것입니다. 마침내 몸을 일으켜 세울 만큼 힘을 지니게
되지요. 하지만 그 멋진 시각에서 얼마 동안이든 세상을 바라보려면
몸의 균형을 유지하는 일이 필요한 데 아기는 아직 그처럼 균형을
유지할 수 없습니다. 그래서 아기는 몸을 두 팔에 의지한 채 앉는 자세를
취하게 됩니다. 아기는 자기 몸의 앞쪽 바닥을 두 팔로 집음으로써
몸의 균형을 잡는 것이지요.

아, 손이 바닥에서 떨어져 있네요!

넉 달에서 다섯 달 사이의 나이가 되었을 때 거의 모든 아기들은 남의
도움이 없이 어떻게 해서든 혼자 힘으로 앉게 될 것입니다.
목, 등, 다리의 근육이 모두 상당히 강해져서 아기는 너무나 즐겁게도
일어나 앉아 있을 수 있게 됩니다. 이 중요한 신체 발달이 이뤄지는
시기는 아기의 나이가 다섯 달이 되었을 때입니다. 하지만 몇몇
늦둥이들은 여덟 달의 나이가 될 때까지 이 자세를 취하지 못하기도
합니다. 앉은 자세로 흥미롭고 새로운 시각에서 세상을 즐기는 것
이외에, 아기들에게는 팔과 손을 자유롭게 사용하는 것이 어느 날
갑작스럽게 허락됩니다. 아기는 이제 손을 뻗어 물건을 집은 다음 이를
관찰할 수 있지요. 적당한 장난감이 주어지면 아기는 탐사를 요구하는
전혀 새로운 세계를 발견하게 될 것입니다.

이제 어디론가 가고 없네요

일곱 달에서 여덟 달 사이에 아기는 보통 적어도 몇 분 동안 앉아 있는
자세를 유지할 수 있습니다. 하지만 또 하나의 경계를 넘어 한결 더
흥미로운 세계로 진입하게 될 것입니다. 그러니까 두 손과 두 무릎을
이용해 기어다니는 단계로 넘어가게 되지요. 아기는 별다른 준비 없이
앉아 있는 자세에서 몸을 앞으로 구부리고 손을 바닥에 의지하기만
하면 됩니다. 그리고 손과 무릎으로 균형을 잡기만 하면 이제 곧
기어다니는 몸 동작을 하게 될 것입니다. 그리고 마침내 어딘가를
향해 갈 것입니다.

기어다니기

다섯 달에서 여덟 달 사이의 나이가 되었을 때 대부분의 아기들은 효율적인 장소 이동을 가능케 하는 최초의
행동인 기어다니기를 터득합니다. 다른 방법들—몸 뒤집기나 앉은 자세에서 몸을 끌어 움직이기와 같은 장소
이동 방법들—은 결코 아기에게 신속한 이동 방법이 될 수 없습니다. 하지만 손과 무릎으로 기어다니기는 놀라울
정도로 빠르게 이동하는 것을 가능케 하기도 하고, 새롭고 흥미로운 방법으로 자기 주변의 세계를 탐구하는 것을
아기에게 허락하기도 합니다.

제대로 된 기어다니기 방법

가장 원시적인 형태의 기어다니기는 몸 아래쪽을 바닥에서 떼지 않은
채 몸을 앞으로 움직여 나가는 것입니다. 아무튼, 이는 매우 힘든 전진
방법으로, 곧 제대로 된 기어다니기 방법에 자리를 양보할 것입니다.
제대로 된 기어다니기 방법이란 몸을 위로 들어 올린 채 두 손과 두
무릎으로 기어다니는 것을 말합니다. 아기는 나이가 대략 7개월일 때
이 같은 기어다니기를 하게 되지요. 이로 인해 아기는 새롭고도 멋진
것들을 찾아 이들을 탐구하고 조사하기 위해 빠른 속도로 바닥을
가로질러 돌아다니는 즐거움을 어느 날 갑자기 체험하게 될 것입니다.

기어다니기의 기본은 손과 발을 차례로 움직이는 것이 아니라 다리를
구부린 자세로 손과 무릎을 차례로 움직이는 것입니다. 이 같은 전진
방법을 터득하자마자 아기는 때때로 너무도 흥분하여, 자신이 원하는
장난감이 자기 앞에 있을 때조차 뒤쪽으로 기어가기도 합니다.
이를 보면, 뒤쪽으로 기어가는 것이 아기에게 좀더 쉬워 보이기도
합니다. 또한 자기가 원하는 방향으로 자기 몸을 향하게 하는 방법을
아기가 조금씩 배워 나가야 할 것처럼 보이기도 합니다.

아홉 달에서 만 한 살 사이에 효과적인 기어다니기 방법은 급속하게
발달하며, 어떤 아기들은 이 방법으로 상당히 빠르게 움직이기도
합니다. 빠르고 활기찬 기어다니기를 엄청나게 많이 하는 습관을 키운
아기들은 그 과정에 팔, 다리, 등의 근육을 강화하게 될 것입니다.
이 모든 과정은 아기가 마침내 걷기 시작하는 결정적 순간을 위한 멋진
준비 과정이 되기도 하지요. 장난감을 약간 손에 미치지 않는 곳에
장난삼아 놓아둠으로써 아기에게 적극적인 기어다니기 활동을
장려할 수도 있겠지요.

편차

기어다니기 시작하는 나이를 비교해 보면, 아기마다 엄청난 차이가
있을 수 있습니다. 약 8퍼센트의 아기들이 다섯 달도 되지 않았을 때
벌써 그 나이의 아기답지 않게 기어다니기를 시작합니다.
반대편 극단을 보면, 6퍼센트의 아기들은 열 달 이상의 나이를 먹었을
때 비로소 기어다니기를 처음 시작하지요. 몇몇 아기들은 결코
기어다니기를 하지 않기도 합니다. 그 대신 기어다니기 단계를 완전히
거른 채 몸 굴리기, 앉은 자세로 몸을 끌어 움직이기, 또는 바닥에 몸을
붙인 채 기어다니기에서 직접 걷기로 이행하는 예도 있지요.
이런 경우는 아주 드물기는 하지만 어쩌다 확인되기도 합니다.

기어다니기 시작한 아기에게 따르는 위험들

아기는 매사에 놀라울 정도의 호기심을 보이며, 일단 기어다니기
시작하면 대단히 위험한 방식으로 이 강력한 욕망을 충족시킬 수도
있습니다. 예컨대, 전기 소켓과 같은 조그마한 구멍에다 손가락을 밀어
넣기를 좋아합니다. 텔레비전 앞의 조정용 단추나 뒤쪽의 전깃줄에
매혹되기도 합니다. 또 낮게 드리워진 식탁보를 아래쪽으로 끌어내리는
일에 깊은 매력을 느끼기도 하지요. 아기의 몸에 해로운 화학 물질로 된
여러 가지 세제가 가득 들어 있는 부엌의 붙박이장 안으로 기어
들어가는 것도 좋아합니다. 그리고 작고 날카로운 물체를 집어 올려 입
속에 집어넣는 일을 특히 좋아하기도 하지요. 그와 같은 위험을
피하도록 하고 집 곳곳을 아기가 접근하지 못하도록 하기 위해,
너무도 명백하게 부모의 예방 대책이 요구됩니다.

일어서기

남의 도움을 받지 않고 혼자 힘으로 일어서는 일은 자라나는 아기에게 중요한 이정표가 됩니다.
이 일이 시작되는 나이는 아기마다 다릅니다만, 아기가 대체로 여덟 달의 나이가 되었을 때 시작될 가능성이
가장 높습니다. 대략 25퍼센트의 아기가 이보다 약간 이른 나이에 이 일을 해 내며, 몇몇 아기는 이보다 늦게
일어서기를 시작합니다. 한편 5퍼센트의 아기는 만 한 살이 넘을 때까지 혼자 힘으로 일어서지 못하지요.

혼자 힘으로 일어서기

혼자 힘으로 일어서는 엄청난 과업은 어느 날 갑자기 이뤄지지
않습니다. 이는 세 단계를 거쳐 이뤄지지요. 먼저 아기는 부모의 도움을
받아 일어섭니다. 이 자세에서 아기는 자기 다리의 힘이 얼마나 되는지
알 수 있게 되며, 똑바로 서 있는 것이 어떤 것인지를 느낄 수 있게
됩니다. 부모가 잡고 있는 손의 힘을 약간 늦추었을 때 아기의 다리가
휘어지기 시작한다는 것을 느끼게 되면, 아직 아기에게 일어설 준비가
되어 있지 않음을 인정해야 할 것입니다. 수직 상태가 되었을 때 느끼는

새롭고 신기한 감동의 느낌을 좋아하고 즐길 수 있게 되면, 이제 아기는
가구—의자든 식탁이든—가 있는 쪽으로 기어가서 자기 몸을 끌어올리기
시작할 것입니다. 일단 몸을 곧바로 세우게 되면, 아기는 잠시 동작을
멈춘 채 전과 달리 높아진 위치에서 세계를 관찰할 것입니다. 그런 다음
즉시 엉덩방아를 찧으며 주저앉겠지요. 아기는 단념하지 않은 채
이 일을 되풀이할 것입니다. 그리하여 마침내 영광스러운
어느 날 아기는 쓰러지지 않은 채 혼자 힘으로 서 있게 될 것입니다.
이로써 도전해 볼 만한 여행의 마지막 단계에 이르게 되는 것이지요.

아기의 관절

인간의 몸에는 230개의 관절이 있습니다. 어떤 것은 고정이 되어 있고 움직임을 허용하지 않지요.
하지만 대부분의 관절은 기본적으로 몸의 자세를 바꾸는 일과 관계되는 것입니다. 새로 태어난 아기의 경우
관절은 효과적으로 기능을 발휘할 수가 없습니다. 왜냐하면 관절을 사용하는 신체 조직(뼈, 근육, 신경계)이
아직 강하게 발달되어 있지 않기 때문입니다. 이로 인해 새로 태어난 아기들은 무력할 수밖에 없지요.
하지만 태어난 후 첫 두 해 안에 이 모든 신체 조직은 활동에 들어가고 마침내 만 두 살이 될 때까지는 아기의
모든 관절이 대단히 효과적으로 그 기능을 수행하게 됩니다.

섬유성(纖維性) 관절

움직임을 전혀 허용하지 않은 이 관절은 뼈와 뼈를 연결하는 역할을
합니다. 두개골 및 다리이음뼈를 구성하는 뼈들은 단단히 고정되어
있는데, 이 뼈들의 서로 다른 부위들을 섬유성 관절이 결합하고
있습니다. 이 같은 관절은 성장 과정의 일환으로 뼈들이 결합하기
시작할 때 척추에서 발달하기도 합니다.

연골성(軟骨性) 관절

연골에 의해 뼈와 뼈가 연결되어 있을 때 이를 연골성 관절이라 합니다.
연골성 관절은 아주 약간의 움직임만을 허용합니다. 갈비와 척추가
이 범주에 속하는 뼈입니다.

활막성(滑膜性) 관절

활막성 관절은 말 그대로 몸의 움직임을 위한 관절로, 신체의 모든
중요한 움직임에 관여하고 있습니다. 두 개의 뼈가 만나 조금이라도
움직임이 이뤄지는 곳이라면 그곳이 어디든 마찰의 위험이 있게
마련이지요. 이 같은 마찰의 위험은 좀더 유연한 연골이 있음으로써
줄어들게 됩니다. 뼈의 끝 부분은 이 연골 조직이 모자 모양으로 감싸고
있어서, 단단한 두 뼈 사이에서 완충 역할을 합니다. 일종의 보조 장치로
보호막에서 분비되는 활액이 있기도 한데, 이 활액은 관절이 움직이는
모든 부위에서 윤활유 역할을 합니다. 활막성 관절은 다음과 같이 서로
다른 일곱 종류의 관절로 나뉩니다.

* 구와(球窩) 관절: 이 관절은 가장 큰 폭의 자유로운 움직임을
제공합니다. 아기의 몸에는 네 개의 구와 관절이 있는데,

어깨와 엉덩이에 각각 두 개씩이 있습니다. 엉덩이 쪽에는 대퇴골이라
불리는 다리 위쪽 뼈가 다리이음뼈의 깊숙한 소켓 안에 끼워져 있지요.
어깨 쪽에는 비슷한 방식으로 상박골이라 불리는 팔 위쪽 뼈가 어깨뼈의
소켓 안에 끼워져 있습니다. 이 어깨뼈의 소켓은 다리이음뼈의 소켓보다
깊이가 덜한데, 이 때문에 팔은 다리나 몸에 있는 다른 어떤 부위보다
움직임의 폭이 한결 더 넓지요. 하지만 이 같은 이점이 있는 동시에
어깨의 이음 부분은 엉덩이의 이음 부분보다 한결 더 쉽게 탈골이 될
위험을 안고 있습니다

* 타원(楕圓) 관절: 구와 관절과 비슷한 관절이긴 하나, 그 보다는
덜 자유롭게 움직입니다. 손가락뼈들과 손바닥뼈가 만나는 지점과
마찬가지로 팔목에도 타원 관절이 있습니다. 이 같은 관절은 굽히기와
펴기, 좌우로 움직이기를 할 수 있게 합니다. 만일 이 두 운동 요소가
결합하면 덜 세련된 형태의 회전 운동—구와 관절이 허용하는 것에 비해
한결 더 제한된 회전 운동—이 가능합니다.

* 안상(鞍上) 관절: 움직임이 대단히 자유로운 관절로, 앞뒤 및 위아래
쪽으로의 움직임을 허용하지요. 끝이 오목한 뼈가 또 하나의 뼈의
오목한 함몰 부위에 맞춰져 있습니다. 발목 및 엄지손가락뼈와
손바닥뼈가 만나는 부분에 안상 관절이 있습니다.

* 경첩 관절: 한 차원의 움직임—위아래 또는 앞뒤 쪽으로 굽히거나 펴는
움직임—만을 허용하는 관절로, 팔꿈치에 이 경첩 관절이 있습니다.

* 과상(果狀) 관절: 경첩 관절과 유사하지만, 굽히고 펴는 기본적 움직임
이외에 회전을 허용하는 관절입니다. 무릎에 이 과상 관절이 있지요.
무릎의 구조는 너무도 복잡하기 때문에, 또한 인간에게만 유일한 서서
걷기에 필수 불가결한 관절이기 때문에, 이 관절에는 별도의 보호
장치가 있습니다. 활액낭(滑液囊)이라 불리는 자그마하고 액체로 채워져
있는 주머니가 있어 충격을 흡수하는 역할을 합니다.

* 평면(平面) 관절: 거의 아무런 움직임도 허용하지 않는 관절로,
발가락의 관절들 사이에서 발견됩니다. 이는 또한 활주(滑走) 관절이라
불리기도 하는데, 움직임이 있을 때 뼈들이 서로 미끄러지기 때문에
이런 이름이 붙었지요.

* 차축(車軸) 관절: 축을 중심으로 한 회전 운동을 허용하는 관절입니다.
두 개의 목뼈—제1경추와 제2경추—사이에 이 같은 관절이 있습니다.
이는 머리의 회전을 가능케 하지요. 팔뚝에도 이 차축 관절이 있는데,
아래 팔에 있는 두 개의 중심 뼈인 요골(橈骨)과 척골(尺骨)이 이 방식으로
엮여 있습니다.

걸음마

다른 모든 포유류 동물의 새끼와 달리 인간의 아기는 단독 보행을 합니다. 오늘날 이 지구상에는 4,000종이 넘는 포유류가 살고 있지요. 하지만 그들 가운데 단 한 종만이 진정한 의미에서 두 다리로 걷는 일을 합니다. 캥거루도 두 다리로 이동합니다만, 캥거루의 이동 방법은 걷는 것이 아니라 팔짝팔짝 뛰는 것이지요. 원숭이와 곰도 뒷다리로 서지만 몇 발자국 비틀거리며 움직일 뿐입니다. 오로지 인간만이 성인으로서의 삶 상당 부분을 수직으로 선 채로, 또한 한 발을 다른 한 발 앞으로 과감하게 내밀어 보행을 하면서 보냅니다.

직립의 세계

사람들 사이에는 서서 두 다리로 걷는 것을 나무도 당연한 것으로 여기는 경향이 있지만, 이는 우리 인간들만의 고유한 특성입니다. 이 같은 장소 이동 방법을 아기가 처음 체험하는 일은 아기의 삶에서 하나의 중요한 사건이 되지요. 다른 종류의 포유류 동물의 새끼들과 공유하고 있던 '사지'(四肢)에 몸을 의지하여 보는 세계를 뒤로 한 채 일어서서, 마침내 인간 고유의, 진기한 직립의 자세가 지배하는 사회에 참여되게 된다는 점에서 그러하지요.

중요한 이정표

걷는 방법을 배우는 것은 아기의 삶에서 하나의 엄청난 이정표 역할을 하고 또 독립을 향한 거대한 발걸음 역할을 하기도 합니다. 대부분의 아기들은 태어나서 12개월에서 15개월의 나이가 되었을 때 남의 도움을 받지 않은 채 걷는 방법을 터득합니다. 여자아기가 남자아기보다 약간 더 빨리 걷기를 터득하지요. 머리를 통제하는 일에서 시작하여 점차적으로 몸에서 다리에 이르기까지 힘을, 균형과 조화를 얻어 가는 몇 달의 기간 동안, 아기가 노력을 기울이고 상당한 양의 시행착오를 한 결과로 가능해지는 것이 바로 아기가 내딛는 첫 걸음입니다.

천부적으로 부여받은 발달의 과정

걷는 능력은 극도의 제한과 구속이 지배하는 사회 조직을 거치면서도
살아 남아 왔습니다. 유아를 나무판에 묶어 놓고 오랜 동안 어른이
짊어지고 다니는 종족 사회에 속한 아기들은 대부분의 다른 아기들보다
늦게 발달의 이정표에 이르게 될지도 모릅니다.
그럼에도 불구하고 여전히 그 아기들은 마침내 걷는 일을 해 내고
맙니다. 이는 태어나기 전부터 프로그램이 되어 있는 놀라운 성숙의
과정이 모든 아기의 몸 안에서 진행되고 있음을 보여 주는 증거라
하겠습니다.

걸음마의 여섯 단계

아기가 걷도록 프로그램이 되어 있음을 보여 주는 최초의 징후는 태어나서 며칠이 안 되었을 때 벌써 나타납니다.
아기의 발이 바닥에 닿을락말락한 상태가 되도록 부모가 손으로 아기를 받쳐 세워 주면, 아기는 마치 앞으로
전진해 나가려는 듯 격렬하게 발로 허공을 걸어찹니다. 이는 자동적이고 반사적인 행동으로, 아기는 이를
통제하거나 바꿀 수 없습니다(24쪽 "아기의 반사 반응" 참조). 약 두 달이 지나면 이런 경향은 사라지지만,
이는 두 발로 걷는 행위가 인간의 두뇌에 깊이 각인되어 있음을 보여 주는 명백한 증거입니다.

제2단계

대략 두 달 후부터 시작되는 이 단계에서 아기는 걷기 전 단계의 행위
가운데 어떤 것도 수행할 수 없음을 보여 줍니다. 이제 발이 바닥에
닿을락말락한 상태가 되도록 부모가 몸을 받쳐 세워 주더라도 아기는
아무런 동작을 하지 않은 채 무릎 쪽을 힘없이 구부릴 뿐입니다.
전에 했던 걸어차기 행동은 이제 사라진 것이지요.

제3단계

나이가 대략 3개월일 때, 또는 그보다 좀 늦게, 단단한 바닥 위에 아기를
잡아 세우면 이제 무릎이 힘없이 구부러지는 대신 아기는 다리를
빳빳이 편 채 자기 몸을 지탱하려고 합니다. 시간이 지남에 따라
'부모의 도움을 받아 몸을 세우는' 단계가 진전을 보이면서,
아기의 다리는 점점 더 강해지고 자기 몸을 똑바로 세우는 아기의
능력도 나아집니다.

제4단계

전형적으로 6개월에서 9개월 사이에 '몸을 들어올려 똑바로 세우는'
단계가 시작됩니다. 이 단계가 되면 활동적인 아기라면 무언가 쉽게
잡을 수 있는 가구와 같은 것을 움켜잡은 채 자기 다리에 의지하여 몸을
일으켜 세우려고 갖은 노력을 다합니다. 일단 이 일을 해 내면 아기는
자신이 발견한 새로운 영역을 잠시 자랑스럽게 살펴본 다음,
곧 바로 엉덩방아를 찧으며 주저앉습니다. 그렇게 해서 다시 바닥의
세계로 되돌아오게 되지요. 그 과정에 무언가와 부딪치지 않게 되면,
이 같은 패배가 아기를 오랫동안 저지하지는 못합니다. 세상을 높은
곳에서 바라다보는 데서 오는 감동의 느낌은 거부할 수가 없는
것이지요. 그리하여 아기는 다시 한 번 몸을 들어올려 세우려고
할 것입니다. 그럼으로써 다리로 자신의 몸무게를 지탱하는 데서 오는
새로운 감동의 느낌에 점차적으로 익숙해져 가게 될 것입니다.

제5단계

이는 진정한 의미에서의 앞을 향해 나아가는 걷기가 시작되는
단계입니다. 부모의 손길에 의지하여 아기는 걸음을 옮기게 되는데,
이 일은 보통 9개월에서 12개월 사이의 나이가 되었을 때 이뤄집니다.
이 단계에서 아기는 몇 발자국 비틀거리며 발걸음을 옮기다가 균형을
잃게 되지요. 아기가 넘어지는 것을 부모가 막아 주긴 하지만,
아기는 이 최초의 시도들이 실패로 끝남에 따라 엄청난 좌절감을
느끼게 됩니다. 이제 아기는 자신이 무엇을 하고자 하는지를 정확하게
깨닫고 있으며, 목표한 바를 달성하기에 자신이 너무도 서투르다는
사실 때문에 언짢아합니다. 하지만 아기는 참고 견디어 내며,
비틀거리며 앞으로 나아가는 각각의 걸음걸이가 이전의 것보다는 조금
더 조절된 것으로 바뀌게 됩니다. 그리하여 마침내 누구의 도움도 받지
않은 채 방을 가로질러 최초의 몇 걸음을 보무도 당당하게 옮기는
그 엄청난 순간이 찾아오기 전까지 아기의 시도는 계속되지요.

제6단계

이제 아기는 균형을 잡기 위해 팔을 약간 위로 들되 팔꿈치를 굽힌
자세로 최초의 시험적 발걸음을 옮깁니다. 보폭은 넓고 일정치 않으며,
걷는 모양도 불안정하지요. 하지만 몇 달이 지난 후에는 동작이 한결 더
균형 잡힌 것으로 바뀌고, 균형을 유지하기 위해 더 이상 팔도 들지 않게
됩니다. 18개월이 될 때까지는 거의 모든 아기들이 기어다니는
상태에서 벗어나 자신만만하게 걸음을 옮길 수 있게 되고,
또 넘어지는 일도 거의 일어나지 않게 됩니다.

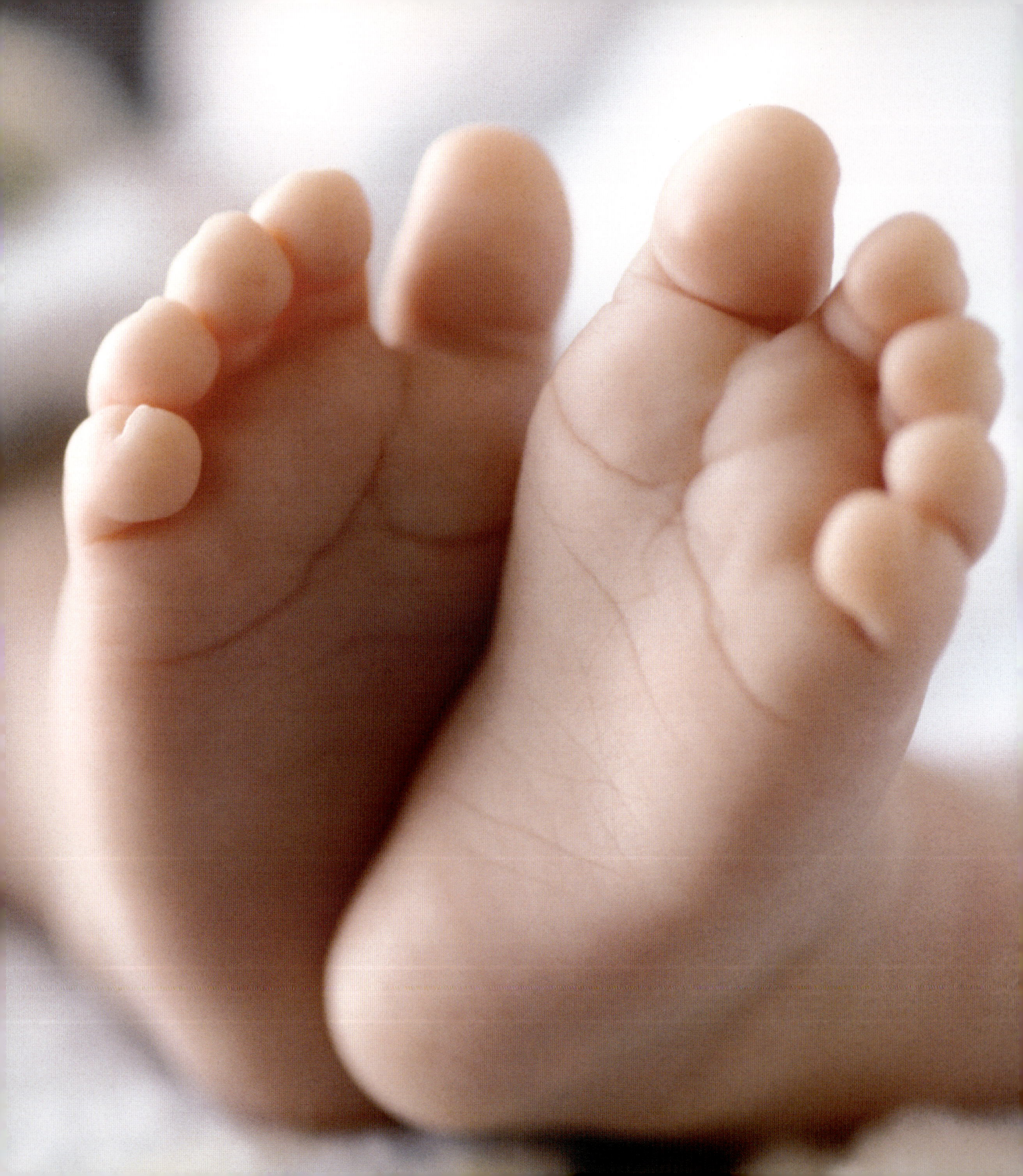

아기의 발

태어날 무렵 새로 태어난 아기의 발 길이는 어른 발 길이의 1/3입니다. 나이가 한 살일 때 어른 발 길이의 거의 반에 가까워집니다. 이 같은 길이 면에서의 차이 이외에, 몇 가지 면에서 아기의 발은 어른의 발과 차이를 보입니다. 아기의 발은 지방질이 두텁게 감싸고 있어, 어른의 발보다 한결 더 부드럽고 둥글둥글하지요. 아기의 발은 또한 어른의 발보다 한결 더 유연합니다. 아직 발 안의 뼈들이 연골 상태에서 뼈의 상태로 발달하기 전이기 때문이지요. 또한 발이 안쪽으로 굽는 경향이 있어, 오므린 새 발 같은 느낌을 주지요. 이 마지막 특징은 태아가 태어나기 전 아주 오랫동안 엄마의 자궁 안에서 몸을 바짝 웅크리고 있어야 했던 데 따른 것입니다. 아무튼, 아기가 걷기 시작하게 될 때면 태어날 때 보였던 이 모든 특징들은 거의 눈에 잘 띄지 않은 것으로 바뀝니다.

똑바로 펴진 발

새로 태어난 아기의 안으로 굽은 발은 몇 달가량 시간이 흐르면서 점차로 곧게 펴집니다. 어떤 부모들은 자기네들의 아기가 밭장다리처럼 다리를 구부리고 새 발처럼 발을 오므린 채 걸음을 옮기려 하는 것을 보고 걱정을 하기도 합니다. 하지만 이는 완벽하게 정상적인 것으로, 아기가 덜 서투르게 걸음을 옮기는 방법을 배워감에 따라 저절로 교정이 될 것입니다. 발달의 과정을 재촉해 봐야 도움이 될 것은 아무것도 없지요.

아기의 신발

오래 전 부모들은 아기들의 발목이 불안정하고 발바닥이 평평하기 때문에 걷는 데 도움이 되도록 특별한 신발이 필요하다는 식의 조언을 받곤 했습니다. 다른 아기보다 더 빨리 걸음을 걷게 할 수 있다는 이유로 빳빳하고, 발목이 길며, 바닥이 단단한 가죽 장화가 추천되기도 했지요. 하지만 오늘날의 연구 결과 아기들은 실제로 평발이 아니라는 점이 밝혀졌습니다. 어린아이들이 처음 발걸음을 옮기려고 시도하는 장면을 비디오 카메라로 찍은 다음 이를 저속으로 재생해 보면, 아이들은 어른이 걸을 때와 비슷하게 먼저 뒤꿈치를 땅에 댄 다음 발가락 쪽으로 발을 굽히면서 걷습니다. 또한 아이들의 발목 역시 몸의 균형을 잡는 데 탁월한 역할을 할 만큼 잘 발달되어 있습니다. 따라서 아기가 걸음마를 배울 때 필요한 모든 것은 일정한 기간의 연습 바로 그것뿐입니다. 연습을 하는 동안, 아기는 이 새로운 장소 이동 방법을 어떻게 실행에 옮길 것인가를 익힐 것이며, 발의 근육과 인대도 반복 사용에 따라 강화될 것입니다.

맨발로 걷기

씨족 단위의 문화에서 신발을 신지 않은 채 자라나는 아이들에 대한 연구에 따르면, 그 아이들은 신을 신는 것이 관례인 나라에서 자라나는 아이들보다 발 때문에 생기는 문제를 덜 겪는다고 합니다. 아기에게 맨발로 걸어다니게 할 기회를 많이 허용하면 허용할수록, 시간이 흐르면서 발의 자연스러운 성장과 발달이 더욱 촉진됩니다. 세심한 주의를 기울여 신을 골라 신긴 아기들보다 맨발의 아기들에게 좀더 강력하고 좀더 조화롭게 움직이는 근육의 발달이 보장됩니다. 신발을 신긴다면 이는 가족이 사는 집안에서 걷기 위한 것이 아니라, 아기가 밖으로 나가 돌아다닐 때 험악한 바닥이나 거친 자연으로부터 발을 보호하기 위한 것이어야 합니다.

기어오르기

일곱 달에서 열두 달 사이의 나이가 되면, 아기는 새로운 세계를 탐구하기 원할 만큼 충분히 빠르게 기어다니는 기술을 익히게 됩니다. 그리고 그 당시 아기에게 특히 매력적인 행위 가운데 하나는 기어오르기입니다. 아기는 이것이 몹시도 유쾌한 경험임을 확인하게 되는데, 문자 그대로 새로운 높이의 세계(아기는 이 세계에 두려움을 느끼지 않는 것처럼 보입니다)로 아기를 인도하기 때문이지요. 하지만 그 어떤 것보다 더 모험적인 탐구와 탐사를 가능케 하는 기어오르기가 갑작스럽게 시작되는 순간 이에 따른 위험도 자리를 함께합니다. 활동적인 아기는 낯선 체험이 주는 신기함에 전율을 느낄지도 모릅니다. 하지만 그와 동시에 아기는 무엇이 잘못될 수 있는지를 의식하지 못합니다. 따라서 어떤 종류의 위험에든 대비가 되어 있지 않습니다.

층계의 유혹

이유는 알 수 없지만 빠르게 기어다니는 아기에게 층계는 강력한 매력을 발산하지요. 손과 무릎으로 기어다니는 아기의 자세는 최고의 속도로 층계를 오르는 데 이상적으로 어울리는 것처럼 보입니다. 짧은 생애 동안 아직 층계 아래쪽으로 굴러 떨어지는 것을 체험해 보지 못했기에 두려움이 무엇인지 모르는 이 대담무쌍한 아기는 층계를 조금씩 더 높이 올라가는 동안에도 전혀 두려움을 느끼지 못합니다. 드디어 난처한 순간이 옵니다. 지금까지 자신이 해 온 기어오르기라는 특별한 게임이 이제 끝났음을 갑작스럽게 느끼는 순간 다시 내려가야 한다는 문제에 직면하게 됩니다. 몸을 돌려 머리를 아래쪽으로 하고 내려가는 것은 몸의 균형이 완전히 깨지기 때문에 위험한 선택이지요. 아래로 다시 내려가는 데 아기에게 필요한 것은 어른의 도움입니다.

선 자세로 눈에 보이는 것을 움켜쥐기

일곱 달에서 열두 달 사이의 아기에게 약간 손에 미치지 않는 곳에 놓인 물체는 특별히 매력을 갖습니다. 너무 높은 곳에 있으면 아기는 그 물체를 향해 기를 쓰고 기어올라가려는 시도를 하고, 가능한 한 멀리까지 팔을 뻗어 올려 그것을 잡으려고 합니다. 어쩌다 물건을 잡으려는 손짓이 서투르면, 문제의 물건이 아기의 머리 위로 굴러 떨어질 수 있지요. 이 단계의 아기가 보이는 호기심은 끝이 없습니다. 그리고 평범한 가정집 곳곳에 얼마나 많은 위험이, 다른 아기보다 좀더 모험심이 많은 아기에게 해를 끼칠 수 있는 위험이 얼마나 많이 도사리고 있는가를 알면 놀라지 않을 수 없지요.

안전하게 배우기

무모할 정도로 용감한 아기를 위한 해결책 가운데 하나가 층계에 접근하지 못하도록 아기 보호용 울타리를 설치하는 것이지요. 처음에는 효과가 있을지 모르지만, 이 또한 쉽게 아기에게 도전 내상이 될 수 있습니다. 위험한 기어오르기를 통해 넘어야 할 장애물이 되는 셈이지요. 따라서 이보다 더 극단적인 해결책은 울타리로 둘러싸인 플레이펜(play-pen)이라고 하는 커다란 유아 놀이터입니다. 장난꾸러기 아기를 그 안에 가둬 놓고 탈출하지 못하게 하는 것이지요. 가지고 놀기에 안전한 장난감을 가득 채워 주면 아기는 이 때문에 한동안 행복해할 것입니다. 그리고 이는 엄마의 주의를 요하는 무언가 긴급한 일이 일어났을 때 잠깐 동안 사용할 임시 방편은 될 수 있습니다. 하지만 궁극적으로는 닫힌 공간은 호기심 많은 아기의 천성을 좌절감으로 물들이기 시작하게 될 것입니다.

안전하게 기어오르기를 할 수 있는 놀이방에서라면, 그러니까 방 전체에 위험 요소가 없지만 새로 발견한 기어오르기라는 기술을 실습해 볼 수 있는 충분한 공간을 제공하는 놀이방에서라면, 아기는 편한 마음으로 지내겠지요. 만일 기어올라가 움켜쥘 수 있는 자그만 물체 몇 개를 부드러운 카펫이 깔린 방에 준비해 놓으면, 아무런 해도 입지 않은 채 실패의 순간을 체험할 기회가 아기에게 주어질 것입니다. 아기는 어떻든 간에 조심해야 한다는 것을 배우게 되겠지요. '안전한 사고'는 이를 배우게 하는 단 하나의 즐거운 방식입니다.

기어오르는 아기와 기어오르지 않는 아기

묘하게도, 기어오르기가 모든 아기에게 매력적인 것은 아니지요. 어딘가를 오르고자 하는 아이의 욕망 사이에는 엄청난 차이가 있습니다. 어떤 아기들은 높은 장소를 아예 무시해 버리고, 어떤 아기들은 약간의 관심만을 보입니다. 그리고 어떤 아기들은 높은 장소라면 사족을 못 쓰지요. 이 마지막 그룹의 아기들한테는 특별한 주의를 기울여야 할 필요가 있습니다. 어떤 아기의 아빠가 아직 만 두 살도 되지 않은 아기가 바로 자기 뒤에서 '아빠'를 불러 깜짝 놀랐다고 합니다. 그가 놀라지 않을 수 없었던 것은 바로 그때 그는 자기 집의 지붕에 올라가 지붕 수리를 하고 있었기 때문이시요. 놀랍게도, 아기가 높은 사다리를 타고 올라와 지붕 위 바로 자기 뒤쪽에 앉아 있더라는 것입니다!

아기의 건강

안전하고 건강하게

새로 태어난 아기는 바깥세상에 도사리고 있는 질병들로부터 자신을 안전을 지킬 수 있는 상당한 수준의 타고난 보호 장치를 갖추고 있습니다. 아기는 제한된 것이긴 하나 체내 면역계를 갖고 있을 뿐만 아니라 자궁에 있을 때 엄마의 혈액으로부터 면역성을 얻기 때문입니다. 만일 아기가 모유를 먹게 되면, 풍부하게 항생 물질을 함유하고 있는 모유에서 추가적인 면역성을 얻게 됩니다. 아기가 바깥세상으로 나와 엄마한테서 초유를 공급받으면서 첫 며칠을 보낼 때 특히 그렇습니다.

불행하게도 이 같은 엄마의 보호는 영원히 지속되지 않습니다. 아기가 다른 방법으로 면역성을 획득할 기회를 아직 갖지 못했을 시기인 태어난 후 처음 몇 달 동안만 응급 방어 장치로서 그 기능을 할 뿐이지요. 그 이후 아기의 면역 체계는 가벼운 감염에 노출됨으로써 자체의 방어 능력을 키워나갑니다. 이 같은 노출을 통해 항생 물질이 획득되고, 이 항생 물질은 좀더 심각한 질병이 올 때 아기를 보호하게 됩니다(96쪽 "아기의 방어 체계" 참조).

예방 접종

아기의 체내 면역계도 발달하고 있지만, 이와는 별도로 아기의 건강을 위협하는 특정 질병에 저항하는 데 도움을 주는 여러 가지의 예방 접종을 통해 아기를 보호할 수도 있습니다. 태어나서 첫 두 해 동안 아기는 일반적으로 예방 접종을 위해 다섯 차례나 여섯 차례 의사를 방문합니다. 예방 접종으로 인해 미열이 난다든가 하는 가벼운 부작용에 시달리는 아기가 있는 것도 사실이지요. 하지만 예방 조처로 인해 얻는 이득은 그와 같은 부작용 가능성을 쉽게 능가하는 것임은 널리 인식되어 있습니다.

백신은 질병을 유발하는 박테리아나 바이러스를 죽이거나 힘을 약화하여 만든 것으로, 이를 주사기로 또는 입을 통해 아기의 몸에 주입합니다. 일단 아기의 몸에 주입되면, 죽이거나 힘이 약화된 박테리아나 바이러스는 진짜 병원균인 것처럼 활동함으로써 아기를 아프게 하지만, 이로 인해 아기 몸의 방어 체계는 보호용 항생 물질을 생산하게 됩니다. 물론 백신이 아기를 아프게 한다고 해서 진짜 위험한 통증―자연 상태에서 감염된 질병이 통상적으로 유발하는 통증―을 유발하지는 않습니다. 일단 아기의 몸이 항생 물질을 생성하면, 이 항생 물질은 오랫동안 아기에게 면역성을 제공합니다.

다가성(多價性) 백신

단 한 번의 주입으로 다섯 가지 서로 다른 질병을 예방하기 위해 아기에게 제공되는 새로운 형태의 다가성 백신의 안전성에 대한 몇몇 논란이 최근 들어 이어지고 있습니다. 한꺼번에 다섯 가지 백신이 포함된 이 같은 예방 조처는 아기의 나이가 8주, 12주, 16주일 때 제공되며, 이는 디프테리아, 파상풍, 백일해, 헤모필루스 인플루엔자 B형, 소아마비로부터 아기를 보호하기 위한 것이지요. 이 방법을 비판하는 사람들은 아기의 면역계에 과중한 짐을 지울 위험이 있다고 주장합니다. 하지만 의료 전문가들은 수많은 임상 실험 결과 이 같은 위험은 거의 없거나 아주 없음이 확인되었음을 힘주어 말합니다. 한번에 다섯 가지 질병 예방을 위한 다가성 백신 이외에 다양한 여러 질병에 대한 백신 투여도 가능합니다. 예컨대, 아기가 태어나고 얼마 안 돼서 주사로 투여하는 B형 간염 백신, 홍역 백신, 유행성 이하선염과 풍진 백신이 있는데, 이는 나이가 12개월에서 15개월일 때 투여됩니다.

부모의 보호

인간의 아기는 놀라울 정도로 강한 회복 능력을 지니고 있어 재빨리 치유되며, 또한 훌륭한 면역계를 갖추고 있습니다. 하지만 그럼에도 불구하고 아기는 상당히 긴 시간을 쏟아야만 일정한 환경 안에서 자신을 안전하게 지키는 데 필요한 민감성이나 운동 능력을 발달시킬 수 있습니다. 현대의 도시들과 건물들은 선사 시대에 존재하지 않았던 위험들로 가득 차 있습니다. 예컨대, 수많은 유독성의 가정용 제품들이 있습니다. 그런데 유아들은 그와 같은 인공적 위험물로부터 자신을 보호하기 위해 본능적으로 반응할 수가 없지요.

따라서 경험을 통해 아기는 상해를 피하는 방법을 배워야만 합니다. 사소한 부딪침이나 상처는 격렬한 울음을 유발할 수도 있지만, 장기적으로 보면 이런 사건들은 배움의 과정에서 그 일부가 됩니다. 이를 통해 성장 과정의 아기는 환경의 위험을 헤쳐나가는 데 필요한 뛰어난 민첩성과 '타고난 재간'을 몸에 익히게 될 것입니다. 부모 쪽에서 동원해야 할 묘책이 있다면 위험만 없다면 더할 수 없이 풍요로운 것이라고 할 수 있는 우리의 환경 안에 도사리고 있는 그런 위험을 가능한 한 줄일 방법을 찾는 것입니다. 그렇게 하면 아기는 최소한의 위험 속에서 자신을 최대한으로 표현하는 즐거움을 맛볼 수 있게 될 것입니다.

아기가 아파요

아기는 초창기 삶의 상당 기간 동안 소소한 병에 시달리며 살아갑니다. 그러는 가운데 엄청나게 많은 잡다한 질병에
대한 저항력을 키워나가지요. 또한 아기는 자기 부모에게 자신이 아프다고 느낄 때마다 이를 알리는 데 놀라울
정도의 능력을 발휘합니다. 만일 아기가 우는데 그 이유를 따져보니 명백히 배가 고프기 때문도 아니고, 덥기 때문도
아니며, 춥기 때문도 아니고, 축축하기 때문도 아니며, 외로움이나 두려움 때문도 아니라면, 아기가 통증을 느끼고
있거나 몸이 불편하기 때문일 확률이 높습니다

아기가 아플 때 보이는 증세 가운데 대표적인 것으로는 체온이
올라간다든가 떨어지는 것, 토한다든가 설사하는 것, 무관심하거나
둔감한 표정을 짓는 것, 진땀을 흘리는 것, 오랜 시간 동안 가쁜 호흡을
계속하는 것, 몸이 '축 처져' 있는 것 등등이 있습니다. 이런 증상이
계속되면 부모는 의사를 찾아야겠지요.

코가 막힌 아기

아기는 어른과 마찬가지로 감기에 걸릴 수 있습니다. 하지만 슬프게도
아기는 손수건을 집어들어 코를 풀거나 닦을 수가 없습니다.
사실 아기들은 어른들보다 한결 더 자주 감기 바이러스에 감염됩니다.
이는 아기들의 면역계 발달 과정에 거치는 정상적인 절차기도 하지요.
오랜 세월의 연구에도 불구하고, 과학자들은 질병 가운데 가장
일반적인 것이라 할 수 있는 이 감기에 대한 치료법을 찾는 데 성공을
거두지 못하고 있습니다. 그리하여 아기에게는 다른 사람들이 그러하듯
견디어 나가는 것 이외에 별 도리가 없습니다. 하지만 아기는 어른보다
약간 더 많은 도움을 필요로 합니다. 코가 막히면 가장 큰 어려움이
식사를 할 때 닥쳐옵니다. 젖을 빨면서 동시에 코로 숨을 쉬어야 하는데,
이로 인해 충분한 양의 젖을 먹지 못할 수도 있지요.

열이 나는 아기

아기의 몸이 너무 뜨거워졌을 때 열이 납니다. 일반적으로 열은 감염에
대한 몸의 반응으로 인한 것입니다. 열 그 자체는 걱정할 것이 없는
것이지요. 하지만 이는 아기가 침입자와 싸우고 있음을 알리는 징후며,
열이 나는 상태가 지속되거나 아기가 발열성 발작 증상을 보이면,
반드시 의사를 찾아야 합니다.

영아 산통

모든 아기가 영아 산통을 겪는 것은 아닙니다. 대략 열 명의 아기 가운데
한두 명의 아기가 이 증상을 보입니다. 영아 산통을 겪는 아기의 경우,
증상은 일반적으로 태어난 지 대략 일주일 정도 안에 시작되어
석 달까지 또는 그 이상 지속됩니다. 이 통증에 시달리는 아기는 몇 시간
동안 울거나 비명 지르기를 단속적으로 계속합니다. 그리고 상당히
고통스러운 듯 다리를 배 쪽으로 오므리는 동작을 되풀이해서 계속
하지요. 소화기 계통의 문제 때문이거나 미성숙한 신경계가
안정 상태를 유지하지 못하기 때문인 것으로 생각되기는 합니다만,
영아 산통의 원인이 무엇인가는 아직 확실하게 알려져 있지 않습니다.

알레르기

어떤 아기들은 너무 과도한 면역계 때문에 고통을 받기도 합니다.
과도하다 함은 일반적으로 아무런 해가 없는 물질임에도 불구하고
위험한 침입자가 쳐들어온 듯 몸이 이에 반응함을 뜻하지요. 이런 일이
일어날 때 아기의 면역계는 침입자에 대항하기 위해 화학 물질을
방출하기 시작합니다. 박테리아든 바이러스든 싸워야 할 진짜 침입자가
없기 때문에, 면역계는 병원체 대신에 아기 몸을 자극합니다. 알레르기
반응이 형성되는 데는 어느 정도 시간이 걸리며, 이 때문에 아기가
처음부터 증상을 보이지는 않습니다. 몇 달이 지난 후에 재채기,
코 막힘, 콧물, 눈의 근질거림이나 눈물, 마른기침, 피부 발진, 내장 질환
등의 증상이 나타나기 시작할 수 있습니다. 의사의 진찰을 요구하는
보다 심각한 증상으로는 천명(喘鳴)과 종창(腫脹)이 있는데, 천명이란
호흡 곤란으로 목에서 소리가 나는 증상을 말하며 종창이란 부어오른
것을 말합니다. 특히 입이나 혀가 부어오르는 증상이 문제됩니다.

알레르기성 체질의 아기가 알레르기 발생 요인 물질에 아주 가까이
가거나, 이를 만지거나, 이를 호흡하거나, 이를 섭취해야만, 또는 이
물질이 몸에 주입되어야만 문제가 발생합니다. 알레르기 발생 요인
물질 가운데 가장 일반적인 것은 모직물로 된 천, 오리털 솜이나 깃털을
넣어 만든 베개, 표백제가 함유된 세제(洗劑), 방향성 비누, 가구용 화학
분무제(噴霧劑) 등이 있습니다. 그밖에 특정한 음식물, 약, 곤충 및 애완용
동물의 비듬과 먼지 진드기도 알레르기 반응을 일으킬 수 있습니다.
각각의 사례마다 어느 것이 원인인지를 정확하게 짚어 내기란 대단히
어렵지요. 대부분의 아기들은 이 문제를 피해 가는데 왜 몇몇 다른
아기들이 이 때문에 애를 먹는가 역시 아직까지 명백하게 알려져
있지 않습니다.

아기의 방어 체계

아기가 아직 자궁 안에 있을 때, 엄마의 항생 물질 가운데 일부가 태반으로 건너가 아기를 질병과 감염에서 보호하는 역할을 합니다. 그 효능은 태어난 후 몇 주 동안 지속되지만, 아기는 모유를 통해 별도의 보호를 받기도 합니다. 모유 역시 지극히 중요한 항생 물질을 함유하고 있기 때문입니다. 하지만 조만간 아기가 엄마에 의존하는 정도는 줄어듭니다. 그래서 아기는 자기 자신의 저항 능력을 키워나가야 합니다.

첫 방어선

항상 전염성 미생물이 우리를 둘러싸고 있습니다. 그리고 놀랍게도 어린 아기조차 이에 대처하기 위한 만반의 준비를 더할 수 없이 훌륭하게 갖추고 있습니다. 아기의 몸을 공격하려는 바이러스나 박테리아나 곰팡이 어떤 것도 일련의 방어선을 넘어야만 하는데, 피부는 바로 그러한 방어선 가운데 첫째 방어선 역할을 합니다. 외부의 침입자가 이 피부를 어떻게 해서든 뚫고 들어왔을 때 아기의 몸은 염증 반응을 개시합니다. 이로 인해 히스타민과 같은 화학 물질이 방출되고, 이 화학 물질은 혈관을 확장하고 백혈구를 감염 부위로 끌어들여 쳐들어온 미생물을 제압하게 합니다. 방어에 동원되는 이외의 물질로는 침, 눈물, 위산과 같은 항박테리아성 체액(體液)이 있습니다. 또한 호흡계를 보호하는 체모와 점액도 있지요.

림프계

면역계는 외부 항원을 인식하는 림프의 능력에 의존합니다. 특히 어린 아기들은 코나 목에 감염이 되기 쉽기 때문에, 아기의 코와 목 뒤쪽에 있는 인두편도(咽頭扁桃)와 편도선이 미생물 침입자를 파괴하는 데 중요한 역할을 합니다. 이 두 신체 기관은 림프계의 일부를 형성하는 것으로, 림프계란 아기 몸 곳곳에서 림프(면역계 액)를 운반하고 처리하는 림프관과 림프절들이 그물처럼 얽혀 있는 조직을 말합니다.

백혈구

림프에는 방어 역할을 담당하는 백혈구가 있는데, 이 백혈구는 다시 두 유형으로 나뉩니다. 하나는 외부 침입자를 파괴하는 대식세포(大食細胞)이고, 다른 하나는 감염에 대한 지속적인 면역력을 아기에게 제공하기 위해 항체를 만들어 내는 림프구입니다.

림프구는 내분비샘의 하나로 가슴뼈 뒤쪽에 있는 가슴샘에서 성숙되며, 이곳에서 특정한 병원균을 공격 목표로 삼는 능력을 기르는 데 도움이 되는 호르몬과 만납니다. 태어나서 첫 해 동안 아기가 면역계를 강화하는 데 특히 큰 도움을 주기 때문에, 아기의 가슴샘은 어른의 것과 비교해 상대적으로 그 크기가 큽니다.

림프는 혈액에서 나와 림프관을 따라 이동하며, 다시 혈액으로 돌아옵니다. 림프가 목, 겨드랑이, 샅에 주로 위치해 있는 림프절을 통과하는 동안, 병원균은 이곳에서 걸러져 백혈구에 의해 파괴됩니다. 감염이 되면 이 림프절이 부어오르며, 림프절이 있는 곳을 만지면 통증이 느껴집니다.

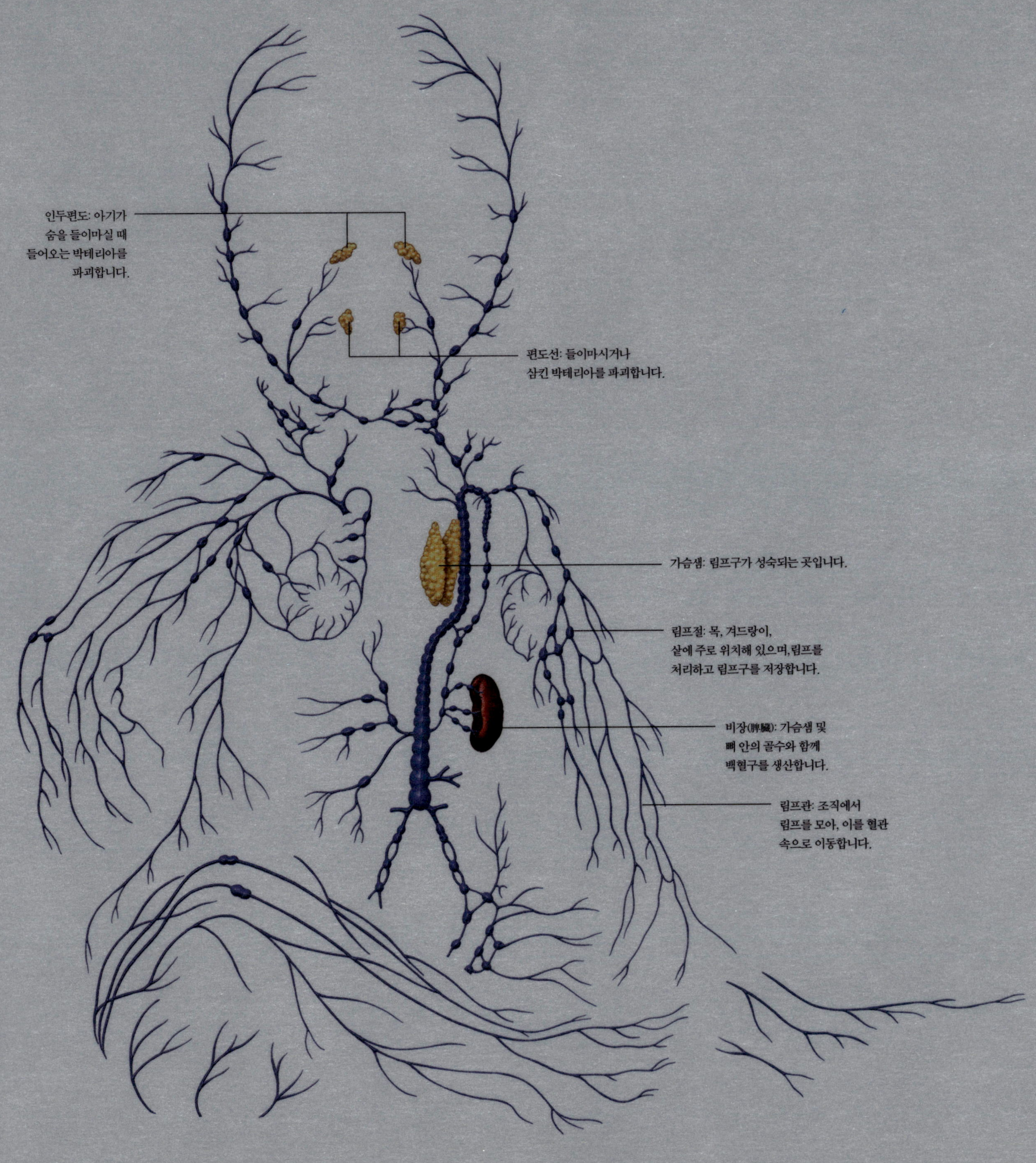
인두편도: 아기가 숨을 들이마실 때 들어오는 박테리아를 파괴합니다.
편도선: 들이마시거나 삼킨 박테리아를 파괴합니다.
가슴샘: 림프구가 성숙되는 곳입니다.
림프절: 목, 겨드랑이, 샅에 주로 위치해 있으며, 림프를 처리하고 림프구를 저장합니다.
비장(脾臟): 가슴샘 및 뼈 안의 골수와 함께 백혈구를 생산합니다.
림프관: 조직에서 림프를 모아, 이를 혈관 속으로 이동합니다.

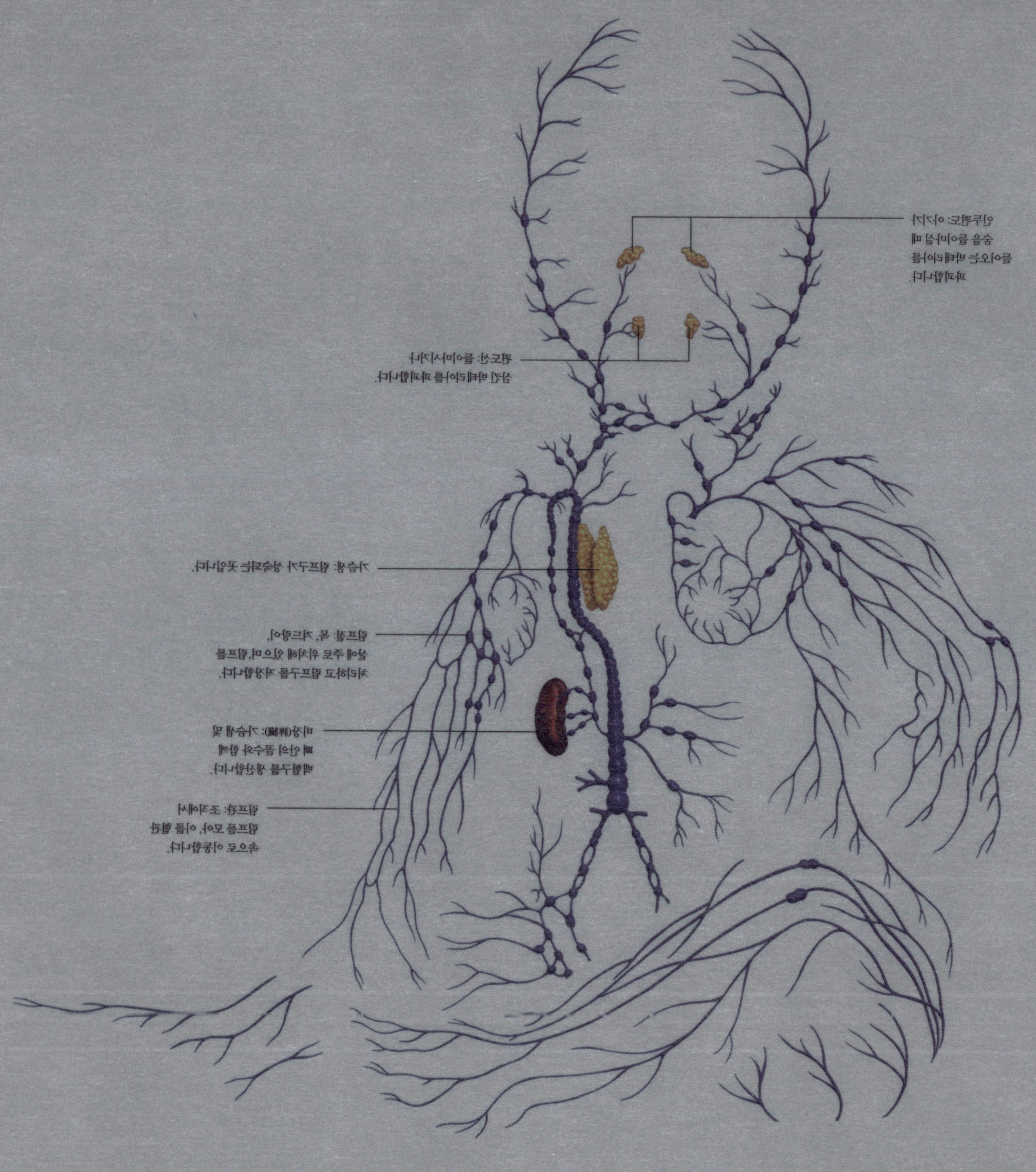

인두편도: 아기가
숨쉴 때마다 들어
오는 박테리아를
파괴합니다.
편도: 혀와 입천장사이
상기 박테리아를 파괴합니다.
가슴샘: 림프구가 성숙되는 곳입니다.
림프절: 콩, 강낭콩
들어 주로 아래쪽에 있으며, 림프를
저장하고 림프구를 저장합니다.
비장(脾臟): 가슴샘 및
혈액 안의 특수한 혈액
세포를 생성합니다.
림프관: 조직에서
림프를 모아, 이를 혈관
속으로 이동합니다.

첫 방어선
이 채색된 확대 사진은 대식세포로 불리는
백혈구가 촉수를 뻗어 박테리아를 감싼
다음 파괴하는 모습을 보여 주고 있습니다.

아기의 배설물

아기의 몸에서 대변과 소변의 형태로 방출되는 배설물을 처리하는 일은 아기에게 먹을 것과 마실 것을 주는
일만큼이나 중요합니다. 태어날 때부터 이미 아기의 소화계는 몸의 움직임과 성장에 필요한 것을 받아들이고
나머지 불필요한 물질은 폐기하도록 프로그램이 되어 있습니다. 몸이 방출한 불필요한 물질을 처리하는 일은
오랜 동안 아기의 통제력 밖에 있기 때문에 부모의 결정적인 도움이 요구됩니다. 겉으로 보기에 끊임없이
이어지는 것처럼 보이는 기저귀를 갈아주고 더럽혀진 몸을 닦아주는 일이 부모에게 요구되는 것이지요.

소화계는 어떻게 기능하나요?

소화계는 본질적으로 근육으로 둘러싸인 기다란 관으로 이루어져
있습니다. 아기의 입을 통해 들어온 음식물이 이 관을 통해 항문으로
나가지요. 음식물은 근육의 수축 및 이완 작용에 의해 이동하며,
이동 과정에 입 속의 침과 위 속의 위액과 같은 소화액의 활동에 의해
분해됩니다. 필수 영양분─비타민, 무기물, 지방, 단백질, 탄수화물─은
관의 벽을 통해 흡수되고, 폐기 물질은 배설물로 배출됩니다.
간, 췌장, 쓸개는 이 필수 영양분을 흡수하는 데 도움이 되는 효소를
생산하며, 흡수된 영양분은 혈액의 흐름을 통해 아기의 몸 곳곳으로
분배됩니다. 한편, 콩팥은 혈액을 걸러 혈액 속에 있던 폐기물을 소변의
형태로 방출합니다.

최초의 배변

태어나고 나서 하루 또는 2~3일 안으로 아기는 최초의 배변 작업이라는
큰 일을 해 냅니다. 아기의 첫 배설물은 태변으로 불리는 특별한 종류의
배설물이지요. 이 배설물은 냄새가 나지 않고, 검은 빛이 도는
초록색을 띠고 있으며, 장에서 방출된 퇴적물─소화관(消化管)의
분비선에서 나온 분해된 점액 및 장 벽에서 떨어진 내벽 세포들의
혼합 물질─로 이루어져 있습니다.

일단 아기가 모유든 젖병에 담긴 젖이든 이를 먹고 젖 찌꺼기를
방출하면, 태변의 검은 색깔이 차츰 옅어져서 옅은 황갈색을 띠게
됩니다. 모유를 먹은 아기의 배변은 부드럽고 냄새가 거의 나지
않습니다. 배변은 하루에 몇 차례 나올 수 있으며, 황색, 황색과
초록색이 혼합된 색깔, 또는 초록색일 수 있습니다. 색깔의 차이는
아기의 새로운 소화계가 아직 복잡한 활동을 향해 정착해 나가는
과정에 있다는 사실을 반영하는 것입니다.

부모의 일과

아기는 보통 께이니서 곧비로 배변을 하고, 젖을 먹고는 빈시긴쯤
있다가 다시 배변을 합니다. 소변은 더 자주 보지요. 새로 태어난 아기의
경우 20분마다 소변을 보고 6개월이 되었을 때는 대략 한 시간마다
소변을 봅니다. 아기가 방광과 내장에 대한 통제력을 갖기 전에는
소변을 보거나 배변을 보는 순간을 조절할 수 없지요. 하지만 부모는
대략의 시간을 알게 되어, 대소변을 볼 시간을 예상하고 이에 준비할 수
있게 됩니다.

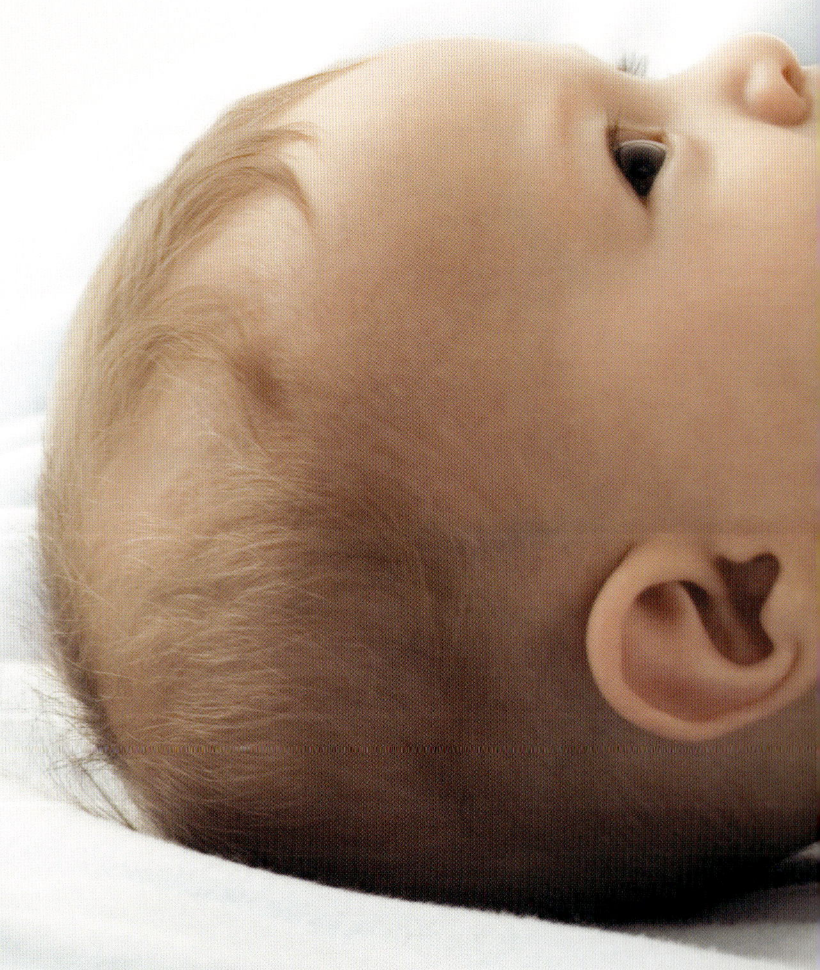

몸의 여과 장치

채색된 이 X광선 사진은 신장 안에서
어떤 모양으로 동맥이 갈라져 그물과도
같은 가느다란 혈관 조직을 이루는가를
보여 줍니다. 이 혈관 조직으로 인해
신장은 혈액에서 노폐물을 거르고 이를
소변으로 배출할 수 있게 됩니다.

몸의 조절 기능

아기가 어떤 행동을 할 때마다 두 가지 일이 일어납니다. 무엇보다도 두뇌가 근육에게 메시지를 보내 움직일
것을 명령합니다. 이와 동시에, 몸의 자율 조절 체계가 가동하여, 새롭게 시작된 활동이 필요로 하는
모든 것을 확실하게 지원받을 수 있도록 합니다. 자율신경계는 각종의 조절 기능을 관리하며,
체성(體性)신경계는 몸의 움직임을 관장합니다.

자율신경계

몸이 쉬고 있을 때는 에너지를 보존합니다. 일단 행동에 들어가면,
몸은 비축된 에너지에게 부탁하여 주어진 과제를 효과적으로
수행하도록 합니다. 자율신경계는 매순간 바뀌는 활동의 수준에 맞춰
몸을 미세 조정하는 일을 합니다. 자율신경계는 이 같은 일을 두 개의
서로 대립되는 힘을 사용하여 수행하는데, 이를 우리는 각각 제동
장치와 가속 장치에 비유할 수 있을 것입니다. 만일 제동 장치가
작동하면, 동작 중이던 몸의 모든 부분들이 움직임을 멈추게 되고,
결국 몸은 쉬게 되지요. 만일 가속 장치가 작동하면, 해당 부위가 갑자기
속도를 얻게 될 것이고 모든 지원 체계가 곧바로 행동에 들어갈
것입니다. 요청된 재빠른 움직임을 수행하기 위해 몸이 긴장하는 동안
그런 일이 일어나는 것입니다. 이 가속 장치를 교감신경계라고 부르며,
이 교감신경계가 활동에 들어가면 몸을 아드레날린으로 넘쳐나게
합니다. 모든 것의 속도를 다시 늦추는 제동 장치는 부교감신경계에
의해 관리됩니다. 어느 때고 간에, 우리 몸이 부교감신경의 휴식·이완
상태와 교감신경의 격렬한 활동 사이를 왔다갔다하는 동안
이 두 신경계 가운데 어느 한쪽이 몸에 대한 지배권을 행사하게 되지요.

교감신경계

교감신경계는 다음과 같은 방법으로 효율적인 활동을 보장합니다.
먼저 심장의 박동을 빠르게 하여 보다 많은 양의 혈액이 몸을
순화하도록 합니다. 이로 인해 혈압이 올라가지요. 이어서 호흡의
속도를 빠르게 하여 보다 많은 양의 산소를 혈액에 공급하도록 합니다.
그 다음 여러 혈관의 이완과 수축 작용을 조절함으로써, 순환 중인
혈액의 방향을 틀어 피부나 내장이 아닌 근육 쪽으로 가게 합니다.
이어서 몸의 활동이 몸을 과열 상태로 몰아갈 수도 있음을 예상하고,
땀이 흘러나오게 함으로써 냉각 장치를 가동합니다. 이와 동시에
손바닥에 땀이 더 흘러나오게 하기도 하는데, 이는 예상된 활동이
격렬한 것이 될 것을 대비해 좀더 효과적으로 무언가를 움켜쥘 수
있게 하기 위한 것이지요. 교감신경계는 소변을 억제하고,
침샘과 눈물샘에서 분비되는 수분의 양을 줄입니다.
이는 보다 긴급한 일에 요구되는 체액을 비축하기 위한 조처지요.

부교감신경계

부교감신경계는 이런 변화가 역방향으로 이루어지도록 하는 일을
책임집니다. 먼저 심장의 박동 속도를 늦추고 긴장된 심장 근육을 쉬게
합니다. 전보다 적은 양의 산소가 요구되기 때문에 폐도 이제 쉴 수가
있지요. 혈액이 근육으로 가는 것을 막아 다시금 피부나 소화계 쪽으로
돌립니다. 땀의 양이 극적으로 줄어들며, 침샘과 눈물샘도 다시금
전처럼 좀더 활동적이 됩니다.

아드레날린을 분비하는 부신

강도 면에서 몸의 활동은 부드럽게 걷는 일에서 시작하여 폭력적
위험에 허겁지겁 반응하는 것에 이르기까지 다양한 차원으로 나뉠 수
있습니다. 몸이 허겁지겁 반응하는 단계에 이르면 아드레날린을
분비하는 부신(副腎)의 활동이 최고조에 이릅니다. 좌우 신장 바로
위쪽에 자리잡고 있는 한 쌍의 부신은 여러 기능을 수행하는데,
위험이 닥쳤을 때 아드레날린을 분비하는 너무도 중요한 역할을
하지요. 이처럼 아드레날린이 분비됨으로써 몸은 싸운다든가
도망간다든가 등등의 격렬한 행동을 할 준비를 급속히 갖추게 됩니다.
싸우는 일이나 도망가는 일 어느 쪽도 아기에게는 불가능하지만,
적어도 공포에 직면하여 격렬하게 울거나 팔다리를 마구 휘두르며
몸부림칠 수는 있습니다. 아기가 기어다닐 때가 되면
이보다 더한 일도 할 수 있는데, 자기를 보호하는 부모 쪽으로 허겁지겁
기어갈 수 있지요.

공격을 당하고 있다는 느낌이나 공포감이 지속적으로 이어지고 무슨
이유에서든 간에 제대로 해소되지 않으면, 그러니까 도망간다든가
싸우는 것 등등 격렬한 행동의 형태로 해소되지 않으면, 심각한
스트레스 상태가 유발될 수 있습니다. 몸은 격렬한 근육 운동을 위해
준비를 갖추었는데 그런 행동이 실천에 옮겨지지 않았기 때문이지요.
이런 일이 몇 번이고 되풀이해서 계속되면, 몸의 면역계는 약화될 수
있고, 따라서 나쁜 내보나 너 쉽게 병에 걸릴 수노 있습니다.

아기 피부의 특성과 관리

아기의 몸에서 가장 큰 신체 기관은 피부지요. 이 피부는 아기의 건강에 이중으로 중요한 역할을 하는데,
무엇보다도 피부는 피부 이외의 모든 신체 기관을 덮어 보호하는 역할을 합니다. 뿐만 아니라 피부는 깊은
의미를 갖는 심리적 역할까지도 하지요.

촉감의 마술

피부에는 촉감에 예민한 신경말단 부위가 풍부하게 퍼져 있기 때문에,
피부는 모든 형태의 몸 접촉에 민감하게 반응합니다.
엄마의 부드러운 포옹, 엄마가 아기에게 입히는 옷의 보드라움,
애정 어린 어루만짐, 입맞춤, 꼭 껴안고 귀여워함, 엄마가 아기를 씻길
때의 손길―이 모든 것이 합쳐져 촉감을 통한 사랑 표현의 방법이
엄청나다는 것을 일깨워 줍니다. 접촉을 통해 사랑을 표현하는 일은
사랑 표현의 방법 가운데 가장 오래된 것이지요.

연구 결과에 따르면, 아기일 때 사랑의 손길을 거의 경험하지 못한
어른들은 습관적으로 품에 안기어 귀여움을 받았던 어른들보다
더 공격적이랍니다. 또한 여자아기가 남자아기보다 더 손길에
민감하다는 연구 결과도 있지요. 일반적으로 태어난 지 단 몇 시간밖에
안 되는 여자아기들은 배를 스치는 미약한 숨결에도 반응을 한다는
것입니다. 그리고 벗겨 놓았을 때 남자아기들보다 더 몸을 꿈틀거리며
운다는군요. 또 다른 연구 조사에 따르면, 풍부한 피부 접촉을 받은
아기가 덜 울고 또 일반적으로 더 건강하다고 합니다. 심지어 품에
안기어 귀여움을 더 받고 사랑의 손길을 더 받은 아기들이 후에 가서
지적으로 더 뛰어나다는 견해까지 있습니다. 초기의 그 모든 피부 접촉
경험이 두뇌 발달을 촉진하기 때문이랍니다.

아기 피부의 특성

아기의 피부는 어른의 피부보다 얇고, 기름기가 덜하며, 착색이 덜 되어
있습니다. 또한 땀을 덜 흘리며, 해로운 물질이나 박테리아 감염에 대한
저항력이 덜합니다. 몇 년이 걸려야 아기는 어른의 것과 같은 강한
피부를 가질 수 있습니다. 따라서 그렇게 되기 전까지는 명백히 어른의
주의 깊은 보호를 필요로 합니다. 피부의 가장 바깥쪽인 외피(外皮)는
얇을 뿐만 아니라 망가지기 쉽습니다. 피부 세포들이 덜 단단하게 서로
결합되어 있기 때문이지요. 이는 어른보다 쉽게 물집이 생기거나
피부가 벗겨질 수 있음을 뜻합니다. 외피 바로 아래쪽에 놓인 피부층인
진피(眞皮)의 두께는 어른의 1/4밖에 되지 않으며, 함유하고 있는
콜라겐이나 탄성 섬유질도 한결 적습니다. 따라서 이 때문에 아기의
진피 역시 망가지기 쉽습니다.

분비선의 활동

비록 새로 태어난 아기는 땀샘을 잘 갖추고 있지만, 이 땀샘을 통제하고
조절하는 신경계는 아직 충분히 발달되어 있지 않습니다. 결과적으로
아기는 몸이 과열되더라도 효율적인 냉각을 위해 이 분비샘을
이용할 수 없습니다. 이런 이유 때문에 아기는 아주 더운 날씨에
특히 취약합니다. 아기가 피부에 갖고 있는 그밖에 다른 분비샘
조직―피부에 기름기가 돌게 하는 역할을 하는 피지(皮脂)를 생산하는
피지선―은 태어나고 몇 달이 지나서야 겨우 활동을 시작합니다.
활동을 시작할 때가 되어도 분비되는 양은 어른에 한결 못 미치며,
이런 사정은 어린아이 시절이 끝날 때까지 지속됩니다.
하지만 이 피지선의 활동은 아기 개개인의 매력적인 체취를 발산하는
데는 부족함이 없을 만큼 충분한 것입니다. 아기의 매력적인 체취는
아기마다 독특한 것이어서 엄마는 그 체취만으로도 누가 자기
아기인지를 알아맞힐 수 있지요(31쪽 "엄마와 아기 사이의 유대감" 참조).

피부 관리

유아의 피부는 어른보다 한결 더 섬세하고 상처를 입기 쉬우며
예민하기 때문에 특별한 관리가 필요합니다. 기저귀 발진은 가장
일반적인 형태의 피부병으로, 젖은 기저귀를 재빨리 갈아주지 않으면
이런 피부병이 생깁니다. 아기의 소변이 오래되면 피부를 자극하는
암모니아를 생성하게 되고, 이로 인해 감염에 대한 피부의 저항력을
떨어뜨립니다. 대변에 있는 박테리아와 접촉하게 되면 상태는 더욱
악화되지요. 게다가 젖은 기저귀의 표면에 쓸리다 보면 피부가 벗겨져
아기는 쓰라림을 느낄 수도 있습니다. 따뜻한 물에 아기를 목욕시키는
일은 단순히 아기에게 청결함과 편안함을 선물하기 위한 것만은
아닙니다. 엄마가 아기의 피부를 청결하게 하는 동안 아기는 엄마와
친밀하게 피부 접촉을 나눌 소중한 기회를 얻기도 합니다.

아기의 자기 표현

아기의 울음

말로 자기 마음을 전하는 것이 불가능할 시기인 태어나서 첫 해 동안, 도움을 원하는 아기가 유일하게 희망을
걸 수 있는 방법은 날카로운 목소리로 우는 것뿐입니다. 울음은 인간이 수많은 다른 동물들과 공유하고 있는
아주 오래된 경보 장치로, 이는 부모로부터 강력한 반응을 이끌어냅니다. 처음에는 아기의 울음소리에
특별한 신호가 담겨 있지 않습니다. 부모에게 기분이 언짢다는 것만 전할 뿐 왜 그런지 이유를 밝히지 않는
울음이지요. 시간이 지나면서 부모는 울음소리를 듣고 아기가 무엇 때문에 우는지를 구별할 수 있게 됩니다.

최초의 울음

아기는 대개의 경우 태어나자마자 곧바로 울음을 터뜨리는데,
이것이 아기가 우는 최초의 울음입니다. 이 최초의 울음은 환경의
갑작스러운 변화로 인한 충격 때문에 우는 울음이지요. 이를 보고
걱정하는 대신 대부분의 부모들은 환한 웃음으로 이를 맞이합니다.
아기의 폐가 효율적으로 기능을 발휘하고 있음을 알고 기쁨을 느끼기
때문이지요. 태어나서 첫 3개월 동안 아기는 어느 때보다 더 자주
웁니다. 이어서 습관적인 울음이 조금씩 자취를 감추기 시작하지요.
태어나서 6주가량 되었을 무렵 아기의 누관(淚管)은 첫 눈물을
흘러보낼 정도로 충분히 발달합니다.

아기는 무엇 때문에 우나요?

아기가 우는 데는 일곱 가지의 이유가 있는데, 고통, 불편함, 배고픔,
외로움, 지나친 자극, 자극의 부족함, 좌절이 이에 해당합니다.
예민한 부모라면 곧 어떤 이유 때문에 아기가 우는지를 구별하게
되지요. 고통 때문에 울 때는 울음소리가 보통 예리하고 날카롭습니다.
아기는 무엇이 잘못되었는지 모르는데다가 상처가 심한 것인지 그렇지
않은 것인지를 구별할 수가 없기 때문에, 아기에게는 재빨리 부모의
주의를 끌 필요가 있기 때문이지요. 아기는 종종 편안함을 되찾으면
울음을 그치며, 예민한 고통이 지속될 때에만 울음을 계속합니다.
고집스럽게 울기를 멈추지 않는다면 이는 영아 산통 때문일 수도
있습니다(95쪽 "아기가 아파요" 참조).

대소변을 보고 불편해서 우는 아기의 경우, 체온이 너무 높거나 너무
낮을 수 있습니다. 아기의 섬세한 피부가 거친 표면과 접촉해 있을 때도
그렇습니다. 처음에는 대체로 울음소리가 조용하지만, 불편함이 더해
감에 따라 점점 커집니다. 배고파서 우는 아기의 울음소리는 독특한
리듬 때문에, 또한 우는 시간이 언제인가를 통해 알 수 있습니다.
매우 배가 고프기 때문에 우는 아기의 경우 울음소리는 크고 재촉하는
듯하지만, 숨을 쉬기 위해 아기는 간간이 울음을 멈춥니다. 달래기 가장
쉬운 울음은 애처로운 소리를 내며 되풀이해서 우는 울음으로,
이는 혼자 내버려져 있다고 느끼기 시작할 때 아기가 우는 울음입니다.
이 경우 그냥 안아 올리는 것만으로 충분하기도 하고, 웃음 띤 부모의
얼굴을 가까이에서 보이는 것만으로 충분하기도 합니다. 아기는 또한
자극이 너무 심하거나 너무 약해도 울 수 있습니다. 너무 피곤할 때면
불평이나 짜증이 섞인 울음을 울며, 눈을 비비기도 하지요.

혼자 자야 하는 아기의 울음

첫 몇 달 동안 아기는 엄마와 떨어지지 않으려 하고, 엄마와 떨어지면
경고의 울음소리를 내기 시작합니다. 아기는 다만 엄마가 가까이에
있어 주기 바랄 뿐, 그 이상을 원하는 것은 아니지요. 하지만 엄마와
다른 방에서 잠을 자야 할 경우에는 그렇게 할 수가 없습니다.
엄마는 조만간 자신이 되돌아와서 아기를 돌볼 것이라는 사실을 알고
있지만, 아기는 이를 알 수가 없습니다. 경고의 울음을 우는 것을 무시한
채 내버려두는 일이 습관적으로 반복되면, 아기의 두뇌 깊은 곳
어딘가에 신뢰감 결핍의 마음이 자라기 시작할 것입니다. 엄마가 다시
돌아오지 않을 수도 있다는 두려움이 아기를 괴롭히기 시작하는 가운데,
뿌리깊은 불안감이 아기의 마음 깊이 자리잡을 수도 있는 것이지요.
이런 아이는 나중에 아무리 세련된 인간으로 성장해도 진정한
의미에서의 안정감을 획득하지 못할 수도 있습니다.

이 같은 문제를 해결할 간단한 전략으로는 적어도 첫 몇 달 동안 엄마와
아기를 서로 가까이 있게 하는 것입니다. 아기는 안아주고 돌봐 주거나
먹여 주는 엄마 없이 혼자 잠을 자는 법을 배워야 하지만, 그렇다고 해서
이것이 완전히 엄마와 떨어져 있어야 함을 뜻하지는 않습니다.
처음 몇 달 동안 부모 방에 아기 침대를 두면, 아기는 엄마 곁에
안전하게 있다는 느낌을 갖게 될 것입니다. 일단 이런 생각에
익숙해졌을 때, 그러니까 6개월쯤 되었을 때, 다른 방으로 옮기면
아기가 갖는 마음의 상처는 한결 덜 것이 되겠지요.

기어다닐 나이가 되어서 우는 아기들

좌절의 울음은 보통 늦은 나이에 아기를 찾아옵니다. 그러니까
기어다니게 된 아기가 무언가를 얻고자 하나 뜻대로 되지 않을 때
이런 울음을 울기 시작하지요. 아기가 근육을 사용하기 시작하고
주변을 탐사하기 시작하지만 아직 효율적으로 그렇게 하지 못할 때,
이런 유형의 울음이 늘어납니다. 극단의 경우에는 호흡을 멈추기도
하지요. 얼굴이 붉은색에서 파란색으로 변할 때까지 호흡을 멈추기도
합니다. 심지어 의식을 잃는 경우도 있지요. 보통 이런 발작은 아기가
짜증을 내는 동안 일어납니다(165쪽 "아기의 짜증" 참조).

아기의 웃음

일단 아기와 엄마 사이에 유대감이 형성되면, 새로운 형태의 의사 소통 방법이 기능을 발휘하게 됩니다. 울음은 부모를 가까이 오게 할 수 있지만, 이제 아기는 부모를 가까이 머물러 있게 할 방법을 찾아야만 합니다. 진화의 과정은 우리 인류에게 하나의 특별한 무기—유일하게 인간에게만 소유가 허락된 무기—를 제공했는데, 그것이 바로 웃음입니다. 아기는 자기 곁에 머물러 있어 주는 어른에게 보상의 방법 가운데 하나로 바로 이 신호를 사용합니다.

인간에게만 있는 웃음

인간의 아기들은 부모에게 웃음을 보이는 유일한 영장류 동물입니다. 이렇게 웃음을 보이는 것은 신체적으로 아기들이 너무도 무력하기 때문입니다. 아기 원숭이는 엄마의 털에 붙어 있음으로 해서 엄마 곁에 머물러 있을 수 있습니다. 인간의 아기는 그렇게 할 수가 없기 때문에, 엄마를 자기 곁에 붙어 있게 할 다른 방법이 절대적으로 필요하지요. 그 해답은 바로 웃음입니다. 엄마는 아기의 이 얼굴 표정에 본능적인 반응을 하도록 되어 있는데, 아기가 웃는 모습을 보면 엄마는 기분이 좋아질 수밖에 없습니다. 태어나서 1년 안에 아기는 엄마에게 말을 할 수 있게 되고 완전히 새로운 의사 소통 체계를 사용할 수 있게 되지만, 이런 일이 일어난다고 해서 웃음이 이것으로 끝나는 것은 아닙니다. 이는 인간 고유의 기본적인 의사나 감정 전달 방법의 하나로 일생 동안 인간의 곁에 있게 됩니다.

자연적 본능

아기의 웃는 행위는 타고난 것입니다. 어떤 사람은 아기가 자기를 향해 웃음을 던지는 엄마를 보고 바로 그 엄마의 얼굴 표정을 흉내 내려고 온갖 노력을 다 기울인다는 식의 상상을 하는 사람도 있습니다. 하지만 조심스러운 관찰을 통해 이런 모방이 반드시 필요한 것은 아니라는 사실이 이미 알려져 있습니다. 귀머거리에다가 장님이라는 슬픈 운명과 함께 태어난 아기들도 엄마가 사랑스럽게 껴안으면 웃음을 보입니다. 하지만 이런 아기들의 웃음이 그다지 사람의 마음을 편하게 하는 것이 아니라면, 그것은 아기의 웃음이 엄마를 향한 것이 아니기 때문입니다. 이 사실은 자기 엄마를 볼 수 있는 아기가 짓는 웃음은 특별한 성격의 웃음임을 선명하게 드러내지요. 말하자면, 눈과 눈의 마주침을 수반하는 웃음인 것입니다. 단순히 입이 웃음을 짓는 것만으로는 충분치 않습니다. 이 시각적 신호가 완벽하게 효과를 발휘하기 위해서는 웃는 아기의 얼굴은 또한 엄마의 얼굴을 향해야만 하고 엄마도 웃으면서 온 마음으로 아기를 응시해야만 합니다. 아기는 엄마와 '함께' 웃는 것이 아니라 엄마를 '향해' 웃는 것이고, 바로 이것이 엄마에게 그처럼 강력한 보상이 될 수 있는 것입니다.

웃음의 종류

아기의 웃음에는 반사적인 웃음, 일반적인 웃음, 선택적인 웃음의 세 종류가 있습니다. 반사적인 웃음 또는 '웃음 전 단계의 웃음'은 이르면 태어나서 3일째 되는 날 벌써 나타납니다. 그리고 이 웃음은 첫 1개월 동안 이따금씩 모습을 드러내지요. 이는 스쳐 지나가는 웃음이어서 거의 웃음으로 인식되기도 어렵습니다만, 열성적인 부모의 눈에는 곧 이 웃음이 탐지될 것입니다. 반사적인 웃음의 가장 일반적인 예에는 아기가 엄마의 달래는 듯한 목소리를 들으면서 잠으로 빠져드는 동안 아기의 신경에 갑작스런 경련 현상이 일어날 때 아기가 짓는 웃음입니다. 또한 한 차례 부드럽게 아기를 간질이는 동안 아기의 신경계에 갑작스럽게 에너지가 흘러 들어감으로써 아기가 짓는 웃음도 이에 속하지요. 반사 작용은 명백히 아기에게 때때로 웃음을 짓게 하지만, 이는 여전히 근육의 반사 작용에 따른 것일 뿐입니다. 아기는 이 나이에 그런 자극을 받으면 웃을 수도 있지만 마찬가지로 찡그릴 수도 있습니다.

태어나고 대략 4주 정도가 되었을 때 아기는 진정한 의미에서 웃음, 완전히 형식을 갖춘 환영의 웃음을 짓기 시작합니다. 얼굴 전체가 환하게 펴지고 눈이 반짝 빛나지요. 아기는 이런 방식으로 자기한테 가까이 다가온 어른의 얼굴 모습에 반응합니다. 일반적인 웃음이라 할 수 있는 이 같은 웃음은 선택적인 것이 아니기에, 어떤 어른이라도 이 같은 웃음을 유발할 수 있습니다. 경험을 통해, 또한 기대에 부응하여, 아기는 완벽한 신호를 보내는 방법을 배우게 된 것이지요. 아무튼, 아기는 아직 낯을 가리는 상태가 아니기 때문에 부모나 낯익은 집안 식구들뿐만 아니라 낯선 사람들도 아기의 진심 어린 황홀한 웃음을 즐기게 될 것입니다. 약 6개월 정도가 되었을 때 이 모든 상황에 변화가 옵니다. 이제 낯을 가려 웃는, 선택적인 웃음이 모습을 드러냅니다. 아기는 더 이상 낯선 사람에게 웃음을 보이지 않습니다. 몇 달 전까지만 하더라도 환한 웃음을 이끌어낼 수 있었는데 이제 무시되고 있다는 생각에 사람들은 기분이 상할 수도 있겠지요. 아기는 이제 자기가 사랑하는 사람들의 얼굴을 가려내는 법을 배운 것입니다. 그래서 환영의 웃음을 단지 그 사람들만을 위해 아껴두는 것이지요. 아기의 의사 소통은 이제 비로소 사적(私的)인 차원의 것으로 바뀌게 된 것입니다.

말 이전의 소리들

태어나서 만 두 살까지 발성 능력의 지속적인 발달은 모든 아기들에게 공통적으로 일어나는 현상입니다.
비록 완전한 의견의 일치가 존재하는 것은 아니지만 일반적으로 사람들이 동의하는 견해를 따르자면,
아기가 언어를 배울 때 보이는 놀라운 속도에 대한 설명으로 유일하게 설득력을 갖는 것은 모종의 선천적
프로그램이 아기에게 되어 있기 때문이라는 것입니다. 아기의 두뇌는 이를 위해 미리 준비가 되어 있는
것처럼 보일 정도지요. 이런 능력은 진화 과정이 아기에게 부여한 가장 위대한 선물 가운데 하나입니다.

아기들이 처음 내는 소리들

첫 6개월 동안 모든 아기들은 동일한 방법으로 목 울림소리와
옹알거리는 소리를 내기 시작하도록 프로그램이 되어 있습니다.
이 점에서는 유럽인의 아기든 아프리카인의 아기든 아시아인의 아기든
차이가 없습니다. 모든 아기들은 똑같은 종류의 종잡을 수 없는 소리를
입 밖으로 내려 합니다. 심지어 귀가 먹은 아이들까지도 예외가
아니지요. 부모들은 자신들이 자기네 자그마한 아기들에게 이런 소리를
내도록 가르쳤다고 생각할지도 모르겠습니다. 하지만 그렇지가 않지요.
부모가 관여하든 관여하지 않든 아기들은 똑같은 소리를 낼 것입니다.
그리고 예컨대 일본 아기의 옹알거림과 나이지리아 아기의 옹알거림과
프랑스 아기의 옹알거림 사이에 차이를 지적해 내기란 불가능합니다.

조율하기

첫 6개월이 지난 다음 새로운 국면에 접어들어, 이제 아기들은 서로
다른 언어의 리듬적 특성에 예민해집니다. 연구에 의하면,
아기들은 태어나고 1년이 지나기 전까지 집 안에서 사용되는 특정한
언어에 자신을 조율한다는 것입니다. 프랑스에서 시행된
한 실험에서 아기들이 언어를 배우기 전에 하는 옹알거림을 녹음한
다음 이를 어른들에게 들려주었답니다. 그런데 옹알거림 가운데 몇몇은
프랑스인 아기의 것이고 몇몇은 외국인 아기의 것이었다고 합니다.
놀랍게도 실험에 참여한 어른들은 어느 것이 프랑스인 아기들의
옹알거림인지를 쉽게 찾아내더라는 것입니다. 비록 프랑스어 단어가
하나도 아기 입에서 나오지 않았는데도 말이지요.

아기의 발성 기관

아기는 소리를 내는 데 필요한 복잡한 해부학적 조직을 완벽하게 갖추고 있습니다. 하지만 조리에 맞게 말을
만들어 내는 수준에 이르기까지 그 조직이 성숙하는 데는 약 1년 정도의 시간이 걸립니다. 초기에는 그저
가르랑거리는 목 울림소리나 울음소리 또는 옹알거리는 소리밖에 내지 못합니다.

후두(喉頭)

아기가 태어날 때 후두의 길이는 약 2cm이며,
폭도 약 2cm입니다. 어른들의 것에 비해 약 1/3 정도가 되지요.
이 단계에서는 후두가 목 위쪽 높은 곳에 위치해 있습니다.
아기가 자라면서 점차 아래로 내려가지요. 이러한 하강 현상이
일어나기 전에는 구강이 인두(咽頭) 쪽으로 열려 있는 곳 바로 아래에
후두가 위치해 있습니다. 성숙한 원숭이의 후두도 아기의 것과 같은
위치에 있는데, 이는 왜 새로 태어난 인간의 아기와 성숙한 원숭이 양쪽
모두의 신경계가 말을 할 수 있도록 사전 준비가 되어 있음에도
불구하고 어느 쪽도 말에 해당하는 소리를 만들어 낼 수 없는가에 대한
설명이 될 수 있습니다.

성대

아기가 태어날 때 성대의 길이는 약 4cm입니다. 성대는 후두를
가로질러 놓여 있는 주름 잡힌 두 개의 얇은 막—말하자면,
떨림판—으로 이루어져 있으며, 이들 두 개의 막은 항상 들이마시고
내쉬는 공기의 흐름에 영향을 받습니다. 후두의 근육이 이완된
상태에서 이루어지는 정상적인 호흡은 성대를 진동하게 할 수 있을
만큼 강력한 공기의 흐름을 유발하지 못합니다. 따라서 아무런 소리도
나지 않습니다. 하지만 숨을 내쉬는 동작이 격렬하고 한층 더 강해지면,
또한 후두의 근육이 수축해서 벌어진 틈이 좁아지면, 내뿜는 공기가
성대를 지나면서 소음을 만들어 내고 이 소음을 입 바깥쪽으로 나가게
합니다. 공기의 흐름이 빠르면 빠를수록 소리는 커지고,
두 개의 막 사이의 벌어진 틈이 좁아지면 좁아질수록 그만큼
소리가 날카로워집니다.

이 단계에서는 남자아기의 성대와 여자아기의 성대 사이에 차이가
없습니다. 성별 차이는 다만 세 살의 나이가 되었을 때 나타나기
시작합니다. 이때가 되면 여자아기의 성대에 비해 남자아기의 성대가
약간 길어지고 두꺼워집니다. 동시에 남자아기의 후두는 약간 더
길어지고 커집니다. 하지만 그 차이는 사춘기가 될 때까지 그렇게
뚜렷한 것이 아닙니다. 사춘기가 되면 남자아이의 목소리가 '변성기'를
맞이하여 한결 더 낮아지게 됩니다.

혀와 입술

공기의 흐름이 후두를 통과하면서 성대를 건드려 만들어 낸 소리는
상당히 투박한 것으로, 그 소리가 특정한 말로 정제되기 위해서는 후두,
혀, 입술의 조화로운 움직임이 요구됩니다. 성대가 만들어 낸 소리의
음질은 후두, 혀, 입술의 움직임뿐만 아니라 입, 코, 부비동(副鼻洞), 목,
가슴의 공동(空洞)에 따라 달라집니다. 이들 빈 공간의 정확한 모양새가
어떻게 다른가에 따라 사람들의 목소리는 나름의 개인적 특성과 울림을
갖게 되지요.

언어 이전의 소리들

아기가 처음으로 자신의 성대를 사용하는 순간 성대는 출산의 충격에
따른 커다란 울음소리를 토해 냅니다. 태어나서 첫 몇 주 동안 울음은
아기가 표현할 수 있는 유일한 음성 신호지만, 세심한 부모는 곧 서로
다른 형태의 울음소리를 감지해 낼 수 있습니다. 이 울음소리는 아기가
겪는 특정한 문제에 따라 달라지지요(107쪽 "아기의 울음" 참조).
각각의 경우마다 울음은 음조(音調), 높낮이, 크기 면에서 차이를
보입니다. 특히 울음이 막 시작되는 단계에, 그러니까 날카롭고도
본격적인 울음소리가 터져 나오기 바로 전 단계에, 그런 차이를
확인할 수 있지요.

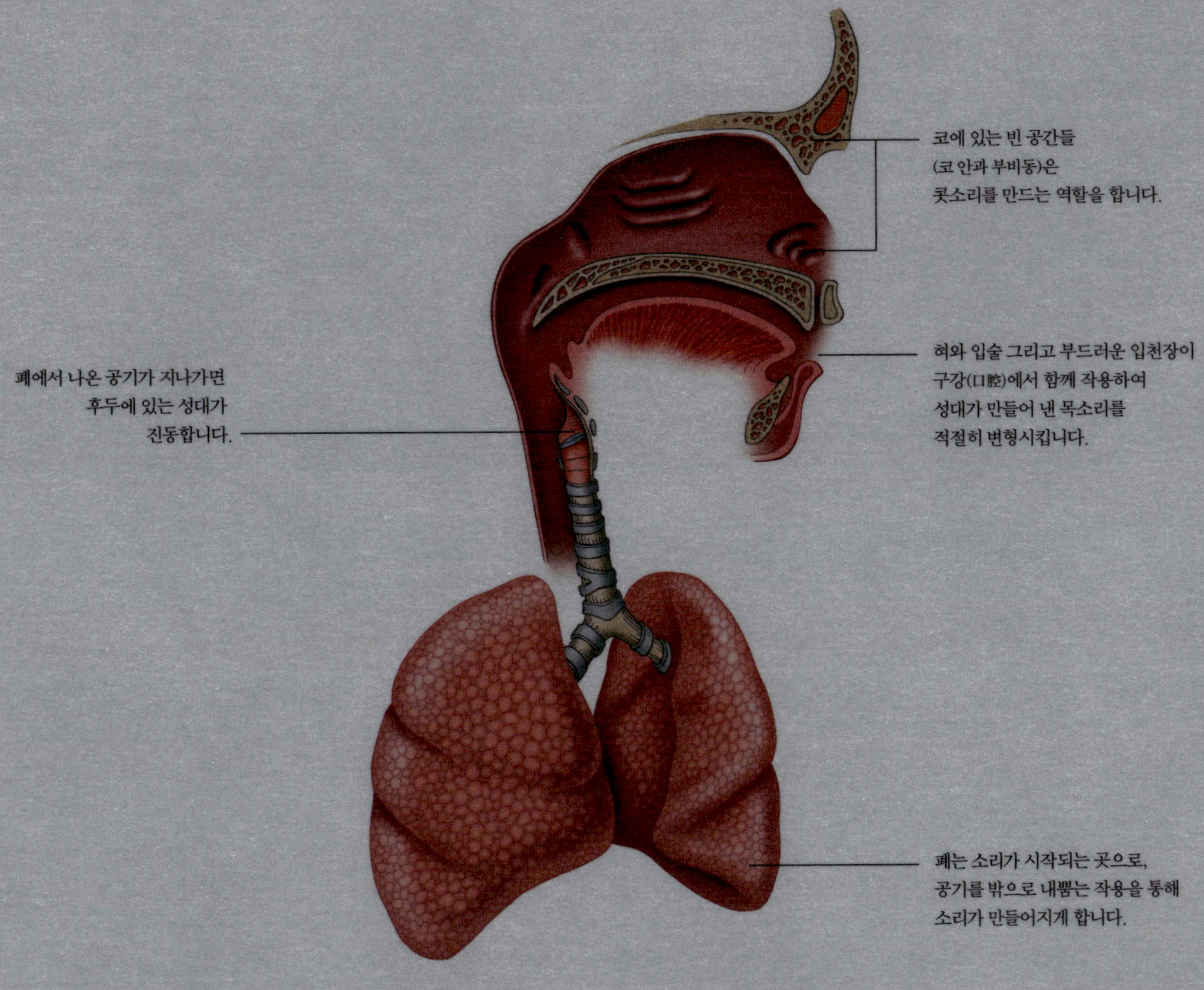

코에 있는 빈 공간들
(코 안과 부비동)은
콧소리를 만드는 역할을 합니다.

혀와 입술 그리고 부드러운 입천장이
구강(口腔)에서 함께 작용하여
성대가 만들어 낸 목소리를
적절히 변형시킵니다.

폐에서 나온 공기가 지나가면
후두에 있는 성대가
진동합니다.

폐는 소리가 시작되는 곳으로,
공기를 밖으로 내뿜는 작용을 통해
소리가 만들어지게 합니다.

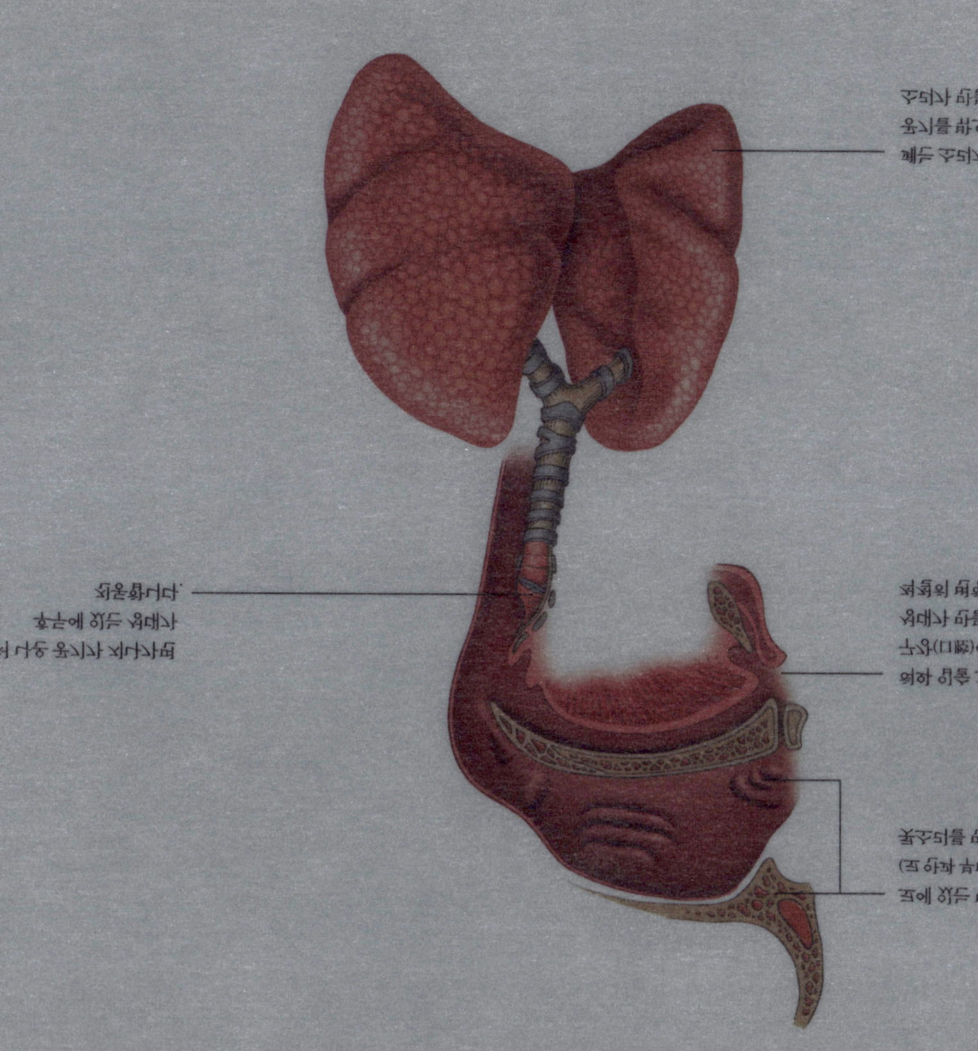

폐는 공기가 드나드는 곳으로
공기를 밖으로 내뿜는 작용을 통해
소리가 만들어지게 합니다.

성대입니다.
성대가 만들어 낸 공기를
구강(口腔)에서 함께 작용하여
여러분의 목소리 그리고 부르는 입천장이

목소리를 만드는 역할을 합니다.
(코안과 부비동)은
코에 있는 빈 공간들

진동합니다.
후두에 있는 성대가
폐에서 나온 공기가 지나가면서

말의 발달

아기가 태어나서 처음 몇 달 동안 옹알거림 소리와 목 울림소리를 낼 때 이 같은 소리를 내고자 하는 아기의 욕구는 선천적인 것이지요. 하지만 옹알거림을 말로 발전시키려는 그 이후의 욕구는 학습을 통해 얻어지는 것, 그러니까 주의 깊은 모방에 통해 얻어지는 것입니다. 3개월이 되었을 때 한 음절로 된 모음 소리를 본능적으로 만들어 내는 아기는 7개월이 되면 두 음절로 된 몇 개의 소리를 자발적으로 만들기 시작하고, 8개월부터는 말을 배우기 시작합니다. 10개월까지는 첫 단어를 입 밖에 내고, 첫 해를 다 보내기 전까지는 세 개의 단어를 소유하게 되지요.

어휘 수 늘리기

아기의 언어 능력이 발달하는 속도는 진실로 놀라운 것입니다. 15개월까지는 많아야 19개의 어휘만을 구사하던 아기가 만 두 살이 다 될 때까지는 대략 200개에서 300개 정도의 어휘를 구사하게 되고, 또 동사, 전치사, 복수 형태를 사용하여 완성된 형태의 기초적인 말을 만들 수 있게 됩니다. 항상 그렇듯 아기마다 상당한 차이가 있긴 합니다. 예컨대, 20개월이 된 아기들을 대상으로 한 조사에 따르면, 몇몇 아기는 벌써 350개의 어휘를 구사하는 반면 다른 아기들은 단지 여섯 개의 어휘만을 구사한다는 것입니다.

아기 말투

많은 부모들이 자기 아기들과 대화를 나눌 때 애정이 담뿍 담긴 높은 어조의 아기 말투를 사용합니다. '부모어'(父母語, parentese)로 지칭되는 이 같은 말투를 사용할 때 부모들은 노래하듯 아기한테 말을 걸고, 전형적으로 모음을 늘려 발음하며, 과장된 얼굴 표정을 짓게 마련입니다. 문장은 짧고, 부모들은 천천히 골라 하듯 말을 하는 경향을 보이며, 때때로 특정한 구절을 여러 번 되풀이해 말하기도 합니다. 전 세계를 걸쳐 나이와 관계없이, 아기와의 관계가 무엇이든, 모든 어른들이 이 같은 아기 말투를 구사합니다.

귀에 익은 소리나 단어를 인식하는 데 도움이 된다는 점에서 부모어는 나이가 아주 어린 아기에게는 유익한 것일 수 있지만, 아기의 나이가 만 한 살이 가까워 오면 이는 더 이상 특별한 도움이 되지 않습니다. 이 나이가 되면 자라나는 아기는 부모를 흉내 내야 할 때에 이르렀다고 해야겠지요. 만일 그 반대로 부모가 계속 아기 흉내를 내면 아기는 배움의 과정을 빼앗기는 셈이 됩니다. 부모어를 사용하는 대신 부모들이 정상적인 어른의 목소리로 아기에게 말을 하게 되면, 아기들은 한결 더 풍요롭고 한결 더 자극적인 다양한 소리 및 억양을 따라 배울 기회를 갖게 될 것입니다.

말의 기원

태어나서 얼마 되지 않은 때라도 아기는 자신의 감정을 드러내는 데 필요한 여러 가지 서로 다르고 상당히 명확하게 구분되는 '가르랑거리는 목 울림소리'를 만들어 낼 능력이 있는 것처럼 보입니다. 예컨대, 어떤 종류의 가르랑거리는 목 울림소리는 불편함을, 어떤 것은 피곤함을, 어떤 것은 배고픔을, 어떤 것은 장에 가스가 차 있음을 암시합니다. 이러한 가르랑거리는 목 울림소리 내기는 '엄마'나 '아빠'와 같은 간단한 단어들을 만들려는 아기의 첫 시도와 마찬가지로 전 세계 어디서나 상당히 비슷하다는 점이 지적되어 왔습니다(110~111쪽 '말 이전의 소리들' 참조). 따라서 모든 인류에게 공통적인 이 같은 소리내기는 아마도 우리의 고대 조상이 처음 사용했던 모종의 원시 언어—그러니까 인류가 몇몇 집단으로 나뉜 다음 서로 다른 유형의 어른 언어를 발달시켜 나가기 전에 사용했던 언어—를 예증하는 것이 아닌가라는 견해도 있습니다.

아기의 목 울림소리를 녹음해서 분석한 바에 따르면, 네 가지의 연속적인 소리 패턴이 있으며, 이는 각각 특정한 자음과 모음의 결합으로 이루어져 있다고 합니다. 또한 이런 현상은 스웨덴어, 포르투갈어, 한국어, 일본어, 프랑스어, 네덜란드어와 같이 서로 다른 어른 언어를 갖고 있는 문화 어디에서도 공통적으로 확인된다고 합니다. 아마도 진화 과정에 있던 우리의 조상은 기껏해야 이처럼 몇 안 되는 소리들밖에 낼 수 없었던 때가 있었는지도 모르지요. 다음 단계는 좀더 긴 단위의 소리를 만들기 위해 이 같은 원시적 소리에 리듬을 담아 되풀이하는 그런 단계였을지도 모릅니다. 예컨대, '바바바바바바'라든가 '가가가가가' 식으로 말이지요. 이는 말을 만들어 내고자 하는 첫 시도를 할 때 어떤 아기들이든 오늘날까지도 여전히 거치는 대단히 일반적인 과정입니다. 어른 언어를 배운다는 것은 대단히 복잡한 과정으로, 적어도 70개 이상의 서로 다른 근육의 조화로운 움직임이 이에 관여합니다. 아기들은 이러한 근육에 대한 완전한 통제력을 느린 속도로 얻어 나갑니다. 따라서 아기에게는 참을성이 필요하지요.

듣기와 옹알거리기

말로 의사 소통을 하는 데에는 명백히 구분되는 두 요소가 필요합니다. 소리를 듣는 것과 이를 듣고 같은 소리를 만들어 내는 것이 바로 그 요소에 해당합니다. 아기는 소리를 만들어 내는 일보다 소리를 듣는 일에 항상 조금 더 앞선 능력을 보이고 있습니다. 아기는 심지어 아직 자궁 안에 있을 때에도 사람의 말을 들을 수 있습니다. 이는 아기가 태어나는 날부터 부모의 목소리에 반응할 수 있음을 뜻하지요. 비록 아기 자신이 옹알거리는 소리를 만들기 시작하는 데에는 앞으로 몇 달이 더 있어야 하지만 말이지요.

아기의 듣기 능력

태아는 6개월 또는 7개월일 때 이미 바깥세상에서 나는 소리를 들을 수 있습니다. 조사에 의하면, 크고 생소한 소리를 듣게 되면 태아의 심장 박동이 약간 더디어진다고 합니다. 그 소리를 되풀이해서 계속 들려주면 태아의 반응은 점차 무디어져 마침내 심장 박동에 주목할 만한 변화가 확인되지 않는다고 합니다. 태아는 이제 특정한 그 소리에 익숙해지게 된 것이지요. 이윽고 또 하나의 생소한 소리를 들려주면 즉각적으로 심장의 박동이 다시금 더디어진다고 합니다. 이는 태아가 서로 다른 소리를 구분하고 있음을 보여 주는 증거가 될 수 있겠지요. 좀더 진행된 여러 조사에 따르면, 태어나기 이전의 태아는 매우 유사한 두 개의 단어를 구분해 내는 능력까지 갖추고 있음을, 또한 아기의 듣기 능력이 말하기 능력보다 명백히 훨씬 앞서 있음을 보여 준다고 합니다.

이 같은 조사들이 증명해 주는 것은 아기가 태어날 때까지는 이미 엄마의 목소리를 알고 있고 또 엄마의 목소리를 다른 사람들의 목소리와 구분할 수 있다는 것입니다. 음악을 동원하여 시행한 유사한 실험에 따르면, 태아는 서로 다른 종류의 음악을 구분할 능력을 지니고 있으며, 심지어 서로 다른 두 동요를 구분할 능력까지 갖추고 있다는 것입니다. 물론 태아가 들려 준 음악이나 동요의 내용을 이해할 수 있다는 식의 주장을 하는 사람은 아직 없습니다. 태아가 알아차리는 것은 다만 소리 패턴이 서로 다르다는 점일 뿐입니다. 하지만 이런 사실조차 대단히 놀라운 것으로, 갓 태어난 아기들이 일단 어떻게 소리를 만들어 내는가의 방법을 터득하면 곧 다양한 종류의 간단한 소리를 만들어 내는 데 그처럼 매료되는 이유가 무엇인가에 대한 적절한 해명이 될 수 있을 것입니다.

침방울을 만드는 단계

어린 아기의 소리 만들어 내기는 아기가 태어나서 첫 해를 살아가는 동안 몇 단계를 거쳐 진행되며, 그 이후에는 말 만들어 내기라는 중대한 직업이 이를 대신하게 됩니다. 태어나서 1개월 또는 2개월밖에 되지 않았을 때 아기는 침으로 방울을 만들 수 있음을 깨닫게 됩니다.

약간 벌어진 입술 사이로 혀를 내민 다음 입술을 다시 닫습니다. 그러면 침으로 된 작은 방울이 입에서 나오지요. 아직은 이 엄청난 위업에 소리가 따르지 않습니다. 하지만 이는 유창한 언어 구사를 향해 나가는 기나긴 여정의 첫 걸음, 바로 그것입니다. 옹알거림을 시작하기 전 단계에서 아기는 이처럼 행동함으로써, 입술과 혀의 움직임을 호흡과 조화시키는 등, 말하기 활동에 착수하고 있는 셈이지요. 여러 기관의 조화로운 움직임을 통한 아기의 침방울 만들기 동작—바로 이 결정적인 의미를 갖는 동작—은 후에 가서 진정한 언어 활동의 기반이 됩니다.

열린 모음 소리를 내는 단계

아기가 3개월이 되었을 때 드디어 아기의 옹알거림이 들리기 시작합니다. 몇 주가 지나면서 자신이 소리를 만들어 낼 수 있다는 사실을 터득한 아기는 점점 이에 매혹되어, 옹알거림에 몰두하게 됩니다. 처음 단계에서 아기의 옹알거림은 입으로 공기를 뱉어내는 것, 가르랑거림, 거친 소음에서 거의 벗어나지 않은 것이지만, 이윽고 처음으로 열린 모음 소리들을 내기 시작합니다. 이제 아기들은 '우'라든가 '아'와 같은 소리를 실험 삼아 내기 시작하고, 드디어 부모는 '쿠—쿠' 또는 '구—구'와 같은 소리를 내는 등 아기가 하는 말 실험에 참여하지 않고는 못 배기게 됩니다.

진보된 옹알거림을 하는 단계

아기의 옹알거림은 6개월이 되었을 때 정점에 이르게 됩니다. 너무도 재미있어서 아기는 혼자가 되었을 때도 즐거운 마음으로 정신없이 옹알옹알 소리를 내지요. 이제 자음이 모음과 결합하여 아주 다양한 단음절 소리를 만들어 내기에 이릅니다. 하지만 아직까지 이 소리들은 어떤 특정 대상이나 사람과 아무런 관련이 없는 것입니다. 이것들은 그저 '소리를 위한 소리'에 불과하여 아무것도 지시하지 않고 아무런 의미도 담고 있지 않습니다. 마치 노래를 하지 않은 채 발성 연습하는 가수와 같다고 할 수 있겠지요.

아기의 첫 말들

특정한 의미를 갖는 말 가운데 아기가 처음 발설하는 것은 보통 '엄마'나 '아빠'입니다. 부모들이 자기
아기에게 이런저런 말을 할 때 아기는 어쩌다 부모를 향해 이 말을 내뱉지요. 이는 엄청난 환희의 순간으로,
일반적으로 부모들은 아기가 그처럼 중요한 경계를 넘었다는 사실을 자기 친구들한테 보여 주고 싶어 안달을
하게 마련입니다. 불행하게도, 아기는 자기 아빠의 오랜 친구가 자기를 빤히 내려다보고 있음을 보고는
그에게도 마찬가지로 '아빠'라고 부를 확률이 높습니다.

이는 단순히 아기가 이제 막 사람을 향해 말을 하기 시작했을 뿐
아직까지는 그 이상의 단계에 있지 못하다는 사실을 반영하는
것입니다. 엄마한테 '아빠'라고 부르거나 아빠한테 '엄마'라고 부를
수도 있지요. 하지만 조금씩 특정한 소리와 특정한 개인 사이의 연결
관계가 확립됩니다. 이 단계야말로 진정한 의미에서의 중요한 경계를
넘은 단계라고 할 수 있지요.

언어 사용 바로 전의 단계

아무튼, 특정한 의미를 담아 말을 하기 전에, 아기는 방향이 정해져
있지 않은 소리 만들어 내기라는 마지막 단계를 거쳐야 합니다.
이 단계는 대략 7개월일 때 오는데, 두 음절로 된 단어 만들어 내기로
이루어집니다. 보통 첫음절이 둘째 음절과 같습니다.
'머멈'·'다닷'·'부부' 등에서 보듯 말이지요. 아기는 이제 새로운
탐구에 몰입하는데, 전보다 복잡한 두 음절로 이루어진 소리의 세계를
탐구할 뿐만 아니라, 음량, 음의 고저, 속도 면에서도 다양한 변화를
시도하기도 합니다. 아기는 중대한 협주곡 공연을 앞두고 조율을 하는
자그마한 협주단이라 할 수 있겠지요. 아직 음악을 연주할 수는 없지만,
적어도 악기들의 소리를 실험적으로 낼 수는 있습니다.
아기가 발설하는 것이 때때로 말다운 말처럼 들리기도 하지만,
아직까지는 의미를 담고 있지 않습니다. 다음 단계—그러니까 부모와
의사 소통을 할 수 있는 감격스러운 단계—가 거의 가까이 다가와
있으나 아직 그 단계에 이른 것은 아닙니다. 마침내 이 단계에 이르렀을
때, 곧 이어 즐거운 옹알거림의 시간은 휩쓸려 가서 과거사가 되고,
기능적 어휘들의 습득이라는 좀더 심각한 과제가 그 자리를
대신하게 됩니다.

목소리의 음조

목소리를 내어 의사 소통을 하는 일은 단순히 말을 교환하는 것만으로
끝나는 것이 아닙니다. 여기에는 음조가 또한 문제되지요. 아기는 특히
대립되는 두 유형의 음조(音調)—말하자면, 매끄러운 음조의 목소리와
거친 음조의 목소리—에 예민합니다. 아기는 또한 부드럽고 작은
음조의 목소리와 큰 음조의 목소리를 구분하기도 합니다.

아기는 거칠거나 매우 큰 목소리를 싫어합니다. 심지어 같은 단어들을
말하더라도 매끄럽고 부드러운 목소리로 하는 쪽을 더 좋아하지요.
만일 어른이 따뜻하고 다정하며 사랑스러운 어조로 아기에게 속삭이듯
'사랑해'라고 말하면 아기는 그 말을 즐깁니다. 하지만 같은 사람이
거친 어조로 '사랑해'라고 소리 지르면 아기는 기분이 상한 듯한 반응을
보입니다. 따라서 아기가 어휘를 습득하기 시작할 때에는 각각의
단어를 부드러운 어조에 담아야 함을 잊지 않는 것이 무엇보다도
중요합니다. 어조는 말의 의미를 극적으로 변화시킬 수 있기
때문이지요.

초창기의 어휘들

특정한 의미를 지닌 진짜 단어들이 아기 입에서 나오게 되었을 때 어떤
단어들이 먼저 아기 입에서 나오는가를 관찰하는 것은 황홀한 일이
아닐 수 없지요. 아기의 입에서 처음 나오는 단어들은 거의 항상 한
음절이나 두 음절로 된 것들입니다. 말하기의 첫 단계에 있는 아기라면
한두 음절보다 많은 음절로 이루어진 단어들은 감당하기가 어렵지요.
아기는 또한 추상적이거나 불분명한 대상과 관계있는 단어들은 짧은
단어라도 무시합니다. 아기들이 만드는 첫 '완전한 말'은 일반적으로
단지 하나의 명사로 이루어지며, 이때 사용되는 명사는 항상 말을 할
당시에 눈에 보이는 어떤 사람이나 사물을 가리키는 것입니다.
의미가 담긴 단어들 가운데 아기가 처음 사용하는 것으로 가장 흔한
것들을 들자면, 아빠, 엄마, 할머니, 할아버지, 코, 입, 멍멍이, 야옹이,
맘마 등이 있고, 이 목록에 형제나 다른 식구들의 애칭을 더할 수 있을
것입니다. 이 같은 어휘의 수가 증가함에 따라 간단한 동사들을 첨가하여
아기는 두 단어로 된 문장을 구사하기에 이릅니다. 이전과 마찬가지로
아기의 경우 여전히 말을 알아듣는 능력이 말을 하는 능력을 앞섭니다.
만일 엄마가 '야옹이 어디 갔지?'라고 아기에게 물으면,
아기는 고양이가 어디에 있는지를 확인하기 위해 주위를 두리번거릴
것입니다. 비록 세 단어로 된 문장을 아직은 스스로 말할 수 없을지도
모르지만 말입니다. 아기의 말하기 능력은 항상 아기의 이해하기
능력의 뒤를 따라 올 뿐입니다. 바로 이런 상황 덕택에 아기는 쉼 없이
언제나 좀더 나은 의사 소통 능력을 향해 자신을 이끌어갈 수 있습니다.

아기의 이해 능력

태어나서 둘째 해를 살아가는 동안 아기는 믿기 어려울 정도로 엄청난 과도기를 보냅니다. 이때 아기는
부모에게 말을 걸고, 보거나 듣거나 느낀 것을 설명하고, 또 물음을 던지고 답을 하는 능력을 습득합니다.
아기는 대화가 말하기→듣기→말하기→듣기의 순서로 이루어짐을 힘들이지 않고 배우며, 대화는 번갈아 가며
차례로 해야 할 필요가 있음을 이해하게 되지요.

문법의 등장

명사와 동사를 사용하여 두 단어로 된 간단한 말을 만드는 일도
아기에게는 오랜 시간이 걸릴 수 있습니다. '엄마'와 '아빠'·'비스킷'과
'주스'·'곰'과 '멍멍이' 등의 명사를 이용하여, 또한 '오다'와
'가다'·'시작하다'와 '멈추다'·'주다'와 '받다' 등의 동사를 이용하여
아기는 직접적인 현실이나 주변 세계에 관해 광범위하게 다양한 말을
만들 수 있습니다. 아기는 또한 어조를 바꿔 자신의 진술을 묻는 말로
바꿀 수도 있지요. 만일 아기가 하는 '엄마 갔어'라는 말이 사실을
말하는 것이라면, 둘째 단어의 어조는 내려갑니다. 만일 '엄마 갔어'가
묻는 말이라면, 둘째 단어의 어조는 올라가겠지요.

말 만들기

다음 단계는 자신의 대화에 다른 단어를 첨가하는 단계입니다.
두 번째 생일이 가까워 오면서 아기는 갑자기 어휘 수를 늘리기
시작하고, 이제까지 사용하던 두 단어로 된 말에 별도의 단어를
첨가하기 시작합니다. 두 살이 될 때까지는 아마도 세 개나 네 개로 된

말을 몇 개 만들게 될 것입니다. '엄마 갔어?'가 '엄마 어디 갔어?'로 바뀔 수 있는 것이지요. 한편, 영어를 예로 들자면, 아기는 자신을 '내'가 아닌 '나를'로 지칭하여, '나를 주스 마실래(me want juice)로 말할 수도 있습니다. 이제 두 살짜리 아기는 진정한 대화의 세계로 들어가기 위한 경계를 넘을 단계에 와 있는 것이지요. 두 살이 지나 세 살이 되면 아기의 말에 문법이 등장할 것입니다. 이는 애써 가르치기 때문이 아닙니다. 모든 인간이 이 나이에 이 같은 언어 능력을 키워가는 성향을 타고나기 때문이지요.

속이기 기술

두 살의 나이일 때 아기가 습득하는 언어 능력 가운데 하나는 거짓말하는 능력입니다. 말하자면, 아기는 고의로 부모를 속이기 시작합니다. 예컨대, 부모가 아주 바쁠 때 아기가 따분하다고 느끼거나 방치되어 있다고 느끼면, 아기는 주의를 끈 다음 포옹이나 입맞춤 정도의 것을 얻기 위해 소소한 문제가 생기거나 다친 척합니다. 이는 결코 이해하기에 힘든 전략이 아니지요. 예컨대 아직 18개월밖에 되지 않은 어린 나이의 아기라 해도 말이지요. 이렇게 해서 아기가

깨닫게 되는 사실은, 자신이 곤경에 처하면, 엄마나 아빠가 하던 일을 멈추고 자기한테 달려온다는 것입니다. 위로를 받는 데서 오는 감동의 느낌이 아기의 기억 속에 저장되어 있다가, 다음에 사랑의 보살핌이 얼마간 필요하다고 느낄 때 아기는 엄청나게 머리를 쓸 필요 없이 아프거나 다친 척하면 된다는 데 생각이 미칠 것입니다.

새로운 연구에 의해 밝혀진 바에 따르면, 6개월밖에 안 되는 어린 아기까지도 주의를 끌기 위해 이 전략을 사용할 수 있다고 합니다. 아직 말은 할 수 없지만, 주위를 끌기 위해 울음소리를 낼 능력이야 있지요. 이처럼 계산된 행동과 관련하여 흥미로운 것은 자신이 부모와 맺고 있는 관계에 대해 어린 아기가 어떻게 이해하고 있는가가 드러난다는 점일 것입니다. 아무리 어린 나이의 아기라고 하더라도 아기는 자신과 남의 행동이 서로 영향을 미친다는 점을 깨닫고 있음을 보여 주는 예지요.

놀이를 통한 말 배우기

두 살짜리 아기는 '놀라운 단어 습득 기계'라는 별명에 어울릴 만큼 엄청난 속도로 어휘를 습득합니다.
매일같이 아기는 새로운 어휘를 습득하고 이해하지요. 하지만 이 많은 단어들은 어디서 오는 것일까요?
아동용 TV 프로그램이 중요한 원천으로 지목되기도 하지만, 사실을 말하자면 TV의 영향력은 제한된
것입니다. 이보다도 한층 더 중요한 것은 아기가 자신의 부모나 형제자매 또는 자신을 돌보는 사람과
주고받는 말입니다. 이들이 아기와 끈기 있게 대화를 주고받는 데 많은 시간을 보내면 보낼수록 아기는
자신이 사용하는 언어를 그만큼 더 빨리 유창하게 구사할 수 있게 될 것입니다.

친숙한 말들

말과 씨름하여 이를 자기것으로 만드는 법을 처음 터득할 때의 아기를
보면, 자신이 가장 자주 들은 말에 가장 강하게 반응하며, 끊임없이
그 말을 되풀이함으로써 성공적으로 이 과정을 헤쳐 나갑니다.
이는 특정 대상이나 행동을 어떤 말과 연관짓는 법을 나날이 배우는 데
도움이 되기도 합니다. 곰 인형과 같은 장난감을 사용하여 날마다
습관적 일과처럼 작은 놀이를 하는 것도 가능하지요.
예컨대, '곰 인형이 앉네요. 곰 인형이 서네요. 곰 인형이 어디 갔지?
곰 인형이 숨었네. 곰 인형이 다시 왔네' 식으로 말입니다. 아기는 매우
즐거운 마음으로 이런 놀이를 하며, 다음에 올 말이 무엇인지를 점점 더
많이 아는 일이 즐거운 경험이라는 것을 깨닫게 됩니다.

동요

아기가 가장 처음 만나는 이야기의 형태는 동요일 것입니다.
이 경우, 아기가 동요에 나오는 모든 말을 다 이해하는 것은 중요하지
않습니다. 아기는 그저 한두 개의 말만을 골라 자기 것으로 만들지요.
보다 더 중요한 것은 동요의 말에 리듬이 있고 따라 해야 할 작은
몸짓들이 있다는 사실일 것입니다. 아기는 동요를 들을 때마다 이에
따르는 몸짓이 무엇인지를 진지한 표정으로 기다리고, 이러한 몸짓이
동요의 말과 어떤 관계가 있다는 것을 배우게 됩니다.

이야기 읽어 주기

어린 시절 아기들이 치르는 의식(儀式)으로 가장 즐거운 것 가운데
하나가 잠자리에서 옛날 이야기를 듣는 것이겠지요. 처음에는 옛날
이야기를 동요처럼 반복적으로 들려 줄 필요가 있습니다. 되풀이해서
듣는 이야기에서 어떤 특정한 구절과 만나는 순간 아기는 즐거움을
느낍니다. "누가 내 침대에서 자고 있지?" 『금발 소녀와 세 마리 곰』
이야기를 들을 때마다 매번 아기는 이 말에 흥분을 느끼지요.
어떤 특정한 시기에게 옛날 이야기는 '너무 낡은' 이야기라고 생각하는
것은 잘못입니다. 옛날 이야기의 말들 가운데 많은 것을 아기가
이해하지 못할지 모르지만, 그럼에도 불구하고 아기는 열심히 이야기에
귀를 기울일 것입니다. 그리고 그렇게 하는 과정에 언어의 리듬과
어조를 터득하게 될 것입니다.

꾸며 낸 이야기의 힘

많은 부모들이 옛날 이야기를 담은 자그마한 책들에만 의존합니다.
하지만 시간이 지남에 따라 동원할 수 있는 더 나은 전략이 있다면,
아기가 좋아하는 인형이 등장하는 이야기를 꾸며 내 배움을 열망하는
아기에게 들려주는 것입니다. 만일 아기가 장난감 아기 코끼리를
좋아하고 잠잘 때 이 장난감을 끼고 자려 한다면,
아기 코끼리의 모험에 관한 간단한 이야기를 밤마다 들려줄 수
있겠지요. 친숙한 요소들을 되풀이해서 등장시킬 수도 있습니다.
코끼리는 항상 몸을 시원하게 할 마실 물을 찾는 것으로 이야기를
시작할 수 있겠지요. 물을 찾는 일이 아기 코끼리를 모험으로,
밤마다 조금씩 바뀌는 일련의 모험으로 이끕니다. 이런 식으로 새로운
요소를 소개함으로써 친숙한 구도 안에서 아기의 어휘를 늘려 줄 수
있을 것입니다. 부모가 꾸며 낸 옛날 이야기가 위대한 문학 작품일
필요는 없지요. 간단하면 간단할수록 좋습니다. 그리고 어떤
부모라도 최소한의 노력으로 그런 이야기를 만들 수
있습니다.

아기의 배움

아기의 지능

지능이란 과거의 경험과 결합하여 새로운 문제를 해결하는 능력으로 정의되고 있습니다. 따라서 새로 태어난 아기는 세상에 관해 경험한 것이 너무 없기 때문에 엄밀한 의미에서 아기는 지능적이라고 말할 수 없을 것입니다. 하지만 아기는 주의력이 깊고 반응에 민감할 뿐만 아니라, 배움을 열망하고 있습니다. 100억 개의 두뇌 세포를 완비하고 있는 놀랄 만한 두뇌를 소유하고 있는 아기는 충분한 시간만 주면 틀림없이 고도로 지능을 갖춘 어른이 될 잠재력을 지니고 있지요.

배움의 과정

매일, 매주, 아기는 무언가 새로운 것을 배우고 정보를 머리에 저장합니다. 몸이 점점 강해짐에 따라 두뇌의 프로그램도 점점 더 나아지지요. 한편, 기어다니는 아기가 되고 이윽고 걸어다니면서 주변 세상을 탐구하게 되기 전에도 계속 아기의 두뇌는 쉬지 않고 미래에 저장할 지식을 위해 기초를 다져 나갑니다.

하지만 배울 것이 너무도 많지요. 그리고 아기가 독립된 어른으로서 세상을 마주할 수 있도록 두뇌가 충분한 경험을 쌓을 때까지는 그보다 한결 더 기나긴 세월이 필요합니다.

시작이 좋으면 후에 가서 도움이 될 것입니다. 좋은 시작이란 풍요롭고 다양한 입력 정보와 함께 아기 시절을 시작하는 것이겠지요. 태어나면서부터 아기는 폭넓은 범위의 감각 능력—말하자면, 청각, 시각, 미각, 촉각, 후각, 균형 감각, 온도 감지 능력 등등—을 장점으로 갖추고 있습니다. 이 모든 것이 아기에게 점점 더 넓은 범위의 감각적 체험을 제공하지요. 아기는 아직 이 같은 감각적 체험에 반응할 수 있는 단계에 도달해 있지는 않을지도 모릅니다. 서서히 발달하는 아기의 몸은 아기가 자기 몸에게 내리고자 하는 명령을 제대로 수행해 낼 능력이 아직은 없을 수도 있지요. 이렇게 말한다고 해서, 아기의 체험이 낭비되고 있다는 뜻은 아닙니다. 다만 아직 이에 반응할 수 없다는 뜻이지요. 이러한 체험들은 언젠가 미래에 되살릴 수 있는 구체적 기억들로 남아 있지는 않을 것입니다. 하지만 그럼에도 여전히 어린 아기의 두뇌를 구성하는 엄청나게 광대한 세포 조직망 속에 깊이 각인되어, 언제라도 항상 남아 있을 것입니다.

두뇌 세포

오늘날 우리는 아기의 두뇌가 어른의 두뇌보다 한결 더 바쁘게 움직이고 있다는 사실을 알고 있습니다. 아기가 성장하는 동안 아기의 두뇌 세포는 잉크를 빨아들이는 압지(壓紙)와 같아, 아무리 소용 가치가 미세한 것처럼 보이는 정보라고 해도 이를 무시하지 않고 정보란 정보는 모두 흡수합니다. 이 정보를 조직화하기 위해 아기의 두뇌 세포들은 서로 정보를 교환해야 합니다. 이 일을 하는 것이 시냅스(synapse)라 불리는 연결 부위입니다. 새로 태어난 아기의 두뇌에는 뉴런(neuron)이라 불리는 100억 개의 신경 단위 하나하나에 모두 약 2,500개의 시냅스가 연결되어 있지요. 후에 이 숫자가 증가하여, 만 두 살이 된 아기의 두뇌에는 하나의 뉴런 당 15,000개의 시냅스가 연결되어 있습니다. 이는 어른의 두뇌에서 우리가 확인할 수 있는 것보다 더 많은 숫자입니다. 뉴런 당 시냅스의 숫자가 어른의 경우 더 적은 이유는 시간이 흐르면서 많은 연결선이 상실되기 때문입니다. 많이 사용하는 것은 점점 강해지고 거의 사용하지 않는 것은 약해져 마침내 사라져 없어지기 때문이지요. 압지와 같이 정보를 흡수할 때인 아이 시절에는 모든 정보가 빠짐없이 흡수됩니다. 하지만 후에 가서 두뇌는 선택적이 되기 시작하여, 강한 분야에 집중하고 약한 분야는 배제합니다.

환경의 중요성

비록 유전 인자도 대단히 중요하지만, 후에 가서 아이가 높은 수준의 지능을 키워 나가는 데는 환경도 중요합니다. 말하자면, 풍요롭고 다양한 환경에서 아기 시절을 보낸 아이가 그보다 메마른 환경에서 태어나서 아기 시절을 보낸 아이보다 엄청나게 유리하다는 점은 확실해 보입니다. 더 많은 말을 나눌수록, 더 많은 음악을 들을수록, 더 많은 시각적 자극을 경험할수록, 더 많은 사회적 상호 교류를 경험할수록, 더 많은 정신적 자극을 받을수록, 더 많은 육체적 활동을 경험할수록, 아기가 생기 있고, 지적이며, 예민하고, 반응에 민감한 어른으로 성장할 가능성이 더 높지요. 또한 더 장난스럽고 탐구적인 일상의 삶을 보낸 아기가 상상력이 풍부하고 창조적인 어른으로 성장할 가능성이 높습니다.

아기의 두뇌

만일 우리가 인간의 아기가 소유하고 있는 두개골의 안쪽을 들여다볼 수 있다면, 우리는 지구상에 존재하는
최상의 두뇌를 목격할 수 있을 것입니다. 두뇌는 전뇌(前腦), 중뇌(中腦), 후뇌(後腦)로 불리는 세 개의 주요
구역으로 이루어져 있습니다. 전뇌는 대뇌, 시상(視床), 시상하부, 변연계(邊緣系)로 구성되어 있습니다.
가장 두드러진 부분은 대뇌로, 이는 대뇌피질이라 불리는 깊이 주름진 표면을 지니고 있습니다.
중뇌는 뇌간(腦幹)의 맨 위쪽 부분을 말하며, 이는 두뇌에 도착하고 떠나는 정보들의 통로입니다.
한편, 후뇌는 소뇌, 뇌교(腦橋), 연수로 구성되어 있습니다.

대뇌

대뇌는 매우 복잡한 두 개의 반구(半球)로 나뉘어 있습니다. 깊게 접혀
있고 주름잡혀 있기 때문에, 대뇌의 아주 넓은 표면을 두개골 안의 작은
공간에 깔끔하게 접어 넣는 것이 가능하게 되었지요. 대뇌에서 회색을
띠고 있는 바깥쪽 표면은 대뇌피질이라고 하며, 80억 개의 신경 세포로
이루어져 있습니다. 이 80억 개의 신경 세포는 640억 개의 교(膠)세포에
의해 하나로 결합되어 있지요. 정보를 조직화하는 일을 하고,
보는 것·듣는 것·상상하는 것·기억하는 것이 무엇인지를 아기에게
알려 주는 것이 바로 이 대뇌피질입니다. 대뇌를 이루는 반구의 접힌
부분 가운데에는 다른 부분보다 깊이가 더 깊은 홈이 있는데, 이를
경계로 하여 네 쌍의 엽(葉)으로 나뉩니다.

전두엽

전두엽은 이마 바로 아래쪽에 자리잡고 있습니다. 이 전두엽은
아기에게 최상의 영광을 보장하는 부분이지요. 이 전두엽은 인간
두뇌의 진화 과정에서 가장 최근에 발달한 것으로, 네 쌍의 엽 가운데
다른 어떤 것보다 크고 복잡합니다. 이곳은 아기의 지능과 개성이
자리잡고 있는 곳이고, 아기의 창조력이 길러지고 모든 형태의
고차원적 정신 활동이 이루어지는 곳이기도 합니다. 전두엽은 또한
아기의 몸 동작과 말에 대한 의식적인 통제를 담당하기도 합니다.

두정엽, 후두엽, 측두엽

아기의 두뇌 맨 꼭대기, 그러니까 전두엽 바로 뒤쪽에 두정엽이
있습니다. 이 두정엽은 촉감, 온도, 압력, 통증을 관장합니다.
또한 몸 내부에서 오는 메시지와도 관계가 있지요. 아기의 두뇌 뒤쪽
영역을 이루고 있는 후두엽은 일차적으로 시각 정보를 탐지하고
해석하는 일과 관계가 있습니다. 두뇌의 좌우 양쪽에는 측두엽이
있는데, 이는 듣기, 음악, 공포, 정체성, 기억과 같은 것들을 관장합니다.

좌우 한 쌍의 대뇌 반구

좌측 대뇌 반구는 논리적인 것을 전문으로 다룹니다. 계산, 수학,
사실적 정보와 관계가 있지요. 분석적 사고도 이곳에서 이루어집니다.
우측 대뇌 반구는 예술적, 창조적, 상상적 능력을 관장하며, 직관적
사고도 이곳을 고향으로 합니다. 두 개의 반구는 뇌량(腦梁)에 의해
연결되어 있는데, 뇌의 '들보'라는 뜻을 갖는 뇌량은 정보가 통과하는
통로 역할을 하는 한 다발의 두꺼운 신경 섬유로 이루어져 있습니다.

시상과 시상하부

시상은 서양자두 크기에 해당하는 영역을 차지하고 있으며, 두뇌의
정 가운데 부분에 깊이 묻혀 있습니다. 이는 일종의 중계소와 같은
역할을 하며, 몸에서 두뇌로 정보가 이동하는 것이나 두뇌의 한쪽
부위에서 다른 한쪽 부위로 정보가 이동하는 것을 관장합니다.
냄새를 뺀 모든 감각 정보는 두뇌의 이 부위를 거쳐 갑니다.
시상 아래쪽에는 시상하부가 있는데, 이는 감정 변화 및 흥미 유발과
관계 있는 일종의 조절 장치로, 수면, 허기증, 갈증, 심장 박동, 혈압,
성적 충동을 관장합니다. 이는 또한 뇌하수체와 호르몬계를 통제하기도
하지요(42쪽 "내분비선과 호르몬" 참조). 시상하부 주변에는 변연계가
있는데, 이는 감정을 통제하는 복잡한 두뇌 부위입니다.

소뇌

대뇌 바로 밑, 두뇌의 뒤쪽에 소뇌가 있습니다. 이는 후뇌의 일부로,
몸의 자세, 균형, 움직임을 감시하지요. 태어나서 첫 두 해 동안 소뇌는
매우 빠르게 성장하여 두 살이 될 때까지는 바로 위에 있는 두뇌의 다른
중심 부위들과는 달리 사실상 완전히 제 모습을 갖춥니다.
이 소뇌의 급속한 성장이 이루어지지 않는다면, 몸의 균형을 잡거나
걷고 뛰는 일을 해 내기가 어려울 것입니다. 소뇌는 대뇌의 바로
아래쪽에 위치해 있기 때문에, 물리적 손상으로부터 아주 안전합니다.

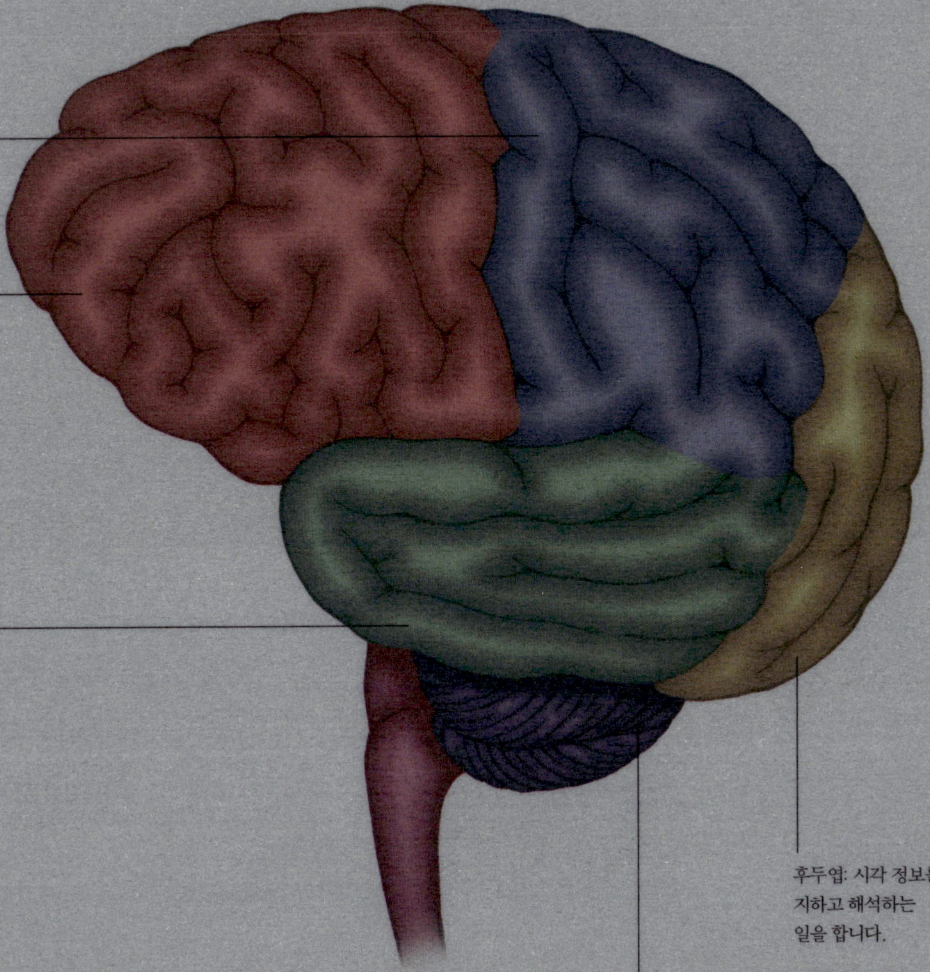

두정엽: 촉감, 온도, 압력, 통증을 관장하며, 몸 내부의 감각 및 시공간 감각 처리와 관계가 있습니다.
전두엽: 지능, 개성, 창조력 및 몸 동작과 말에 대한 의식적인 통제와 관련이 있습니다.
측두엽: 듣기 활동 및 음악, 공포, 정체성의 지각 활동을 관장하며, 기억을 저장하는 역할도 합니다.
소뇌: 후뇌의 일부로, 몸의 자세, 균형, 움직임과 관련이 있습니다.
후두엽: 시각 정보를 탐지하고 해석하는 일을 합니다.

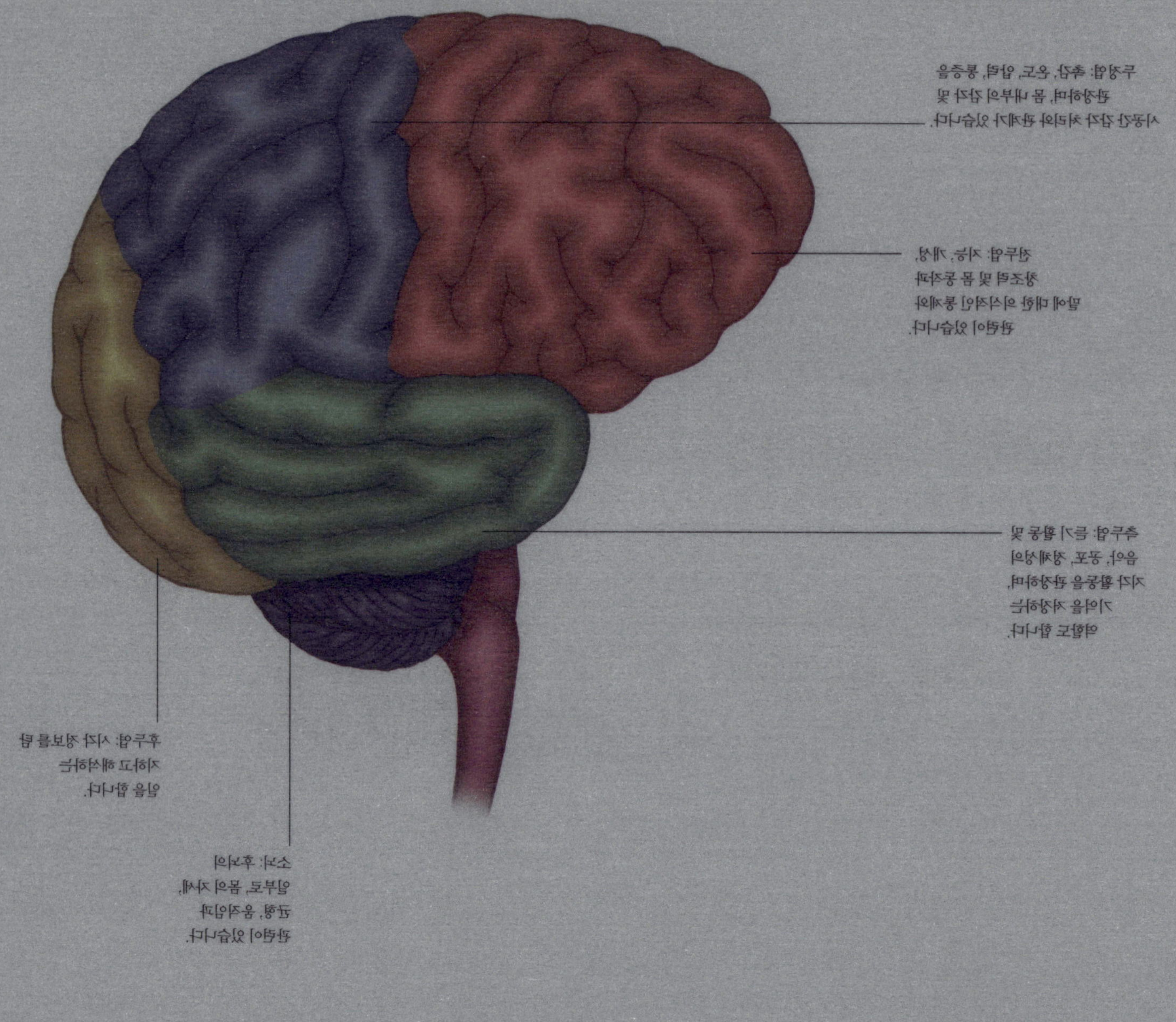

배움의 환경

어린아이들에게 이상적인 배움의 환경은 어떤 것일까요? 레오나르도 다빈치와 알렉산더 대왕이 태어나서 보낸 첫 두 해의 삶은 어떤 것이었을까요? 두뇌가 유아 시절 얼마나 성공적으로 프로그램이 되었기에, 그들은 어른이 되어서도 그처럼 위대한 업적을 계속 해 낼 수 있었던 것일까요? 모든 인간의 두개골 안에 아늑하게 자리잡고 있는 놀라운 두뇌를 잘 활용하도록 아기들을 장려하고자 할 때 진정으로 필요한 것은 무엇일까요?

자극

아주 어릴 때부터, 그러니까 천장을 응시한 채 침대에 누워 있을 때부터, 아기는 주변 사물의 형체와 색채 및 소리를 의식합니다. 아기의 귀는 너무도 예민해서 아주 크거나 거친 소리를 견디지 못하지요. 하지만 아기는 특별한 방법으로 부드러운 음악을 즐기는 것처럼 보입니다. 음악을 즐기면서 아기는 변화하는 소리의 리듬과 패턴에 대한 소중한 체험을 하게 되지요. 아기가 누워 있는 곳 천장에 형형색색의 모빌 장난감을 매달아 놓으면, 아기는 또한 불규칙적으로 움직이는 물체를 감상하고 음미할 기회를 얻게 됩니다. 누군가가 아기를 들어올리거나, 받쳐 안거나, 포옹하거나, 껴안고 애무하거나, 허공에서 흔들거나 하는 일이 모두 아기에게 촉감에 따른 감각 체험을 제공하고 균형 감각을 체험케 합니다.

후에 가서 몸을 움직여 돌아다니기라는 엄청난 선물을 받게 됨에 따라 아기는 자신이 획득하는 자극의 양에 능동적으로 영향을 미칠 수 있게 됩니다. 자신의 세계를 탐구함으로써 아기는 더욱더 많은 자극을 경험하는 상황으로 자신을 이끌 수도 있게 됩니다.

새로운 것에 대한 사랑

세상의 모든 인간의 아기는 새로운 것에 대한 갈증—이른바 '네오필리아'(neophilia)의 성향—을 갖고 태어납니다. 그 어떤 다른 동물보다 더 강렬하게 이 같은 갈증을 느끼는 것이 인간입니다. 풍요롭고 다양하고 우호적인 환경이 주어지면, 모든 아기는 새로운 것을 실험해 보고 다른 가능성들을 탐구하는 데 매일같이 몇 시간이고 보낼 것입니다. 그러면서 아기는 성장하고 있는 자기 두뇌를 다양한 느낌과 경험으로 채울 것입니다. 만일 아기가 이러한 활동을 즐기게 되면, 이는 아기의 삶에 점점 더 중요하고 없어서는 안 될 요소가 될 것입니다. 만일 새로움에 대한 아기의 갈증에 대해 부모가 적극적으로 보상을 해 주면, 새로운 것을 추구하는 성향은 아기의 개성의 일부가 될 것이며, 이런 성향은 일생 동안 지속될 것입니다.

새로운 것에 대한 두려움

부모는 아기를 위험에서 보호하는 일과 아기에게 새로운 것을 찾게 하는 일 사이의 미묘한 경계선 위에서 벗어나지 않도록 해야 합니다. 새로운 것을 좋아하는 성향의 반대편에 놓이는 것이 새로운 것을 혐오하는 성향—'네오포비아'(neophobia)의 성향—입니다. 만일 기어다닐 나이가 된 아기가 새로운 것을 찾았다가 혼을 나거나 이 때문에 마음의 상처를 입게 되면, 아기는 새로운 것을 혐오하는 아기가 될 수도 있습니다. '네오포비아'라는 말을 어원에 맞춰 옮기면 새로운 것에 대한 공포가 되지요. 불쾌한 마음의 상처나 사고는 앞으로의 놀이나 탐구에 심각한 억제 효과를 가져올 수 있습니다. 예컨대, 기어다니는 아기들은 종종 집안의 강아지나 고양이를 일종의 부드러운 장난감으로 알고, 악의 없이 상처를 입힐 수도 있습니다. 만일 애완 동물이 아기에게 보복을 가하면, 그와 같은 예기치 않던 공격이 오랫동안 모든 고양이와 강아지를 두려워하도록 하는 결과를 낳을 수도 있지요.

또한 이 같은 경험은 아기에게 억압으로 작용하여 사고가 일어난 어떤 특정한 환경에서 노는 것을 막을 수도 있고, 심지어 유사한 모든 환경이나 상황이라면 어느 곳이든 피하게 할 수도 있습니다. 극단의 경우, 어떤 상황이든 꺼려하게 할 만큼 아기의 유희 욕구를 줄일 수도 있습니다. 이는 아기가 그 어떤 새로운 자극에 대해서도 강력하게 네오포비아적인 반응을 키워 나간 결과지요. 이는 아기의 학습 능력에 심각한 타격을 줄 수 있습니다. 따라서 아기에게 배움의 환경은 긍정적인 것이 될 수도 있지만 부정적인 것이 될 수도 있습니다.

아기의 유희

인간은 지구상의 동물 가운데 가장 유희 성향이 강한 동물입니다. 유희는 아기의 배움에 근본이 되는 것으로,
우리는 어른이 될 때까지도 또한 어른이 되어서도 내내 유희를 계속합니다. 아기와 어른의 유희에 차이가 있다면,
어른은 유희에 다른 이름을 붙인다는 것입니다. 예컨대, 시니, 문학이니, 음악이니, 예술이니, 연극이니, 과학적
탐구니, 체조니, 운동 경기니, 이런 이름을 붙이지요. 이 모든 위대한 성취의 뿌리는 어린 시절의 유희에 있습니다.
따라서 유희는 진지한 주목을 받을 만한 가치가 있는 주제입니다

유희의 패턴

기어다닐 나이가 된 아기를 장난감으로 가득 차 있는 방에 넣어 놓고
무슨 일이 일어나는가를 관찰해 보기 바랍니다. 오래지 않아 곧 선명한
패턴이 하나 자리잡게 될 것입니다. 노는 동안 아기는 어느 한 특정한
장난감에 초점을 맞춘 다음, 어떤 놀이가 가능할까 실험하는 등 이를
면밀히 조사합니다. 그런 다음 그것을 가지고 놀기 시작하지요.
때리기도 하고, 부수기도 하고, 다시 끼어 맞추기도 하고, 넘어뜨리기도
하고, 쌓아 올리기도 하고, 이리저리 옮기기도 하는 등 놀이를 계속할
것입니다. 잠시 후에 아기는 그 장난감에 싫증을 느끼고는 다른 장난감
쪽으로 관심을 돌립니다. 그리고 그것을 가지고 동일한 실험을 계속할
것입니다. 이윽고 아기는 다시 몸을 움직여 이리저리 옮겨 다니면서
모든 장난감을 차례로 가지고 놀 것입니다. 잠시 후 아기는 멈추었다가
다시금 어느 한 장난감 쪽으로, 일테면 처음 놀이를 시작하여 두 번째로
가지고 놀던 장난감 쪽으로 돌아갈 것입니다. 이 장난감은 또 한 차례의
면밀한 조사와 놀이의 과정을 견뎌야겠지요.

유희의 원리

이제 몇몇 유희의 원리가 그 모습을 드러내기 시작합니다. 먼저 문제삼을
것은 새로운 것이 일으키는 흥분의 마음입니다(130쪽 "배움의 환경" 참조).
새로운 장난감은 특별한 마력을 지니고 있어서 아기를 즉석에서
유혹합니다. 이는 바로 '새로움 추구'의 원리로, 인간에게 이 원리는
더할 수 없이 중요한 것입니다. 우리의 호기심을 자극하고 새로운
경험의 영역을 탐구하도록 우리를 부추기는 것이 무엇인가를 보여 주는
원리라는 점에서 그렇지요. 궁극적으로 보아, 우리를 창조적인
어른으로 만드는 것은 바로 이 새로움 추구의 성향입니다.

장난감을 가지고 무엇을 할 수 있는가를 알아 낸 다음 아기는 다양한
행동을 통해 이를 실험합니다. 이것이 '주제 변조'라는 유희의
원리지요. 어느 한 특정한 장난감에 대한 모든 가능성을 다 탐구한 후에
아기는 이것에 싫증을 느낍니다. 이윽고 새로움에 대한 욕망이 다시금
발동하면 아기는 다른 어떤 장난감 쪽으로 몸을 움직여 갑니다.

이 같은 유희의 원리는 단순히 장난감에만 적용되는 것이 아니라,
아기들의 유희라면 어떤 종류의 것에도 다 적용됩니다.

말하자면, 까꿍 놀이와 숨바꼭질과 같은 사회적 유희, 깡충깡충
뛰기 · 뒹굴기 · 부드러운 바닥 위로 넘어지기와 같은 간단한 신체 활동,
공을 차는 것과 같은 운동, 그림을 그리고 색칠을 하는 것과 같은 창조적
형태의 놀이 모두에도 적용되는 원리입니다.

선호하는 유희

어떤 장난감이나 어떤 놀이를 아기가 계속해서 되풀이하고 어떤 것을
무시하는 경향이 있는가를 관찰하는 것은 항상 흥미를 자아내는
일입니다. 일찍이 아기일 때 어떤 선호 경향을 보이는가에 따라 우리는
한 아기가 미래에 보일 경향과 관심이 어떤 것인지를 가늠해 볼 수도
있습니다. 좀더 몸을 움직이는 놀이, 좀더 음악적인 놀이, 좀더 분석적인
놀이, 좀더 환상에 바탕을 둔 놀이, 좀더 혼란스러운 놀이, 좀더 정연한
놀이 가운데 아기가 어떤 것을 더 좋아하는가를 살필 수 있겠지요.
또한 아기가 물건을 부수는 것과 끼워 맞추는 것 가운데 어느 쪽을
선호하는가를 살필 수도 있을 것입니다. 그리고 아기의 행동이
정확하고 조심스러운지, 아니면 힘으로 밀어붙이는지도 관찰할 수 있을
것입니다. 그리고 이 같은 다양한 경향이 일단 자리를 잡게 되면 나이와
관계없이 남아 있게 되는데, 이런 경향이 아기가 어른이 되었을 때 삶에
어떤 영향을 미치는가 역시 생각해 볼 수 있겠지요.

최초의 유희

조화롭고 균형 잡힌 행동을 할 수 있기 전부터 아기들은 단순히
딸그락거리는 소리와 같은 것에 이끌려 놀이를 하기도 하고,
모빌 장난감의 밝은 색채에 이끌려 놀이를 하기도 합니다(136쪽 "초창기의
유희" 참조). 부모가 아기를 두 팔로 치켜올렸다 받을 때 그러하듯,
심지어 아기는 육체적으로는 아직 수동적이나 적어도 정신적으로
능동적인 활동을 할 시기에도 놀이를 즐길 수 있습니다. 아기는 자기
몸이 갑작스럽게 치솟아 올랐다 아래로 다시 떨어지는 식의 묘하게
생소한 몸의 움직임에서 짜릿한 느낌을 받고 이를 즐기지요.
나중에 기어다니게 되었을 때 모험적인 아기는 '바운시 캐슬'(튜브로 만든
커다란 성 모양의 놀이 기구—옮긴이)이나 '트램펄린'(쇠틀에 스프링을 달아
뛰어놀게 만들어진 기구—옮긴이)과 같은 놀이의 즐거움을 알게 되어,
어지러움에서 오는 짜릿함을 한 차원 새로운 단계로 높여갈 것입니다.

아기의 대상 탐구

손을 사용하여 주변 사물을 만지고 움켜쥘 수 있게 되면 곧 아기는 타고난 호기심의 충동에 이끌려 점점
넓어져 가는 자신의 세계를 탐사하기 시작합니다. 처음에 아기는 여러 가지 감각적 느낌—말하자면,
뜨거운 것과 차가운 것, 부드러운 것과 단단한 것, 젖은 것과 마른 것—이 존재함을 깨닫습니다.
이어서, 경험의 양이 축적됨에 따라, 아기는 특정 사물에 대해 좀더 많은 것을 알게 되고 그것들이 어떻게
동작하는가도 알게 됩니다. 이 모두는 수 차례의 발달 단계를 거쳐 가는 복잡한 배움 과정의 일부입니다.

손에서 입으로

일단 손을 입으로 가져가는 행동을 조화롭게 수행해 낼 수가 있게 되면,
아기는 자신에게 제시된 어떤 새로운 물체도 구강 검사를 위해 입으로
가져갑니다. 이는 아기들이 아주 어릴 적에는 감각을 느끼는 데 입이
몸의 다른 어떤 부분보다 더 발달되어 있기 때문입니다. 이처럼 감각을
느끼는 데 입이 발달하게 된 것은 주로 지속적으로 이어지는 먹는
활동에 따른 것이시요. 본능석으로 아기들은 물체를 입에 넣습니다.
이처럼 무엇이든 입에 넣는 단계는 오랫동안 지속되며, 후기 단계에
가면 심각한 위험이 될 수 있습니다. 아기의 호기심이 어느 정도인가
하면, 일단 기어다니는 법을 배운 다음에는 놀라울 정도의 속도로 온갖
곳을 돌아다니며 손에 쥐고 입에 밀어 넣을 수 있는 매력적인 대상을
찾게 됩니다. 일반적인 가정은 아기의 몸에 해를 입힐 소소한 물건들로
가득 차 있는데, 이는 다음 세 종류로 나눌 수 있습니다. 먼저 집안의
물건들 가운데는 손톱깎이용 가위처럼 겉으로 드러나 보이는 것보다
날카로운 것이 있을 수 있습니다. 다음으로 손위 형제자매의
공깃돌이나 주석 병정처럼 삼키기에 충분할 만큼 작은 물건도 있지요.
그 다음으로 청소용 세제나 의약품처럼 화학석으로 해로운 것노
있습니다. 심지어는 입으로 빨거나 씹어도 안전한 것으로 알려진 몇몇
장난감들도 위험한 것이 될 수 있는데, 너무 오랫동안 한 자리에 내버려
둔 상태로 있어서 먼지로 덮여 있는 경우라면 이에 해당하겠지요.

대상에 대한 이해

아기는 입에 무엇이든 넣을 뿐만 아니라, 흔들기도 하고, 어딘가에
부딪뜨리기도 하며, 집어 던지기도 합니다. 이런 실험을 통해 아기는
마주치는 모든 물체들―그러니까 생명이 없는 모든 물체들―의
가벼움과 무거움, 매끈함과 날카로움, 그밖에 모든 물리적 특성을
터득하게 됩니다. 그러는 과정에 아기는 물체의 형태가 그 물체의
움직임에 어떤 영향을 미치는가, 어떻게 해서 한 물체가 다른 물체 안에
잘 들어맞는가, 또한 아기가 물체들과 상호 작용을 할 때 어떻게 해서
물체들이 서로 다른 소리를 내는가를 깨닫게 됩니다. 이런 방식으로
아기가 획득한 지식은 아기에게 기하학과 수학에서 건축학과 체육학에
이르기까지 모든 것을 이해하도록 합니다.

대상의 영속성

주위에 있는 사물에 대한 이해 과정에서 아기가 보이는 가장 의미
심장한 발달 가운데 하나가 대상의 영속성에 대한 발견입니다.
대략 6개월이 되었을 때 아기는 먼저 모든 대상이 각자 유일한 것임을
배우게 됩니다. 이런 배움이 있기 전에는 나무에 있는 새를 볼 때마다
아기는 항상 그것이 같은 새라고 가정합니다. 이제 그가 보는 각각의
새는 서로 다른 새라는 것을 압니다.

이 순간부터 아기는 사물이 자신의 시야에서 사라진다고 해서 더 이상
존재하지 않게 되는 것은 아님을 점차적으로 이해하기 시작합니다.
까꿍 놀이가 이를 보여 주는 훌륭한 예지요. 아주 어릴 때부터 아기들이
좋아하는 놀이인 이 까꿍 놀이에는 부모가 잠시 숨어 있다가 갑자기
모습을 드러내는 것이 포함됩니다. 아기의 나이가 3개월에서 6개월일
무렵, 아기는 문 뒤나 쿠션 뒤에서 부모의 머리가 갑자기 나타나기를
기대하게 되지요. 하지만 나이가 6개월에서 9개월까지는 비록 자기의
눈에 띄지 않더라도 부모가 여전히 문 뒤에 숨어 있다는 사실을 알지
못합니다. 이 같은 사정은 소파 밑에 굴러 들어간 공과 식탁 아래로
떨어진 음식에도 똑같이 적용됩니다. 대상의 영속성에 대한 깨달음은
아기가 배움을 이어나가는 과정에서 하나의 기본적 단계지요.

초창기의 유희

아기는 균형 잡힌 동작을 할 수 있기 전부터도 벌써 놀기를 좋아합니다. 침대에 누운 채 아기는 놀라움에 차서
자기 위에 매달려 있는 모빌 장난감에 반응하지요. 바로 머리 위에서 장난감이 움직이고 맴돌 때마다 빛을
받아 반짝이는 모습에 감탄하는 것입니다. 어쩌다 모빌 장난감이 딸랑딸랑 소리라도 내면 한층 더 매력적인
것이 되겠지요. 아기는 이 같은 시각적, 청각적 놀이를 하는 동안 팔과 다리를 흔듭니다.
마치 팔을 뻗어 이 매혹적인 새로운 물체를 움켜쥐기라도 하려는 듯 말이지요.

성장하는 아기의 삶에서 장난감이 차지하는 비중은 큰데, 탐구 정신을
일깨우기 때문입니다(134쪽 "아기의 대상 탐구" 참조). 인간의 아기는 높은
수준의 호기심을 소유한 채 주변 세계에 대한 탐사를 결코 멈추지
않도록 유전적으로 프로그램이 되어 있습니다. 만일 빈약한 환경만이
아기에게 제공된다면, 이러한 과정을 촉진할 만한 것이 거의 없는 셈이
될 것입니다.

보다 더 큰 보상을 제공하는 장난감

아기는 점점 강해짐에 따라 자신의 힘을 확인케 하는 장난감을 가지고
놀기를 좋아합니다. 근육에 대한 통제력이 나날이 전보다 조금씩 더
나아져 감에 따라, 기대한 것보다 더 많은 것을 성취했다는 인상을 주는
장난감이 아기에게 특별한 매력을 갖게 됩니다. 예컨대, 처 보았자 별로
굴러가지 않는 속이 찬 공보다는 똑같은 힘으로 쳐서 하늘 높이
날아가는 똑같은 크기의 풍선이 더 매력적인 장난감이 됩니다.
두 경우 모두 아기가 취한 행동은 같지만, 대상의 반응은 풍선일 때가
한결 더 대단하기 때문에, 아기의 노력에 대한 보상이 그만큼
더 커집니다.

이런 식으로 더 큰 보상을 제공하는 장난감은 아기에게 강한 힘을
소유하고 있다는 매력적인 느낌을 갖게 합니다. 또 하나의 좋은 예가
공의 모양입니다. 만일 아기가 육면체의 나무토막을 융단 위로 굴리면
멀리 가지 못할 것입니다. 하지만 아기가 똑같은 노력을 공에 쏟으면
한결 더 멀리 갈 것입니다. 따라서 어떤 종류의 공이라고 하더라도
즉각적으로 아기의 마음을 빼앗게 됩니다. 비슷하게 바퀴로 굴러가는
장난감은 한결 더 쉽게 움직이고, 따라서 질질 끌어야만 하는
장난감보다 더 매력적인 것이 됩니다.

소음과 파괴

가능한 한 세게 장난감을 치는 일은 특히 남자아이들에게 굉장한
매력을 갖습니다. 내리쳤을 때 유별나게 큰 소리를 내는 장난감은
둔탁한 소리밖에 내지 못하는 장난감보다 더 매력적인 것이 되지요.
예컨대, 막대기로 북을 치는 일은 같은 힘으로 쿠션을 치는 일보다 한결
더 재미있는 놀이가 됩니다. 아기는 또한 나무토막을 탑처럼 쌓아 놓은
것이나 컵을 차곡차곡 쌓아 놓은 것을 쳐서 무너뜨리는 일에 기쁨을
느낍니다. 이는 아기에게 제공되는 보상이 커지는 예들 가운데
또 하나지요. 부모가 상당한 시간과 노력을 기울여 나무토막으로 탑을
쌓아 놓았는데, 아기가 이를 슬쩍 건드리기만 해도 탑 전체가 와르르
무너집니다. 아기가 들인 힘에 비하면 너무도 엄청난, 예상 밖의 대단한
결과가 오는 것이지요. 이런 결과는 아기에게 엄청난 힘을 소유하고
있다는 짜릿한 느낌을 순간적으로나마 주게 되지요.

주워 올리게 하기 놀이

아기를 즐겁게 하는 또 한 형태의 초창기 놀이는 '주워 올리게 하기
놀이' 입니다. 아기의 서투른 동작은 무언가 자그마한 물체를 바닥에
떨어지게 합니다. 세심한 부모는 떨어진 물건을 재빠르게 집어 올려
제자리에 놓습니다. 아기는 잠시 기다렸다가 그것을 쳐서 다시 한 번
바닥에 떨어지게 합니다. 이번에는 고의로 그렇게 하는 것이지요.
부모가 떨어진 물체를 다시 집어 올릴까를 알아내기 위한 실험으로
말입니다. 부모는 아기가 장난하고 있음을 알아차리고는 다시금 떨어진
물체를 주워 올립니다. 그러면 아기는 이를 다시 바닥에 떨어지게
하지요. 특별한 매력을 발산하는 놀이가 이렇게 시작됩니다.
작은 아이가 큰 부모를 조종할 수 있는 힘을 소유하고 있다는 데서
오는 매력을 지니고 있다는 점에서 이 놀이는 특별한 것이지요.

복잡한 장난감

어떤 종류의 장난감이 가장 자신을 자극하는가를 놓고, 기어다닐 때가 된 아기들은 종종 스스로 독자적인 결정을 합니다. 값비싼 기차 장난감 세트를 사다 주니 그것보다는 그 장난감이 담겨 있는 상자에 더 흥미를 보이는 아기에 관한 이야기, 또는 그와 비슷한 이야기는 많지요. 이는 불행하게도 수많은 장난감들이 아이가 아닌 부모를 염두에 두고 디자인되기 때문입니다. 그리하여 대부분의 정교하게 만들어진 장난감 가운데 몇몇은 찬밥 신세가 되기도 하지요. 하지만 이 일반적 법칙에 대한 예외가 몇 있기도 합니다.

도전을 이끄는 장난감

아이의 지능에 도전하는 장난감은 곧바로 아기들이 애용하는 장난감이 됩니다. 아기에게 납득할 만한 성공의 기회를 제공하면 말이지요. 만일 아이가 항상 문제를 재빨리 풀게 되거나 어떻게 해도 풀지 못한다면, 이 장난감은 실패한 것이라고 해야겠지요. 하지만 아이가 문제를 푸는 데 자주 실패하지만 가끔 성공한다면, 아기는 몇 번이고 계속 그 장난감을 다시 찾게 될 것입니다. '이따금 얻는 보상'이라는 요인에 이끌려서 말이지요. 결국에는 무너지거나 장난삼아 아기가 쳐서 무너뜨릴 수도 있겠지만 아기에게 나무토막으로 탑을 쌓는 놀이는 도전을 이끄는 장난감의 고전적 예라 하겠습니다. 이는 단순히 이기고 지는 문제가 아니라, 탑이 무너지기 전에 아기가 얼마나 많은 나무토막을 쌓을 수 있는가의 문제지요. 아기가 성장해 나감에 따라 이보다 좀더 발전된 형태의 장난감이 아기에게 호소력을 갖게 될 것입니다.

바퀴가 달린 장난감

단순한 나무토막 쌓기 놀이에서 한 단계 나아간 것이 네 바퀴가 달려 밀고 다닐 수 있는 손수레입니다. 한 살짜리 아기라면 이 안에 탑 쌓기 놀이용 나무토막들을 실을 수 있겠지요. 그런 다음 아기는 손수레를 밀어 나무토막들을 새로운 장소로 옮긴 다음, 그곳에서 나무토막들을 수레에서 내려 탑 쌓기를 하고는 다시 이를 수레에 싣고 또 새로운 장소로 옮겨가는 등등의 놀이를 할 수 있을 것입니다. 이런 놀이를 할 때는 수레의 손잡이를 잡고 똑바로 일어서는 경우도 있게 됩니다. 미는 일에 집중을 하는 동안 아기는 자기도 모르게 걷는 행동에 익숙해질 수도 있겠지요. 이제부터는 장소 이동이 점점 더 아기의 마음을 사로잡게 될 것이고, 세발자전거와 페달로 움직이는 장난감 자동차를 타고서 세계를 탐사하는 일에 아기는 짜릿한 즐거움을 느끼게 될 것입니다.

형상 맞추기 및 조립하기 장난감

모양을 구별해 내는 간단한 놀이가 12개월 때부터 아기의 마음을 끌 것입니다. 이때가 되면 아기는 서로 다른 형상을 알맞은 구멍에 끼워 넣는 일에 선선히 도전할 준비가 되어 있는 상태지요. 별 모양의 나무토막을 별 모양의 구멍에 깔끔하게 끼워 넣는 일이 얼마나 자극적인지, 아기는 이를 즐거운 놀이로 받아들여 이에 몰두합니다. 동시에 아기는 낯익은 물체의 기하학적 형상에 관해 대단히 많은 것을 배우게 되지요. 아주 간단한 조각 그림 맞추기도 또한 아기에게 도전이 될 수 있으며, 이를 통해 아기는 불규칙한 형상에 익숙해지게 될 것입니다.

여러 조각으로 되어 있어서 이를 어떤 방식으로든 끼워 맞춰 하나의 전체적인 모양을 만들 것을 아기에게 요구하는 장난감은 전에 가지고 놀던 장난감보다는 더 복잡한 것이겠지요. 이는 아기에게 '조립'이라는 개념을 선보이는 장난감으로, 아기의 손과 눈 사이의 조화뿐만 아니라 시각적 인식 능력까지도 실험하게 됩니다. 이 같은 시각적 인식 능력은 시간이 지남에 따라 점점 더 세련된 것이 될 것이고, 아기는 인형의 옷을 입히거나 벗기는 일이나 기계 장치를 조립하는 일까지 배우게 될 것입니다.

음악 소리를 들려주는 장난감

아기가 치거나 누르면 다양한 음색의 소리가 나도록 만들어진 간단한 악기들도 아기들에게는 매력적인 것이지요. 아기는 자기가 한 행위 때문에 재미있는 소리나 아름다운 소리가 난다는 사실에 한껏 즐거워하지요. 아기는 음악이 흘러나온 다음에 도깨비 같은 것이 그를 향해 펄쩍 튀어나오는 도깨비 상자를 처음 경험할 때는 충격을 받을 수도 있습니다만, 일단 충격이 '안전한' 것임을 깨닫게 되면(154쪽 "아기의 유머 감각" 참조), 아기는 되풀이해서 그와 같은 경험을 즐기게 될 것입니다.

아기의 자기 인식

태어나서 첫 해 동안 아기에게는 자신을 인식하는 능력이 결여되어 있습니다. 아기는 주변 세상에 관해 발견하고 알아 가는 일에 너무도 몰두해 있어서, 자기 자신에게는 거의 주의를 기울이지 않습니다. 이 모든 정황이 태어나서 둘째 해를 보내는 동안 바뀌게 됩니다. 이때가 되면 아기는 점점 더 자신의 정체성에 대해 인식하게 됩니다.

거울 테스트

태어난 지 몇 달 안 되는 아주 자그마한 아기일 때 거울에 비친 자신의 모습을 아기에게 보여 주면, 거울에 비친 자신의 모습에 눈길을 주고 있다는 생각이 아기에게는 들지 않는 것처럼 보입니다. 단지 또 하나의 다른 장난감을 대하듯 이에 반응합니다. 그것도 아주 재미있는 장난감을 대하듯 반응합니다. 움직일 때마다 거울에 나타나는 것이 변하기 때문이지요. 아무튼, 아기는 자기 이미지를 보고 있다는 생각을 전혀 하지 않을 것입니다. 다만 물고기나 새가 자기 이미지에 반응하는 것과 마찬가지로 자기 이미지에 반응할 것입니다.

만일 동물이 사는 구역에 거울을 세워 놓으면, 동물은 자기 이미지가 침입자라고 생각하고 이에 공격을 가할 수도 있습니다. 심지어 짝을 지을 분위기에 있는 동물이라면 자신의 이미지에 성적 접근을 시도하려 할 수도 있겠지요.

아기의 나이가 대략 15개월에 이르렀을 때 진실의 순간이 다가옵니다. 거울 속을 바라보고는 손을 흔들어 주면, '다른 사람'이 똑같은 방식으로 자기를 향해 응답이라도 하듯 손을 흔들지요. 아기가 다른 행동을 할 때마다 정확하게 똑같이 이 '다른 사람'이 따라합니다. 결국에 가서 아기는 자신이 보고 있는 것이 실제로는 자기 자신이지 다른 아기가 아니라는 것을 깨닫게 됩니다. 간단한 테스트로 이를 확인할 수 있는데, 우선 아기에게 커다란 거울에 비친 자기 얼굴을 보게 하세요. 그런 다음 아기를 거울에 자기 모습이 비치지 않는 곳으로 데리고 가서, 머리에 모자를 씌우거나 화장품으로 아기의 얼굴에 조그만 표시를 해 놓으세요. 그리고 다시 거울 앞으로 데리고 가서 자기 모습을 보게 하면 아기는 두 가지 방식 가운데 어느 한쪽으로 반응할 것입니다. 만일 아기가 거울에 손을 뻗어 거기에 비친 자기 모습이 쓰고 있는 모자나 자기 모습 위에 있는 표시를 만지려 한다면,

아기는 테스트에 실패한 것이 됩니다. 하지만 아기가 거울을 응시하고는 상황을 파악한 다음 손을 뻗어 자기 머리 위에 있는 진짜 모자를 만지거나 자기 얼굴 위의 진짜 표시를 만지면, 아기는 테스트에 통과한 것이 됩니다. 이는 거울에 있는 이미지가 자기 자신의 것임을 깨닫고 있음을 증명하는 셈이 되기 때문이지요. 대략 18개월까지는 모든 아기의 절반 가량이 어떤 과정을 거치든 이 같은 방식의 테스트에 통과합니다. 또한 24개월까지는 수치가 모든 아이의 3/4 가량으로 올라갑니다. 그리고 태어나서 셋째 해가 되면 나머지 25퍼센트의 아이가 이 테스트를 통과합니다. 어른들이 보기에 이는 웃음이 날 정도로 쉬운 테스트겠지만, 동물 가운데 이 테스트에 통과하는 예는 거의 없습니다. 다만 침팬지, 오랑우탄, 돌고래, 코끼리, 그리고 딱 한 마리의 고릴라가 어느 정도 확실하게 이 테스트에 통과했을 뿐입니다.

점증하는 '자아'에 대한 인식

이 같은 자기 발견 및 자신이 개별적 존재—자기만의 독립된 실체를 지니고 있는 자그마한 사람—임에 대한 이해는 두 번째 생일이 가까워 옴에 따라 점점 강도를 더해 갑니다. 그리고 '끔찍한 두 살배기'(177쪽 "바쁘게 지내는 나이" 참조)의 짓거리로 알려진 현상을 이해하느라고 부모가 지루하고 긴 시간을 보내는 동안에도 점점 그 강도를 더해 가지요. 이 나이에 아이는 자신이 완전한 개별적 존재라는 사실을 깨닫고는 자기 주변에서 보는 다른 사람들처럼 다소 자기 중심적이고 고집이 센 아이가 되어 가는 경향을 보입니다. 아이는 '자기' 생각대로 일을 처리하려 하고, 그렇게 할 수 없을 때는 성을 낼 수도 있습니다. 아이를 통제하는 일은 엄청난 의지의 싸움이 되지요. 이제 부모는 이 고집불통의 단계에 있는 아이를 다루기 위해 새로운 전략을 채택해야만 합니다.

아기의 분리 불안 심리

기어다닐 때가 된 아기는 부모가 베푸는 보호의 손길을 잃을지도 모른다는 것에 대해 마음 깊은 두려움을 갖고 있습니다. 아주 어렸을 때는 엄마나 아빠 또는 누구든 자기를 돌보는 사람이 어디에 있는지 모르면 공포감에 휩싸여 비명을 지를 수도 있습니다. 하지만 시간이 지나면서 아기는 잠자리에 들어야 할 때와 같이 특별한 상황에서는 사랑하는 사람과의 이별을 받아들여야 한다는 사실을, 그렇게 하는 것 이외에 달리 어쩔 도리가 없다는 사실을 마침내 깨닫게 됩니다. 이 순간에 아기는 곁에 없는 보호자를 대신하는 무언가의 대체물—말하자면, '과도적 위안 대상'—을 찾게 되지요.

과도적 위안 대상

잠자리에 아기를 남겨두고 가는 엄마는 꼭 껴안고 싶은 보드라운 몸을 지니고 있기에, 엄마를 대신하는 최상의 대체물은 무언가 보드랍고 매끄러우며 따뜻한 감촉을 지닌 것이어서 아기가 뺨에 대고 누르고 팔로 꼭 껴안을 수 있는 그런 것이어야 하지요. 많은 아이들에게는 움켜쥐고 뭉쳐서 자기 머리 옆에 대고 있을 수 있는 담요와 같은 침구가 바로 이런 역할을 합니다. 때때로 아기들은 이런 자세로 잠이 들기도 하지요. 엄마의 몸을 대신하는 것을 뺨에 꼭 댄 채 말이지요. 어느덧 이 담요는 아기가 특히 사랑하고 아끼는 물건이 되어, 언제든 불안감이 엄습할 때 비상용으로 사용하기 위해 가지고 다니는 물건이 되기도 하지요.

보드라운 장난감

낮에 가지고 놀 보드라운 장난감이 여러 개 있는 아이는 보통 이 가운데 하나만을 선택하여 이를 늘 곁에 둘 '특별한 장난감'으로 삼지요. 이는 곰이나 코끼리나 고양이 또는 그밖에 다른 형상의 장난감 인형일 수 있으며, 보통 특별한 이름이 있습니다. 이것을 잃어버리게 되면 소동이 일어나고 심지어 비극이 야기될 수도 있지요.

닳고 헤어지는 애정의 대상

아기에게 안도감을 주는 장난감과 관련하여 한 가지 문제점은 낮이든 밤이든 몇 주일이고 계속 아기 곁에 있어야 한다는 것입니다. 결국에 가서는 끊임없이 끌어안고 귀여워하다 보니 그 대가를 치르지 않을 수 없게 됩니다. 말하자면, 너무도 사랑하고 아끼는 담요나 옷가지는 냄새 나고 너덜너덜한 것이 되고 말지요. 이 지경에 이르면 부모는 위생상의 안전을 위해 너무나도 깊은 애정의 대상인 이 담요나 옷가지를 빨거나 수선해야겠다는 결정을 내리게 됩니다. 하지만 아기에게 이는 불안감에 젖어 껴안을 때마다 느껴져 이미 체험의 일부가 되어 버린 독특한 향내나 닳아 헤어진 천의 촉감을 제거함을 뜻하지요. 이보다 더 심각한 문제는 부모가 아기가 아끼는 애정의 대상을 빨거나 수선하는 선을 넘어 새로 깨끗한 대체물을 마련해 줘야겠다고 결정하는 순간에 일어납니다. 이 같은 변화는 종종 격렬한 저항에 부딪힐 가능성이 높습니다. '과도적 위안 대상'은 소유자에게 너무도 중요한 것이 되어, 나름의 친근한 동료의 성격을 띠게 되며, 개인적 정체성을 지닌 것으로 발전하지요. 이것들은 너무도 생생한 의미를 지니는 것이어서, 어떤 아기들은 나이가 들어서도 몇 년이고 이를 계속 소중히 간직하기도 합니다. 심지어 몇몇 경우 어른이 되어서도 이를 간직하고 있는 예도 있지요.

모성 본능

무언가 너무도 보드랍고 너무도 꼭 껴안고 싶은 것은 이상하게 느껴질 만큼의 뒤바뀐 반응을 많은 어린 여자아이들에게 촉발하기도 합니다. 말하자면, 아이가 상징적인 부모가 되고, 보드라운 장난감이 상징적 아이가 되는 것이지요. 여자아이들은 자기 아이를 보호하는 엄마처럼 아주 부드럽게 자기의 장난감을 보살핍니다. 비록 그 아이는 안도감을 받는 쪽이라기보다 주는 쪽이지만, 여기에 따르는 껴안고 사랑스러워함은 성공적으로 스트레스를 푸는 장치가 됩니다.

아기의 성(性)과 두뇌

남자아기의 두뇌와 여자아기의 두뇌는 태어날 때 얼마나 닮아 있을까요? 어떻게 이루어졌는가와 어떻게
기능하는가의 방식에 맞춰, 자궁 밖으로 나와 첫날을 보내는 순간부터 고유한 성적 특성이 드러날까요?
확실히 그러하다는 것을 최근의 연구가 보여 줍니다. 한 걸음 더 나아가, 성적 특성의 발달은 이보다 더 빨리,
대략 임신 중반기부터 시작된다는 것이 최근 연구의 결과기도 하지요.

자궁 안에 있는 태아의 두뇌

임신 약 5개월일 때 남자아이 태아의 고환이 테스토스테론이라는 남성
호르몬을 생산하기 시작하면, 이 호르몬이 두뇌의 세포 발달에 중대한
영향을 미칩니다. 남자아기의 성호르몬은 효소의 작용을 통해 두뇌의
세포 조직과 결합하는데, 이로써 돌이킬 수 없는 변화가 시작되지요.
이런 변화로 인해, 심지어 임신 26주일 때 벌써 남자아기의 두뇌와
여자아기의 두뇌는 구분이 가능합니다. 양자 사이의 차이는
맨 눈으로 확인할 수 있을 정도지요.

두뇌 정밀 검사

신뢰할 만한 최근 연구가 밝힌 바에 따르면, 두뇌를 정밀 검사하는 경우
남자아기의 두뇌가 여자아기의 두뇌보다 더 비대칭적이라는 사실이
확인된다고 합니다. 또한 남자아기의 두뇌는 여자아기의 두뇌에 비해
더 많은 양의 백질(白質)과 더 적은 양의 회질(灰質)을 함유하고 있다고
합니다. 아울러, 여자아기의 경우 대뇌 피질 가운데 비교적 후에 형성된
부위에 회질이 더 많고, 남자아기의 경우 오래되고 보다 더 원시적인
부위에 회질이 더 많다고 합니다.

또 하나의 흥미로운 차이는 여자아기 두뇌의 경우 '고위 연합 피질
중추'로 불리는 부위는 더 확실하게 좌우 균형이 잡혀 있다고 합니다.
이는 복잡한 정신 작용을 관장하는 부위지요. 남자아기의 두뇌를 보면,
왼쪽 편이 눈에 띄게 더 크다고 합니다. 여자아기 두뇌의 연합 피질
중추가 좌우 균형이 더 잘 잡혀 있다고 함은 오른쪽 편의 연합 피질
중추가 좀더 크다는 것을 뜻합니다. 두뇌의 왼쪽 부위는 현저하게
분석적 사고와 관계가 있는 곳이고 오른쪽 부위는 직관적 사고와 더
관련이 있는 곳이라는 사실을 떠올리는 경우, 아마도 '여성의 직관력'이
얼마나 중요한 것인가를 말하는 구전(口傳)의 이야기들은 따지고 보면
믿을 만한 사실에 근거한 것이라 해야겠지요.

미래에 대한 암시

남자아기와 여자아기의 두뇌에서 확인되는 이 같은 차이들은 일시적인
것이 아닙니다. 성인 남성과 성인 여성의 두뇌를 정밀 조사해 보면,
이 같은 차이는 장기간 영향을 미친다고 합니다. 두뇌에 대한 정밀
조사를 해 보면, 문제가 해결될 때 두뇌의 어떤 부위에 불이
들어오는가―다시 말해, 어떤 부위가 활동적이 되는가―를 확인할 수
있습니다. 예컨대, 여성은 언어 정보를 처리할 때 양쪽 두뇌를 동시에
사용한다고 합니다. 어떤 특정한 주소지로 어떻게 찾아갈 것인가와
같이 방향을 잡는 문제가 제기되면, 여성은 주로 대뇌 피질의 오른쪽을
사용하지만, 남성은 해마(海馬) 부위를 사용한다고 합니다.
정서적 반응이 문제될 때 여성은 주로 대뇌 피질을 사용합니다.
남성의 경우 정서적 활동은 두뇌의 오래된 부분―전문 용어로
편도체(扁桃體)―에 한정되어 이루어집니다. 연구에 따르면,
유아 시절 테스토스테론의 갑작스러운 증가가 편도체의 확대를
유도하는 것으로 보인다고 합니다. 남자아이들의 두뇌에서 이 부위가
눈에 띄게 더 큰 것은 이 때문이라는 것이지요. 어른이 되면 남성의
편도체는 여성의 편도체보다 16퍼센트 더 큽니다.

만일 이 같은 해부학적 세부 지식 가운데 어떤 것이 당신의 머리를
혼란케 한다고 생각되면, 다 잊기 바랍니다. 그리고 태어날 때부터,
아니, 태어나기 전부터, 남성과 여성의 두뇌 구조와 조직, 작동 방식에는
차이가 있다는 사실만을 기억하기 바랍니다. 이런 차이는 여성과
남성이 서로 다른 사고 처리 과정을 소유하고 있음을 뜻합니다.
하지만 그렇다고 해서 진화 과정의 결과로 남성과 여성이 서로 다르게
행동한다는 뜻은 아닙니다. 다만 결론에 도달할 때 서로 다른 방식으로
결론에 도달한다는 뜻이지요. 종종 그들이 도달하는 결론은 같을
것입니다. 어느 한 두뇌 전문가가 말하듯, '여성과 남성이 할 수 있는
것을 놓고 보면 차이는 적지만, 어떻게 하는가를 보면 엄청난 차이가
있다'는 것이 사실이겠지요.

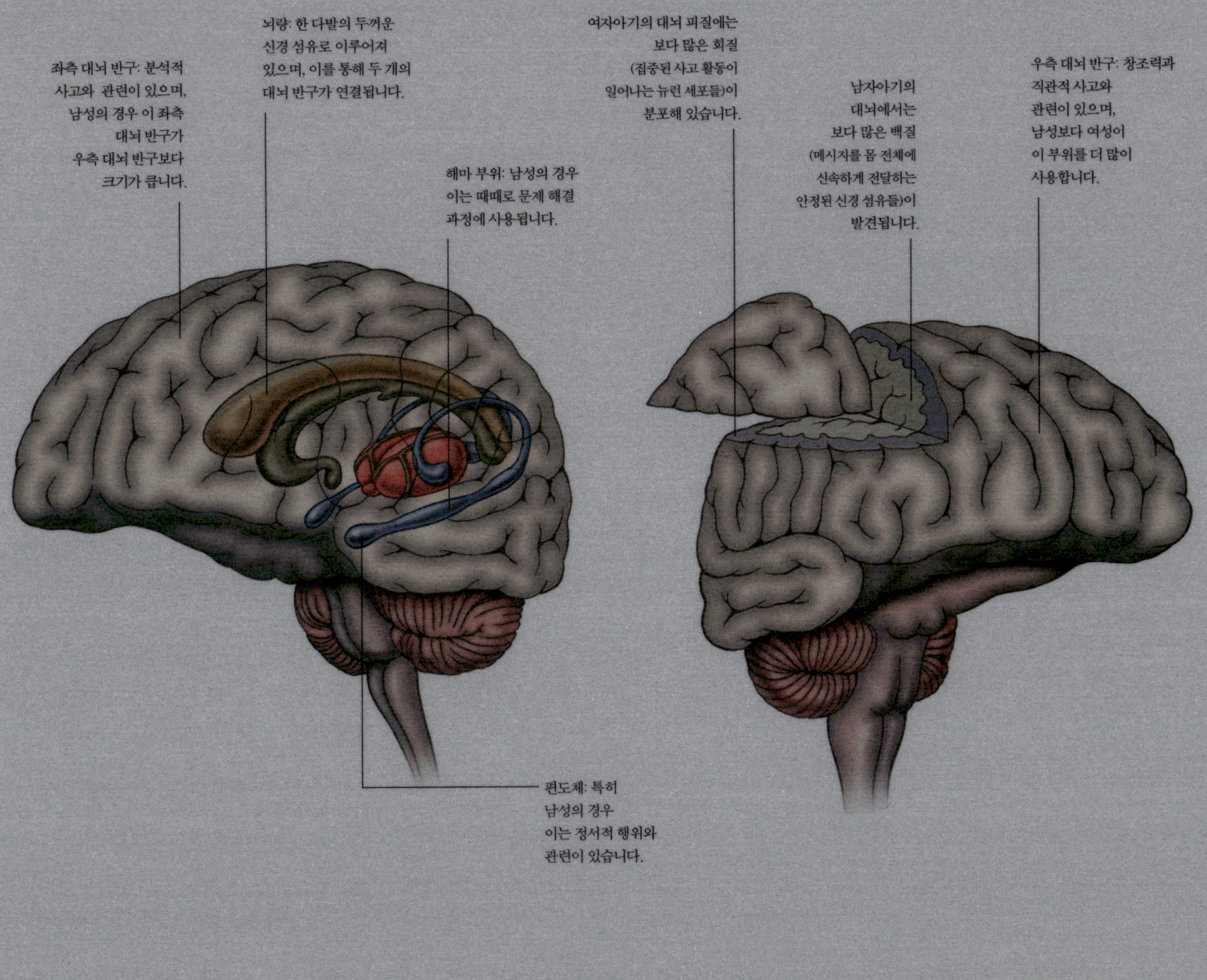
좌측 대뇌 반구: 분석적 사고와 관련이 있으며, 남성의 경우 이 좌측 대뇌 반구가 우측 대뇌 반구보다 크기가 큽니다.
뇌량: 한 다발의 두꺼운 신경 섬유로 이루어져 있으며, 이를 통해 두 개의 대뇌 반구가 연결됩니다.
해마 부위: 남성의 경우 이는 때때로 문제 해결 과정에 사용됩니다.
여자아기의 대뇌 피질에는 보다 많은 회질 (집중된 사고 활동이 일어나는 뉴런 세포들)이 분포해 있습니다.
남자아기의 대뇌에서는 보다 많은 백질 (메시지를 몸 전체에 신속하게 전달하는 안정된 신경 섬유들)이 발견됩니다.
우측 대뇌 반구: 창조력과 직관적 사고와 관련이 있으며, 남성보다 여성이 이 부위를 더 많이 사용합니다.
편도체: 특히 남성의 경우 이는 정서적 행위와 관련이 있습니다.

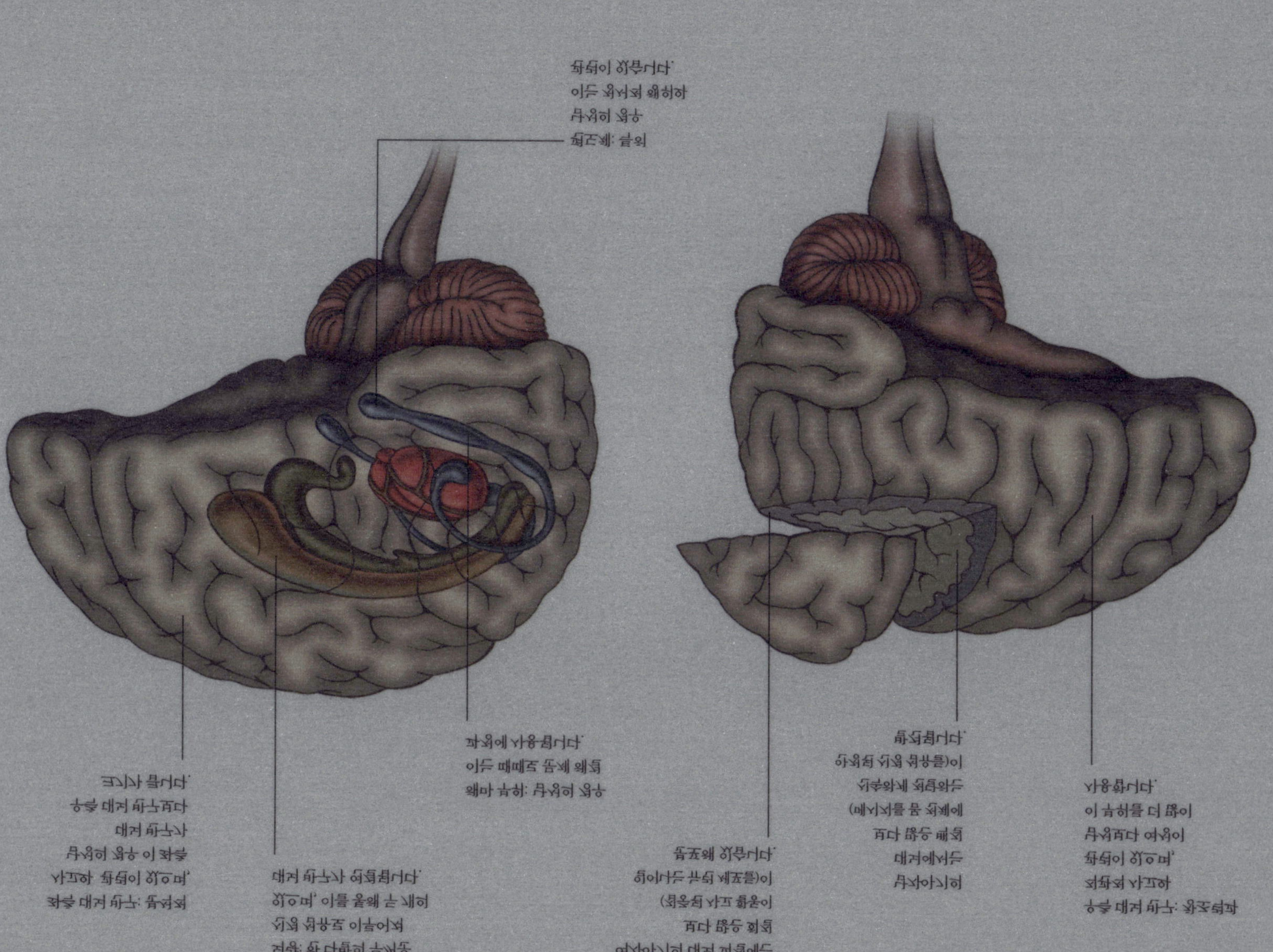

아기의 정서적 삶

아기의 개성

둘 이상의 아이를 키우는 부모들은 자기 아이들의 개성이 서로 다르다는 사실에, 심지어 아주 어릴 때부터
그렇다는 사실에 놀라곤 합니다. 한 아기가 조용하면, 다른 아기는 예민하거나 활동적이거나 야단스러운
식으로, 같은 또래의 형제자매들과 똑같은 사랑의 보살핌을 받지만 서로 다른 개성을 키워갑니다.
모두가 다 건강한 아기들이라면, 무엇 때문에 이런 차이가 생기는 것일까요?

유전적 요인

유전자가 인간의 개성에 어떤 방식으로 영향을 미치는가에 대해 우리가
아는 것은 거의 없지만, 환경의 차이만으로 형제자매 사이에 존재하는
성격상의 그 모든 차이를 확실하게 설명할 수는 없습니다. 어떤 사람이
보기에는 유전자가 개별적 인간의 개성과 같이 미묘하고도 복잡한 것을
통제할 수 있다는 생각 자체가 억지일 수도 있겠지요. 하지만 아주
간단한 성격상의 차이라고 해도 장기간에 걸쳐 영향을 미친다는 사실을
간과할 때에만 유전적 요인을 부정할 수 있을 것입니다.

개성의 여러 유형

유희적 특성을 예로 들어 봅시다. 인류의 주된 진화 경향은 모든 인간이
점점 더 유희적 성향을 띄도록 하는 쪽으로, 또한 이 같은 성향이 점점
더 오래 지속되어 마침내 어른이 되어서도 남아 있는 쪽으로 진행되어
왔습니다. 바로 이 특성이 우리 인간을 탐구적이고 창조적인 존재로
만들었지요. 그리고 우리가 하나의 종(種)으로서 성공을 거두게 한 것은
바로 이 같은 우리의 강렬한 호기심입니다. 진화 과정을 통해 우리의
유희 성향은 유전적으로 강화되어 왔지만, 이 새로운 성향이
누구에게나 일률적으로 주어지지 않은 것도 사실입니다. 우리 가운데는
다른 사람들보다 호기심이 더 많은 사람이 있으며, 이 같은 차이는 아주
어릴 때부터 관찰됩니다. 기어다닐 때쯤 된 아기들을 보면, 어떤
아기들은 새로운 것을 찾는 외향적 성격을 보이고 어떤 아기들은 해가
될 만한 것을 피하는 내향적 성격을 보입니다. 그리고 두 극단 사이에는
다양한 정도의 차이를 보이는 중간 성격의 아기들이 존재합니다.

한 유전자가 새로운 것을 추구하고자 하는 아기의 욕망을 결정하는 데
영향을 미친다고 가정하고, 또 다른 한 유전자는 새로운 것을 피하고자
하는 욕망을 결정하는 데 영향을 미친다고 가정해 봅시다(130쪽 "배움의
환경" 참조). 이 두 유전자가 얼마만큼 영향을 미치는가에 따라 한 아기의
성격은 외향적 성격과 내향적 성격 사이의 어느 한 지점을 차지하게
될 것입니다. 이를 출발점으로 삼아, 환경이 나머지 일을 맡아 할
것입니다. 새로운 것을 추구하는 경향이 강한 아기가 성장하여
기어다닐 나이가 되었을 때 이를 강화할 것이 허락되고 장려되면,
그 아기는 사회 규범에 얽매이지 않는 창조적 어른이 될 가능성이
높지요. 만일 새로운 것을 피하는 경향이 강한 아기가 기어다닐 나이에
이르렀지만 탐구하고자 하는 마음이 장려되지 않고 그런 마음을 보이는

경우 야단을 맞게 되면, 사회 규범에 수동적으로 따르기만 하는,
상상력이 부족한 어른이 될 가능성이 높습니다. 앞의 예가 판에 박힌
절차를 싫어하고 새로운 체험을 원하는 쪽이라면, 뒤의 예는 주어진
상황을 있는 그대로 받아들이는 것으로 만족하는 쪽일 것입니다.

그밖에 여러 가지 다양한 성격이 있을 수 있습니다. 만일 유희적이고
탐구적인 성향의 아이가 있는데 너무 외향적이라 하여 야단을 맞게
되면 어떻게 될까요? 또는 위험을 피하고자 하는 조용한 성격의
아기에게 모험을 감수하고 새로운 자극을 추구하도록 장려되면
그 아기는 어떤 어른이 될까요? 서로 다른 방향으로 이끄는 유전자와
환경이라는 두 요인이 결합하여 극도로 다른 개성이 발현되겠지요.
이와 더불어 두 극단 사이의 그 모든 중간 단계가 있습니다. 이로 인해
아주 광범위하게 다양한 상격상의 차이가 존재할 수 있겠지요.
단순히 어느 한 기본 유전자의 영향으로 인해 말입니다.

부모의 영향

부모는 자신의 의지와 상관없이 아기의 개성 발달에 영향을 미칩니다.
기어다닐 때가 된 아기가 너무 조용하고 새로운 것에 흥미를 느끼지
않으면, 부모는 기초적 단계의 자극을 아기의 마음에 심어 주고자
노력하는 데 좀더 많은 시간을 보내야 하겠지요. 부모의 노력이
부드러움을 잃지 않으면, 아기가 보다 더 균형이 잡힌 어른으로
성장하는 데 도움이 될 것입니다. 너무 강압적인 것이 되면,
아기는 긴장감과 불안감에 시달리는 사람이 될 수도 있지요.
이와는 반대로 아기가 지나치게 활동적이고 매사에 강렬하게
탐구적이면, 부모는 다치거나 위험에 빠질 가능성을 놓고 걱정하기
시작할 수도 있습니다. 그리하여 부모는 아기의 마음을 가라앉히기
위한 조처를 취하려 할 수도 있습니다. 이 경우 역시 부모의 조처가
부드러움을 잃지 않으면 아기에게 자신의 방식을 억누르지 않고서도
위험을 피할 수 있도록 하여 도움이 될 것입니다. 하지만 너무 심한 것이
되어, 유희적 탐구를 억제하도록 아기에게 되풀이하여 제재가
가해지면, 심각힐 정도로 괴질에 빠진 '성격 형'성을 기져올 깃입니다.

한 가지 확실한 것이 있다면, 태어나서 첫 몇 해 안에 대부분의 아기들은
일생 동안, 심지어 늙어서도 그들이 지니고 살게 될 성격을 형성하게
된다는 점일 것입니다.

아기의 기분

아기의 기분에 영향을 미치는 것이 무엇이기에, 아기는 행복에 겨운 목소리를 내며 놀다가 갑작스럽게 성을
내고 슬퍼하는 것일까요? 관찰 결과에 따르면, 부드러운 자극의 분위기에 있을 때 아기들은 가장
행복해한다고 합니다. 어떤 종류의 활동도 이루어지고 있지 않으면, 아기들은 지루해하고 침착성을 잃게
되지요. 아울러, 너무 강렬한 자극에 노출되면, 아기들은 불안해합니다. 아무튼, 부드러운 자극이 아기들에게
가장 잘 어울리는 것이라면, 어떤 종류의 자극이 그런 것일까요?

자궁 안에서의 삶

태어나기 전의 아기는 여러 가지 소리와 움직임에 노출되어 있으며,
그 가운데 어떤 것은 아기가 후에 가서 느끼는 완전한 평화 및 안도감과
연결되는 그런 것입니다. 아기가 듣는 가장 지배적인 소리는 가까이서
들리는 엄마의 규칙적인 맥박 소리입니다. 그리고 아기가 느끼는 가장
지배적인 움직임은 엄마가 걸을 때 엄마의 배 안에서 느끼는 규칙적인
흔들림입니다. 만일 이 두 느낌이 발달 과정에 있는 태아의 두뇌에 깊이
각인된다면, 태어난 후에도 안전하게 보호받고 있다는 느낌을 아기에게
일깨워 줄 가능성이 높습니다. 하지만 이를 어떻게 확인할 수 있을까요?

엄마의 맥박

임신한 엄마가 긴장을 풀고 편히 쉴 때의 맥박 수치는 1분당 72회
정도입니다. 일련의 실험을 통해 침실이 조용할 때 아기들이 잠드는 데
얼마의 시간이 걸리는가를 관찰해 보았습니다. 매번 아기들을 침대에
누인 다음 그때마다 인간의 맥박소리를 녹음해 놓은 것을 틀어
주었습니다. 일테면, 아주 느린 맥박 소리, 아주 빠른 맥박 소리, 그리고
다소 불규칙적인 맥박 소리를 들려주었지요. 끝으로 부드러운 자장가를
녹음해서 그 소리를 아기들에게 들려주었습니다. 매 경우마다 아기가
잠드는 데 걸리는 시간이 얼마인가를 조심스럽게 측정하고 기록해
보았는데, 결과는 아주 놀라운 것이었습니다.

아기들은 1분당 72회 규칙적으로 뛰는 맥박 소리를 들을 수 있게 되었을
때 여느 때보다 두 배나 빨리 잠이 들었다고 합니다. 그밖에 모든 상황
─아무 소리도 없었을 때, 자장가 소리나 불규칙적인 맥박 소리를
들려주었을 때, 또는 빠르거나 느린 맥박 소리들 들려주었을 때─에서는
아기의 마음을 진정시킬 수가 없었다고 합니다. 1분에 72회 소리를
내도록 메트로놈을 조정해서 들려주었지만 이 경우도 역시 아기들을
만족시켜 줄 수 없었다고 합니다. 명백히 아기가 자궁에 있던 마지막
몇 달 동안 엄마의 맥박은 아기의 기분을 편하게 해 주는 자극제로서
마음에 깊이 각인이 되어 있었던 것이지요. 이 같은 관찰은 엄마가
아기를 가슴에 안을 때 왜 왼팔을 선호하는가에 대한 이유를 밝히는
데도 도움이 됩니다. 무의식적으로 엄마는 아기의 귀를 자신의 심장

가까이에 위치시킴으로써 아기의 기분이 안정되도록 하는 데 도움을
주고 있는 것이지요. 이런 경향은 엄마가 오른손잡이인 것과는 관계가
없습니다. 왼손잡이인 엄마의 78퍼센트도 아기를 왼팔로 안는다고
합니다. 더욱이, 성모 마리아가 아기 예수를 안고 있는 것을 주제로 한
그림 466편─지난 몇 백 년 동안에 그려진 그림들─을 조사해 보면,
역시 왼팔 선호 경향이 확인된다고 합니다. 그림 가운데 373편,
그러니까 80퍼센트의 그림에서 아기 예수는 마리아의 왼팔에 안겨 있는
것으로 묘사되어 있답니다. 어쩌다 보니, 장을 보러 나간 여성들의
물건꾸러미 나르는 모습을 관찰해 보아도 왼쪽을 선호하는 경향이
확인된다고 합니다. 왼손잡이든 오른손잡이든 가리지 않고 50퍼센트의
여성이 물건 꾸러미를 왼팔에 들고, 50퍼센트가 오른팔에 든다는군요.

엄마의 걸어다니는 몸 동작

태아는 임신한 엄마의 완만하고 규칙적인 걸음걸이를 감지합니다.
그리고 이 또한 기분을 안정시키는 역할을 할 수 있습니다.
많은 엄마들이 아기를 재우기 위해 본능적으로 아기를 팔에 안은 채
이리저리 걸음을 옮기기 시작하지요. 이 부드러운 동작과 결합된
엄마의 껴안은 자세는 자궁에서의 삶을 아기에게 일깨우고,
이로 인해 평온한 기분에 젖어든 아기는 곧 이어 잠이 듭니다.

캥거루 방식의 미숙아 돌보기

미숙아는 일반적으로 엄마의 몸과 접촉을 할 수 없는 인큐베이터
안에서 지냅니다. 따라서 엄마의 맥박소리와 만날 기회를 잃게 되지요.
샌프란시스코에 있는 한 병원에서는 자그마한 체구의 미숙아들을
인큐베이터에서 꺼내 매일 같이 얼마 동안 자기 엄마의 가슴에 안겨
있게 하는 실험을 했다고 합니다. '캥거루 방식'으로 일컬어지는
이 같은 조처를 받은 아기들은 그렇게 하지 않은 아기들보다 너무도
빨리 신체 발달을 보여 여느 때에 비해 절반의 시간 만에 병원을 퇴원할
수 있었다고 합니다. 만일 엄마의 맥박이 아기의 기분을 안정시키는 데
얼마나 놀라운 성노을 강력한 힘을 발휘하는가를 생생하게 보여 구는
실험이 있다면, 바로 그 실험이 이에 해당할 것입니다.

아기의 정서적 지능

정서적 지능은 우리 자신의 감정을 통제하고 남의 감정을 이해함으로써 서로에게 도움이 되는 방법으로 사회 생활을 해 나가도록 하는 능력의 척도입니다. 이는 인간을 훌륭한 협상 담당자, 따뜻한 친구, 또는 친절한 동료가 되도록 하는 그런 종류의 지성이지요. 높은 수준의 정서적 지능을 지닌 사람은 모임의 분위기를 유쾌하게 하고 사람들을 편안하게 합니다. 기어다니기 전의 아기든 기어다닐 나이가 된 아기든 아기들은 아직 정서적 지능이 높은 단계로 발달되어 있지 못합니다. 하지만 아기들에게 어떤 행동을 취하느냐에 따라 부모들은 미래에 사용할 이 분야의 재능을 키워나가는 데 필요한 기초를 아기들에게 쌓아나가도록 도움을 줄 수 있습니다.

부모로부터의 배움

성장해 나감에 따라 아기는 두 가지 방법으로 세상에 대해 배웁니다. 장난감을 가지고 놀거나 자신의 몸을 탐구하는 등 아기는 주어진 대상들을 실험함으로써 물리적 세계에 대해 배웁니다(134쪽 "아기의 대상 탐구" 참조). 하지만 아무리 아기의 지능지수가 높다고 하더라도 이는 아기의 사회 생활에 필요한 기술에 관해 아무런 정보도 제공하지 않습니다. 이런 능력은 부모한테서 배워야 합니다. 태어나서 첫 두 해를 보내는 동안 부모나 부모 대신 아기를 돌보는 사람은 중요한 정보 제공의 원천으로, 이들을 통해 아기는 어떻게 사람들이 서로 교류하는가를 알아 가게 됩니다. 만일 아기가 다행스럽게도 많은 사랑을 받는 아기라면, 사랑을 받는 어른이 될 기회를 더 많이 갖게 될 것입니다. 그가 해야 할 일은 다만 '사랑을 받는 사람'에서 '사랑을 주는 사람'으로 그 멋진 감정의 스위치를 전환하기만 하면 됩니다.

살아 있는 다른 존재들에 대한 배움

아기에게는 살아 있는 물체와 살아 있지 않은 물체를 구별하는 일이 쉽지 않습니다. 아기의 경우 보드라운 장난감과 살아 있는 고양이를 구별하지 못할 가능성이 높습니다. 아기들은 일반적으로 애완 동물과 사이가 별로 좋지 않다고 말할 수밖에 없지요. 아기는 고양이가 하는 일을 이해하지 못하기 때문에 고양이를 때릴 수도 있습니다. 북을 치는 일이나 장난감을 침대 밖으로 집어던지는 일과 마찬가지로 고양이를 때리는 일은 아기에게 단지 또 하나의 실험에 해당하는 것일 뿐입니다. 이를 감지한 순간부터 부모는 아주 참을성 있게 아기를 훈련시키는 기나긴 여정을 시작할 수 있습니다. 애완 동물과의 관계를 어떻게 이어나갈 것인가에 대한 훈련의 여정 말입니다. 결정적인 이해의 순간은 고양이도 상처를 입으면 자신과 마찬가지로 고통을 느낀다는 사실을 깨닫는 바로 그 순간에 옵니다. 살아 있는 다른 존재들도 자기와 똑같이 감정을 소유하고 있음을 깨닫게 될 때, 아기의 정서적 지능은 탄생하는 것입니다. 만 두 살이 안 된 아기에게는 이 같은 사실을 이해하기란 쉽지 않을 것입니다. 하지만 정성을 다해 가르치면 못 이룰 일은 아니지요. 이런 이해의 과정이 시작되면 이 느낌이 더욱 깊이 두뇌에 각인될 것입니다.

좋은 부모와 나쁜 부모

기어다닐 나이가 되어서도 아기들이 부모한테 제대로 대접받지 못하고 사랑스런 보살핌을 받지 못하면, 사회 생활에 필요한 기술을 습득하는 데 더딜 것이며, 남들을 동정하거나 남들의 고통에 대해 마음을 쓰는 능력을 충분히 발달시키지 못할 수도 있습니다. 어른이 되어도 이 면에서 영원히 취약한 사람이 될 수 있는 것입니다. 낮은 수준의 정서적 지능을 지닌 채 성장한 사람들은 일반적으로 허약한 자기 통제 능력을 보이며, 화를 주체하지 못하는 상황에 종종 처하게 될 것입니다.

아기들이 다행스럽게도 행복하고 사랑이 넘치는 가정에서 성장하면, 그들 주변에서 확인되는 것과 같은 종류의 상호 교류 방법을 배우게 될 것입니다. 항상 유쾌하고 남을 돌볼 준비가 되어 있으며 웃음을 그치지 않는 부모나 형제자매는 아기가 직접 관계되어 있지 않은 상황이라고 하더라도 정서적 교육에 좋은 영향을 미칩니다. 아기는 주변에서 일이 진행되어 가는 과정을 눈여겨보고, 사람들이 서로에게 어떻게 대하는가에 대한 경험을 마음 속에 저장할 것입니다. 한 어른이 다른 어른을 향해 하는 친절한 행동을 보면, 아기는 이를 관찰할 기회가 적은 아기보다도 더 쉽게 친절함이라는 개념을 습득하게 될 것입니다.

균형 유지의 중요성

모든 인간이 그들의 두뇌 안에 경쟁하고 싶어하는 충동과 협동하고 싶어하는 충동을 동시에 가지고 태어나는 것은 사실이지만, 이 두 충동 사이의 균형은 쉽게 깨질 수 있습니다. 아기가 이로 인한 갈등을 너무 많이 보면서 자라면 이 같은 갈등을 사회적 규범으로 생각하기 시작할 수도 있습니다. 사랑의 행동밖에 보지 못한 아기라면 어른 생활의 거칢을 견디어 나갈 준비를 갖추지 못한 채 성장할 수도 있습니다. 엄청나게 많은 사랑을 받되 때때로 버릇 길들이기의 과정을 거치는 경우, 아기가 성장하여 어른 세계와 마주해야만 할 때가 되었을 때 어떻게 효과적으로 대처해 나갈 것인가의 준비를 제대로 갖출 가망성이 높아지지요. 잘 발달된 정서적 지능 덕분에 말입니다.

아기의 유머 감각

유머 감각을 갖는다는 것은 어떤 사람에게나 크나큰 이점이 되지요. 웃음은 천연의 진통제 역할을 하는 엔도르핀을 혈액 속으로 흐르게 합니다. 아울러, 실험에 따르면, 한바탕 웃으면 혈압도 떨어지고 질병과 싸우는 면역계도 강화될 뿐만 아니라, 긴장감을 유발하는 호르몬의 수준도 낮아진다고 합니다.

최초의 웃음

유희 감각이 뛰어난 부모를 둔 아기의 경우, 태어나서 넷째 달 또는 다섯째 달이 되었을 때 웃음을 보이기 시작합니다. 부모가 아기에게 즐거움을 주는 무언가의 일을 하고, 이에 아기가 웃는 것이지요. 부모가 아기에게 즐거움을 주는 행동을 되풀이하면 아기는 또다시 웃습니다. 약간 더 강하게 한 번 더 같은 행동을 되풀이하면 웃음은 목구멍에서 꼴깍꼴깍 소리가 날 만큼의 행복한 웃음으로 바뀝니다. 이 단계에서의 웃음소리는 목 울림소리에서 크게 벗어나는 것이 아니지만 그럼에도 불구하고 이는 자극에 따른 단순한 반사적 웃음과 달리 진정한 웃음입니다(108쪽, "아기의 웃음" 참조). 아기에게 최초의 웃음을 유발할 확률이 가장 높은 동작으로는 아빠가 웃으면서 아기를 향해 '우앙' 하는 소리를 내지르는 것 또는 아기의 가슴에 입을 대고 부드럽게 불어 입술 떠는 소리를 내는 것이 있지요. 어른의 무릎에 아기를 올려놓고 번쩍 들어올렸다가 내려놓는 동작이나 아빠가 손으로 얼굴을 가린 다음 갑작스럽게 손을 내려 얼굴을 보여 주는 동작도 아기를 웃게 할 수 있습니다. 최초의 웃음을 유발할 수 있는 그밖에 다른 동작으로는 아기를 아래로 떨어뜨릴 듯하다가 갑자기 잡아 정지시키는 동작, 아기를 높이 치켜들고 좌우로 흔드는 동작, 또는 부드럽게 간질이는 동작 등이 있습니다.

이 모든 행동의 특징은 정확하게 알맞은 수준으로 끌어올린 부드러운 충격입니다. 아기는 이른바 '안전한 충격'이라 부를 수 있는 것을 체험하기 때문에 웃는 것이지요. 아기는 '우앙' 하는 아빠의 큰 소리에 놀라지만, 그 소리를 지른 사람이 자기 보호자임을, 신뢰하는 아빠임을 알고 따라서 그 충격이 안전한 것임을 압니다. 이는 바로 어른들이 농담을 듣고 웃을 때 보이는 반응과 똑같은 것이지요. 거의 모든 농담은 사람들에게 충격을 주기 위한 것입니다. 하지만 농담을 하는 사람이 희극 배우기 때문에 또는 명백히 상대에게 적의를 품고 있는 사람이 아니기 때문에 사람들은 화를 내거나 놀라는 대신 웃지요.

웃음의 구조

목젖을 울리며 웃는 아기의 부드러운 웃음은 점차 소리를 질러 웃는 듯한 큰 웃음으로 바뀝니다. 기어다니면서부터 아기는 이 같은 큰 웃음을 웃기 시작하지요. 아무튼, 이는 일련의 짧고 규칙적으로 반복되는 폭발적인 웃음입니다. 문자화할 때 '하-하-하'로 나타내는 그런 웃음이지요. 만일 이 '하' 가운데 어느 하나가 길게 늘어지면 이는 도움을 청하거나 고통을 호소하는 울음일 수도 있습니다. 하지만 이런 일이 일어나기 전에 소리는 중간에 끊기고 단음(斷音)의 짤막한 '하' 소리가 되풀이됩니다. 마치 아기가 아빠의 행동이 주는 충격에 반응하면서 놀라서 울기 시작하려다가 충격이 안전한 것임을 깨닫고는 거의 즉각적으로 자신을 통제하는 것처럼 보일 정도입니다.

재미있는 놀이들

이런 종류의 충격이 아무런 해가 되지 않는 것임을 깨닫고 안심하게 되면서 아기는 되풀이해서 이런 놀이를 하기를 원하게 됩니다. 오래지 않아 아기는 행동이든 목소리든 몸짓이든 과장되거나 부자연 스러운 것으로 꾸며 함으로써 자신도 또한 남을 미소짓게 하고 웃게 할 수 있음을 깨닫게 됩니다. 이는 익살에 대한 아기의 감지 능력을 강화 하고, 이로써 아기는 사회 생활에 필요한 기술을 발달시켜 나가게 됩니다. 이제부터 아기는 가능한 한 많은 재미있는 놀이에 참여하기를 원할 것입니다.

아기가 느끼는 두려움

두려움에 대한 어른의 느낌이 비합리적인 것이라면, 이에 대한 아기의 느낌은 종종 대단히 합리적인 것입니다. 아기는 보호자인 부모에게 완벽한 신뢰를 하고 있기 때문에 보호를 상실했다고 느끼는 경우 필연적으로 공포를 느껴 울기 시작할 것입니다. 이 울음소리가 경보 장치의 역할을 하여 위험에서 구조될 가능성을 높여 줄 것입니다. 게다가 아기들은 자기네들이 선호하는 세계의 평화와 고요를 깨뜨리는 유별나게 강력하거나 갑작스러운 자극에 노출되면 예민하게 반응합니다.

소음에 대한 두려움

아주 자그마한 아기들이 타고 있는 제트 비행기를 타고 여행을 해 본 사람이라면, 한바탕의 통제 불가능한 날카로운 아기 울음소리가 이륙할 때나 착륙할 때 들린다는 사실을 주목한 적이 있을 것입니다. 이는 갑작스러운 엔진의 굉음이나 갑작스러운 고도의 변화로 인해 고막에 압력이 가해지고 이로 인해 아기의 섬세한 귀가 상처를 받기 때문에 일어나는 현상입니다. 아기의 귀는 고도로 예민하여 어떤 큰 소음이라도 아기를 괴롭힙니다.

추락에 대한 두려움

아기가 느끼는 또 하나의 두려움은 추락에 대한 두려움입니다. 아기는 예상치 않은 순간에 자신의 위치가 극적으로 변하면 공포에 휩싸여 이에 반응합니다. 신경이 예민해졌거나 동요 상태에 있는 엄마의 긴장되고 갑작스러운 움직임은 새로 태어난 아기에게 위험이 닥쳐왔음을 알리는 경고 신호의 역할을 합니다. 엄마가 새로 태어난 아기를 아기의 할머니인 자기 엄마에게 건네고, 아기의 할머니가 부드럽고 평화롭게 아기를 안으면, 아기는 곧 다시금 안도감을 느끼면서 몸의 긴장을 풀 것입니다. 유연하면서 여유가 있고 부드러운 행동은 모든 아기를 안정시킵니다.

낯선 사람에 대한 두려움

약 6개월까지는 아기들이 가까운 가족과 낯선 사람 사이를 구별하지 않고, 누가 자기를 들어올리더라도 상당히 행복한 표정을 지을 것입니다. 하지만 6개월부터 아기는 더할 수 없이 가깝고 더할 수 없이 사랑하는 사람을 알아보기 시작하고, 이들 개개인을 개별적인 존재로 인식하게 됩니다. 이제 낯선 사람이 아기를 들어올리려 하면, 아기는 공포에 질려 비명을 지르기 시작할지도 모릅니다. 아기의 이 같은 반응은 어쩌다 방문할 뿐인 이모나 고모 또는 할머니와 같은 친척들—한 달 전까지만 하더라도 안기는 것을 좋아하던 아기가 갑자기 자신에게 적대적으로 바뀐 이유가 무엇인지를 이해하지 못할지도 모르는 친척들—의 마음을 특히 슬프게 할 것입니다. 내가 무엇을 잘못했다는 말인가? 답은 매일 같이 아기 주변에 있지 않았다는

것입니다. 그래서 아기가 '낯익어 하는 사람들' 사이에 끼지 못하게 된 것이지요. 이제 낯선 사람으로 분류되어 잠재적으로 위험한 사람으로 취급받고 있는 것이지요. 궁극적으로 아기는 낯선 사람들조차 다정하고 믿을 수 있는 사람이라는 점도 배우게 될 것입니다. 하지만 이는 시간이 걸리는 일이고 서둘러서 될 일이 아닙니다.

길을 잃었다는 느낌에서 오는 두려움

아기가 기어다닐 나이가 되어 기동력을 얻게 되면 탐사의 여정을 즐깁니다. 하지만 아기는 항상 자기 부모한테서 눈길을 떼지 않으려고 합니다. 아기의 탐사가 그를 보호자의 눈길이 닿지 않는 곳으로 갑작스럽게 이끌어가게 되면, 아기는 공포에 질려 부모가 있는 곳으로 황급히 기어갑니다. 만일 아기가 수많은 사람들 가운데서 보호자를 잃게 되면, 그가 느끼는 공포감은 필사적인 것이 되고, 헤어진 부모와 다시 만나기 전까지 그를 달래기는 어려울 것입니다. 부모가 나타나 껴안고 얼러 주고 품에 꼭 보듬어 안아주어야 겨우 훌쩍임을 멈추겠지요. 사실 아기가 겪고 있는 것은 이중의 두려움입니다. 우선 분리 불안 심리에서 오는 두려움이 그 하나고, 다른 하나는 아기의 부모를 찾아 주기 위해 애를 쓰는 수많은 사람들과 접촉해야 하는 데서 오는 낯선 사람들에 대한 불안 심리에서 오는 두려움이지요.

어둠에 대한 두려움

자기 침대 안이나 탁아소에 혼자 내버려둔 채 불을 껐을 때 아기가 운다면, 이는 아마도 십중팔구 어둠 때문에가 아니라 보호자와 떨어지게 되어 놀랐기 때문일 가능성이 높습니다. 따라서 아기의 방에 야간 등을 켜 놓는다고 해서 문제가 해결되는 것은 아니지요. 부모 없이 아기를 혼자 있도록 하는 것은 순리에 맞지 않는 일이고, 아기의 격렬한 울음이 이를 깨닫게 합니다. 대략 두 살이 되어서야 아기는 비로소 자기의 어두운 방에 있는 침대 아래쪽에 도사리고 있을 괴물을 상상해 내기 시작합니다. 이는 자연스러운 단계로, 대부분의 작은 아이들은 이 과정을 거쳐야 합니다. 어떤 경우에는 이주 극단적인 것이 되어 무시무시하고 흉측한 악몽을 동반하기도 하지요.

아기와 공포증

두려움과 공포증은 서로 다른 것입니다. 두려움은 해를 끼칠 수 있는 무언가에 대해 보이는 적절한 반응이지만, 공포증은
위협의 가능성이 거의 없거나 전혀 없는 무언가에 대해 보이는 어처구니가 없다고 할 만큼 강력하고도 불합리한 반응입니다.
전문 용어를 동원하자면, 공포증은 '불안 장애'(anxiety disorder)로 불립니다. 이러한 불안 장애는 아이가 대략 만 네 살이
될 때까지 그 모습을 드러내지 않습니다. 하지만 그 뿌리는 한결 깊은 곳에, 그러니까 두 살짜리 아기의 세계에서 찾을 수도
있습니다. 이유가 무엇인지는 알려져 있지 않지만, 남성보다는 여성에게 두 배나 더 널리 확인되는 것이 이 공포증입니다.

공포증의 기원

만일 두 살짜리 아기가 정신적으로 깊은 상처를 입는 사건—예컨대,
숨바꼭질을 하다가 우연히 찬장 안에 갇히는 일—을 겪었을 때,
아기의 두뇌는 이 고통스러운 체험을 저장하고, 좁은 장소 하면 공포를
연상하는 경향이 마음 속 깊이 각인되어 남아 있게 됩니다.
후에 이 아기는 어른이 되어 만원 상태의 좁은 방에 있는 자신을
발견하고는 갑작스럽게 맹목적인 공포에 빠져드는 비논리적인 체험을
할 수도 있지요.

후에 가서 공포증으로 귀결되는 바로 그 공포를 야기했던 최초의
순간들은 너무도 이른 나이에 있었던 것이어서 일반적으로 의식적인
노력을 통해 회상해 내기가 어렵습니다. 이런 순간들은 무의식적인
정신 속에 저장되어 표면에 드러나지 않기 때문입니다. 어린 시절에
끔찍한 일을 겪었던 어른들은 왜 어떤 특정한 행동이나 사건 또는
대상이 그처럼 통제할 수 없는 공포를 야기하는가에 대해 모를 수도
있습니다. 심층 심리분석의 시대가 되어서야 비로소 어린 시절의
진정한 원인을 밝혀낼 수 있게 되었는지도 모릅니다.

사람들 사이에 통상적으로 확인되는 공포증에 관한 연구를 통해
그럴듯한 원인이 무엇인가에 대한 실마리를 찾을 수 있습니다.
공포증 가운데 특히 흔히 확인되는 것으로는 폐쇄된 공간 안에 갇혀
있다는 느낌, 광활하게 열린 공간과 마주하고 있다는 느낌, 거대한
군중 속에 있다는 느낌, 높은 사다리 위에 있다는 느낌, 물 속에 잠겨
있다는 느낌, 군중 속에서 말을 하고 있다는 느낌, 날고 있다는 느낌,
개와 같은 어떤 동물과 마주하고 있다는 느낌 등이 있습니다. 이 같은
일람표를 보면, 두 살짜리 아기가 여기에 등장하는 요인들로 인해
어떠한 종류의 끔찍한 체험들—깊이 억압된 것이 되지만 끈질기게
남아 있는 체험들—을 할 수 있었을까를 쉽게 가늠할 수 있을 것입니다.

공포증을 예방하려는 노력

활기차게 탐구하는 단계에 있는 두 살짜리 아기는 항상 위험에 처할 수
있습니다. 조심스런 부모가 아무리 예방책을 강구하더라도 말입니다.
탐구심이 강한 아이는 어딘가 높은 곳으로 올라가 그곳에서 다시
내려올 수 없음을 깨닫게 될 수도 있지요. 공포에 휩싸여 필사적으로
구조를 기다리던 아기의 어린 두뇌에는 쉽게 상처가 남을 수 있을
것입니다. 그렇다고 해서 아기가 위로 기어올라갈 가능성이 있는 곳을
아이의 환경에서 모두 제거할 수는 없겠지요. 물에 빠지는 일,
길을 잃는 일, 개와 마주치는 일, 이 모두가 마찬가지입니다.

부모의 지나친 반응이 이끌 수 있는 결과

마음에 깊은 상처를 주는 일이 발생하면, 적절한 방법으로 이에
대응하는 것이 중요합니다. 만일 부모가 아이의 사건을 보고 과도하게
놀라게 되면, 아이는 그 체험을 자신에게 불쾌한 사건일 뿐만 아니라
'너무나 끔찍해서 나의 보호자까지도 공포에 질려 제정신이 아닌'
상태가 되는 사건으로 그 아기의 두뇌에 자동적으로 기록될 것입니다.
부모가 공연히 공포에 휩싸여 어쩔 줄 몰라 하지 않는다면,
아기는 '물에 빠졌던 일' 또는 '너무 높이 올라가 내려오지 못했던 일'을
두려워해야 하고 앞으로 피해야 할 사건 정도로 마음 속에 기록하는
선에서 더 이상 나가지 않을 수도 있습니다. 부모가 공포에 휩싸이게
되면, 아기의 체험은 너무도 강렬한 것이 되어 물이나 높이에 대한
완벽한 공포증으로 발전하여 아기의 일생 동안 남아 있을 수도 있지요.

아기가 느끼는 안도감

기어다닐 나이가 된 아기들의 탐사에 대한 강력한 욕구는 안도감을 느끼고자 하는 마음과 균형을 맞춰야만
합니다. 열린 공간에서 뛰어 돌아다니는 일과 멀리 떨어져 있는 물체를 탐구하는 일은 매력적인 자극을
불러일으키지만, 이는 또한 약간 두려운 일이기도 합니다. 아기를 집과 보호자와 안전한 피난처에서 너무
멀리 떨어진 곳으로 이끌어가기 때문이지요. 이상적인 해결책은 안도감을 주는 무언가와 접촉 관계를
유지하면서 탐사를 계속하도록 하는 것입니다.

부모 곁의 자리 지키기

부모와 가까이 있는 것보다 더 아기에게 안도감을 주는 것은 없습니다.
부모와 손에 손을 잡고 걸으면서 세상에 대해 탐사하는 동안 아기는
이런 느낌을 즐길 수 있지요. 또는 부모의 움직임에 눈길을 떼지 않은 채
뛰어갔다가 이따금 부모에게 다시 뛰어와서 몇 마디 말을 나누거나
안기거나 토닥임을 받는 동안에도 이런 느낌을 즐길 수 있을 것입니다.

아늑한 장소

기어다니는 단계가 된 아기는 종종 찬장에 기어 들어갔다가 다시 불쑥
뛰어나오는 일에 남다른 열정을 키워나가기도 합니다. 이는 아기가
숨바꼭질을 하고 있는 것이라기보다는 안도감을 느낄 장소 또는 바깥
세상의 위험으로부터 자신을 보호할 자그마한 '집'을 찾고자 하는
것으로 보아야겠지요. 어떤 부모들은 정원 잔디밭에 천막을 치기도
합니다. 아기는 이를 일종의 축소판 집으로 여겨 즐겨 이용하게 되지요.
아기는 이곳에 머물러 있다가 때때로 바깥세상을 탐사하기 위해
나옵니다. 그리고는 안도감을 주는 이 안전한 기지로 되돌아오는
것이지요. 다른 부모들은 집안에 들여놓을 수 있는 장난감 집을 사
주기도 합니다. 아기가 기어 들어가 있기에 딱 알맞을 만큼의 크기로
만들어진 장난감 집 말입니다. 커다란 마분지 상자도 이런 목적에 잘
들어맞는 품목입니다. 부분적으로 막혀 있는 협소한 공간은 자그마한
피난처나 거처를 차지하려 했던 원시 시대의 욕구를 발동시키는 것처럼
보이기도 합니다. 프로이트식의 해석을 추구하는 사람이라면, 자궁으로
돌아가고자 하는 욕망을 발동시키는 것으로 보겠지요.

모으고 쌓아 놓는 경향

일단 바깥세상으로부터 안전하다는 느낌을 주는 특별한 장소를
소유하게 되면, 아기는 수집한 물건들로 그 장소를 꾸미기 시작할 수도
있습니다. 아기는 조그만 장난감들을 찾아 가지고는 그것들을 자신의
은신처로 옮깁니다. 그리고는 이 장난감들을 이용하여 자신만의 이
안전한 공간의 분위기를 개선합니다. 이는 '사적 소유'에 대해 아기가
흥미를 보이는 첫 신호에 해당하는 것이지요. 이 단계에서는 아기가
어떤 물건을 소유하는 일에 지속적인 흥미를 보이는 경우는 드뭅니다.
새로운 활동을 선호하여 자신의 은신처를 포기하게 되면, 아기는 종종
자신의 전리품들을 무시해 버립니다. 결국 아기가 뒤에 남긴

그 전리품들을 치우는 것은 부모의 몫이 되지요. 어떤 아기들의 경우
이 같은 수집 욕구가 곧 시들고 말지만, 어떤 아기들의 경우에는 수집
욕구가 점점 더 강해지기도 합니다. 그리하여 마침내 어른이 되었을 때
그들은 수집한 소유물들로 집을 장식하는 일에 탐닉하게 됩니다. 그런
소유물들이 그들에게 '집에' 있다는 느낌을 좀더 강하게 하고, 따라서
더 큰 안도감을 느끼게 할 것입니다. 현대의 수집가들은 사냥꾼이자
채집자였던 고대 조상들이 하던 행동을 상징적인 방법으로 재현하고
있는 것처럼 보이기까지 합니다. 우리의 고대 조상들은 음식물로
사용할 동물이나 식물을 자신의 자그마한 정착지―그러니까 삶의 위험
요소로부터 가장 안전하다고 느끼는 곳인 가족이 모여 있는 거처―로
모아 와야 한다는 생각으로 삶 자체가 꽉 차 있던 그런 사람들이었지요.

아기의 반항

만 두 살이 가까워오면서 아기의 정서적 삶은 바뀝니다. 아마도 이제 아기는 전보다 더 자신만만하고
개방적인 성향을 보일 것입니다. 그리고 자신의 희망이 무엇보다도 중요한 것임을 남들 역시 깨닫기를
기대할 것입니다. 아기가 자신의 고집과 점점 더 커져 가는 독립심을 표현하는 방법 가운데 하나는 반항을
하는 것이지요. 전에는 고분고분하던 자기네 아기가 어떻게 해서 이처럼 갑작스럽게 새로운 발달 단계에
들어서게 되었는가를 놓고 부모들은 때때로 놀랄 것입니다.

거부의 힘

'아니'라는 말을 발설할 때 그 효과가 얼마나 매력적인가를 아기는
깨닫게 됩니다. 이는 부모로부터 강력한 반응을 이끌고, 이로 인해
비록 잠깐 동안이긴 하나 극적인 충돌의 순간이 이어집니다. 이 같은
충돌 상황에서는 의지 겨루기 자체가 아기가 받는 보상이 되지요.
이는 새로운 종류의 대인 관계로, 정서적으로 새로운 것입니다.
또한 얼마나 멀리 경계를 밀어 넓힐 수 있는가를 보기 위해 부모를
실험하는 등, 아기는 이 말을 가지고 놀기를 좋아합니다. 불행하게도,
아기가 이 거부하기라는 놀이를 일단 시작하게 되면 어디서 어떻게
멈춰야 할지를 모릅니다. 결과적으로 아기와 부모 양쪽에게 모두
견디기 어려운 긴장 상태로 빠져들게 하는 파국에 이를 수도 있지요.

반항적인 아기를 이기는 방법

기어다닐 때가 된 아기들은 고집이 센 것으로 악명이 높습니다만,
부모가 몇몇 개의 '부정적 반응 피하기 전략'을 구사하면 아기는 좀더
긍정적인 반응을 보일 수도 있습니다. 우리의 해결책은 '둘 가운데 하나
선택하기'라는 작전입니다. 아기에게 일방적인 요구를 하는 대신에
부모는 몇 개의 선택권을 아기에게 줄 수 있지요. '우유 마셔라'라고
말하는 대신, 아기에게 내리는 지시는 '우유 마실래, 아니면 주스
마실래?'와 같은 물음으로 바꿀 수 있을 것입니다. '둘 다 안 마실래'와
같은 답변은 아마도 아직 할 수 있는 단계에 아기가 와 있지는 않을
것입니다. 따라서 둘 가운데 하나를 선택하는 행복한 결과가
이어질 것입니다.

두 번째 전략은 '숫자 세기'라는 전략입니다. 이 전략에 의하면 예컨대
부모가 하나에서 열까지 숫자를 세서 끝나기 전까지 아기는 무언가에
대해 마음을 정해야만 합니다. 놀랍게도, 이는 대개의 경우 효과가

있는데, 이것이 재미있는 새로운 놀이가 되어서 '아니'라고 말하는 것을
대체하기 때문입니다.

세 번째 전략은 언어적 해결책을 동원하는 것입니다. 실제로는 아기가
소리치는 '아니'라는 말은 단순히 부모를 흉내 내어 하는 말일 수
있습니다. 다른 모든 면에서 그러하듯이 말이지요. 따라서 부정적인
표현을 대신하여 동원할 수 있는 표현을 찾는 일은 항상 가치가 있는
일일 것입니다. 두 살짜리 아기는 '응'이나 '아니'와 같은 표현을 알고
있겠지만, 아마도 '어쩌면'이나 '아마도' 또는 '곧'이나 '이따가'와
같이 미묘한 의미를 담고 있는 말들은 모를 것입니다. 이런 말들을
설명해 주면, 아기에게는 흥미로운 도전이 될 것입니다. 아기는 자신의
능력을 과시하기 위해, 그러니까 자신이 이처럼 덜 부정적인 말을
이해하고 있음을 보여 주기 위해, 이를 사용하고자 할 것이라는
점에서 그렇지요.

특별한 상황임을 알아채게 하기

상황이 너무도 심각해서 어떤 작전도 소용없을 때가 있습니다. 만일
아기가 위험한 일을 하려고 하면, 부모는 강력한 어조로 '안 돼!'라고
말하고, 아기는 이 말에 복종해야 합니다. 아기가 말을 듣지 않을 때
'안 돼!'라는 말 뒤에 말의 강도를 높이는 단어―그러니까 전에 조용할
때 아기와 함께 이야기를 나누며 설명해 주었던 단어―를 덧붙이면
때때로 도움이 될 수도 있습니다. 예컨대, '안 돼!'라고 말한 다음
곧바로 '진짜야'라고 소리칠 수 있겠지요. 만일 위급한 상황에만
국한하여 조심스럽게 사용하고 다른 때에는 사용하지 않으면,
이 전략은 효과가 있을 것입니다. 아기는 이를 '특별한 상황'에서만
사용하는 말로 기억한 다음, 이에 맞춰 행동을 할 것입니다.

아기의 짜증

모든 면에서 모든 것을 성취한 아기는 명랑하고 외향적입니다. 이제 아기는 걷고 말하는 에너지 덩어리라고
할 수 있으며, 세상은 자기 뜻대로 다룰 수 있는 대상이 되지요. 아기는 우주의 중심이고, 그리하여 곧
무언가를 요구할 것입니다. 그런 요구 가운데는 물론 충족시킬 수 없는 것도 있지요. 약간의 훈육이 필요하고
또 아기가 두려워하는 '안 돼!'라는 말을 해야만 하는 순간이 올 것입니다.

엄청나게 야단스러운 아기의 짜증

이런 식으로 금지를 처음 당하게 되면, 아기는 완전히 통제력을 잃을
수도 있습니다. 그리하여 비명을 지르고, 소리치고, 울고, 걷어차고,
집어던지고, 치고, 몸부림치고, 팔과 다리를 마구 흔들어대고,
때로는 극적으로 호흡을 정지할 수도 있지요(107쪽 "아기의 울음" 참조).
그런 식의 발작은 대개의 경우 30초에서 2분가량 지속됩니다.
너무도 강렬하여 급속하게 제 풀에 꺾이고 마는 것이지요. 이를 보고
부모가 화를 내면 사태는 더 어렵게 됩니다. 아울러, 아이를 달래려는
그 어떤 적극적인 노력도 대개의 경우 실패하게 마련입니다.

이 같은 감정의 폭발에는 아무것도 비정상적인 것이 없습니다.
어른들조차도 때로는 화를 내고 욕을 하며 문을 꽝 닫고는 방을
뛰쳐나가니까요. 우리는 이런 일을 자주 하지 않도록 자신을 통제하는
방법을 이미 터득하고 있는지도 모릅니다. 그리고 우리는 화가
폭발했을 때 소리를 지르고 바닥에 누워 몸부림치는 지경까지 가지는
않지요. 하지만 두 살짜리 아기는 이런 수준의 자기 통제력을 아직
발달시키기 전 단계에 있습니다. 아기의 경우, 그가 느끼는 강렬한
좌절감은 그의 작은 몸이 할 수 있는 최고의 극단적인 형태의 과장된
항거 방법을 모두 동원하도록 그를 몰아갑니다. 그리고 이 때문에
아기의 행동을 바라보노라면 너무도 놀라지 않을 수 없게 되지요.

비록 두 살 무렵이 가장 극심하게 짜증을 부릴 때지만, 한 살밖에
안 되었을 때나 네 살이 되었을 때도 아기들은 짜증을 부립니다.
만 두 살짜리 아기들 가운데 많게는 80퍼센트가 어느 순간에 짜증을
부리며, 이 같은 현상은 남자아기와 마찬가지로 여자아기한테서도
흔하게 확인됩니다. 어떤 아이들은 이 나이 무렵에 특히 짜증을 많이
부리는 경향이 있는데, 한동안 짜증을 부리는 것이 일상사가 될 수도
있습니다. 다른 아이들—특히 유별나게 조용하고 착한 성품을 타고난
아이들—은 거의 짜증을 부리지 않습니다. 그리고 짜증을 부리더라도
심각하지 않은 쪽의 짜증을 부립니다. 하던 일을 멈추고 흐느끼며
우는 정도를 넘어서지 않지요.

짜증의 원인

자기 고집대로 하지 못하게 되었을 때 아기는 짜증을 부립니다.
예컨대, 엄마가 하는 일을 아기가 하려고 하면, 엄마는 아기 능력으로
할 수 없는 일임을 알고 아기에게 그 일을 못하게 할 것입니다.
그러면 자기 표현과 독립된 행동을 하고자 하는 아기의 욕망은 좌절될
것이고, 이는 쉽게 아기에게 통제력을 잃게 할 것입니다.

아기가 무언가를 움직이게 하는 데 실패하거나 또는 자신이 스스로
설정해 놓은 목표에 도달할 수 없게 되었을 때도 이런 사정은
마찬가지입니다. 아기는 그가 착수한 과제를 성공적으로 수행할 수
있으리라고 예견할 능력이 있는 그런 나이에 도달해 있습니다.
하지만 그의 몸은 아직 그 일을 해 낼 능력을 갖추고 있지 않을 수도
있습니다. 바꿔 말해, 아기는 자신이 신체적으로 할 수 있기도 전에
자신이 해야 할 일이 무엇인지를 알고 있는 것입니다. 여러 번 시도한
다음 되풀이해서 실패하는 경우 아기는 마침내 폭발하여 좌절의 대상을
파괴해 버릴 수도 있습니다. 이는 어려운 학습 과정이긴 하나,
아기는 자신의 한계에 대해 배우고 있는 것입니다. 그리고 이는 그에게
값진 교육의 과정이기도 하지요. 이런 과정을 거쳐 아기는 자신의
정신적 능력, 육체적 힘, 사회적 영향력을 조금씩 감지해 나가고,
아울러 그 경계가 어디인지를 깨닫게 됩니다.

아기의 성차

태어나면서부터 남자아기와 여자아기는 타고난 성에 따른 차이를 얼마간 보여 주는데, 그러한 차이의 기원은
선사 시대로 거슬러 올라갈 수 있습니다. 고대의 우리 조상들이 사냥과 채집을 생활 방식으로 삼게 되었을 당시,
여성들은 사냥을 나가 위험을 무릅쓰기에는 너무나 소중한 존재였습니다. 그리하여 사냥은 점점 남성들의
영역이 되어 갔습니다. 여성들은 그 외에 거의 모든 일을 담당해서 했지요. 그리고 여성들은 남성들이 고기를
찾아 나서 돌아다니는 동안 부족 사회의 중심에 위치하게 되었습니다.

사냥꾼으로서의 남성

점점 더 전문적인 사냥꾼이 되어감에 따라, 남성들은 좀더 강하고 크며
근육이 억센 신체를 발달시켜 나가게 되었습니다. 이 점은 태어날 때
남자아기와 여자아기의 크기에 반영되어 있는데, 평균적인 남자아기가
평균적인 여자아기보다 몸무게가 225g 더 나갑니다. 사냥꾼은 먹이를
추적할 때 조용해야 하고, 냉철해야 하며, 덜 감정적이어야 할 필요가
있습니다. 이 점은 남자아기가 여자아기보다 덜 운다는 사실에
반영되어 있지요. 남성들은 또한 위험을 무릅쓸 준비가 되어 있어야만
하는데, 기어다닐 나이가 된 남자아기들은 일반적으로 여자아기들보다도
더 모험적입니다. 남성들은 사냥을 할 때 탐지하는 일, 추적하는 일,
목표를 향해 공격하는 일을 훌륭하게 해 내야 합니다. 남자아기들은
던지는 기술과 공놀이 능력을 키워나가는 등 공간 인식 능력 면에서
여자아기들보다 더 뛰어난 것 같아 보입니다. 남성 사냥꾼들은
효율적인 무기를 고안해 내야 하는데, 이 때문인지는 몰라도
남자아기들은 여자아기들보다 장난감들을 치고 때리는 일을
더 즐기는 것처럼 보이기도 하지요.

다중 업무 담당자로서의 여성

사냥꾼 남성들이 자주 나가 있는 동안 어린아이들을 키우고 또 사회를
조직하는 일을 맡아 해야 했던 선사 시대의 여성들은 자연스럽게 좀더
신중하게 일을 처리하도록, 좀더 신경 써서 남을 보살피도록, 또한 여러
가지 일을 동시에 좀더 효율적으로 하도록 진화되었습니다.
한 가지 일에 전념하는 사냥꾼 남성과는 달리, 여성은 한결 더 뛰어난
다중 업무 처리 능력을 키워 나가기도 했고, 보다 더 참을성이 있고
협동적인 성품을 발달시켜 나가기도 했습니다. 미각, 후각, 청각에 대한
여성의 감각 기관은 남성의 것보다 더 낫게 발달하게 되었으며,
부족의 성공적인 혈통 보존에 좀더 결정적인 역할을 해야 하기 때문에
여성들은 또한 질병에 더 잘 저항하고 굶주림의 시기를 더 잘 견딜 수
있도록 진화되기도 했습니다. 부족의 조직 담당자들이었기에 언어
능력과 발성 능력 면에서도 남성을 능가하게 되었지요. 그리하여
여성들은 의사 소통 면에서 남성들보다 더 뛰어난 능력을 발휘하게

되었습니다. 이런 차이의 대부분은 기어다닐 나이가 된 남자아기들과
여자아기들한테서 확인할 수 있습니다. 이때가 되면 이미 일반적으로
남자아기들은 여자아기들보다 더 말수가 적고, 자신들의 놀이 활동을
조직화하는 데 덜 관심을 보입니다.

언어적 차이

태어나서 둘째 해가 되면 아기들은 말을 하기 시작하는 데, 이 무렵
그 언어적 차이들이 남자아기와 여자아기 사이에 드러나기 시작합니다.
여자아기들은 남자아기들보다 더 자주 그리고 더 일찍이 감정을
묘사하는 단어들을 쓰기 시작하는 경향을 보입니다. '좋아한다' 와
'싫어한다' 라든가 '사랑한다' 와 '미워한다' 또는 '슬프다' 와
'행복하다' 와 같은 단어들은 언어 습득의 초기 단계에서 여자아기의
입에서 좀더 쉽게 튀어나오는 것들이지요. 아마도 이는
이 어린 나이에 벌써 남자아기들이 자신들의 감정적 느낌을 억누르려고
하는 반면 여자아기들은 변화하는 감정 상태에 더 관심을 갖는다는
사실을 반영하는 것이겠지요.

이른 시기에 나타나는 그밖에 다른 언어적 차이로는 여자아기들이 한결
더 탁월하게 유창한 언어 구사 능력을 보인다는 점 및 문제를 해결하기
위해 다른 사람과 토론할 기회를 더 활용한다는 점이 있을 것입니다.
여자아이들은 남자아이들보다 더 자주 명사를 사용하기를 좋아하며
무언가에 이름을 붙이는 데 더 열의를 보입니다. 남자아이들은 행동에
관해 이야기하는 데 더 흥미를 보입니다. 이러한 언어적 차이가 얼마나
깊이 남자아기와 여자아기의 타고난 특성과 관계가 있는지,
또한 얼마만큼이나 부모의 영향에 의한 것인지를 확실하게 말하기는
어렵습니다. 이 둘이 모두 작용하고 있고, 둘 사이를 나누기란
어렵겠지요. 하지만 부모가 남자아기와 여자아기에게 다르게 말한다는
것은 틀림없는 사실입니다. 다만 얼마나 많이 이 같은 사실이
아기들한테서 서로 다른 반응을 유도하는지, 또한 남성성과 여성성에
대해 미리 선천적으로 입력된 생각이 얼마나 많이 아기들에게 영향을
미치는지에 대해서는 말하기 어렵습니다.

아기와 아기의 형제자매들

아기는 태어나서 이미 다른 사람들이 차지하고 있는 세계에 자신이 끼어들게 되었음을 깨닫게 됩니다.
만일 아빠와 떨어져 도심의 아파트에서 혼자 살고 있는 엄마의 아기라면, 아기는 자신과 자신의 엄마만으로
이루어진 아주 작은 집단에 소속해 있음을 깨닫게 될 것입니다. 이와는 아주 정반대 쪽이라면, 아기는 엄마,
아빠, 몇 명의 손위 형제자매들, 아줌마와 아저씨, 몇몇 조부모들, 그리고 몇몇 가까운 친구들로 이루어진
대가족의 한가운데 끼어들게 된 자신을 발견하게 될 것입니다.

부족 사회에서 태어났다면 아기는 마을이나 정착지에 새로 들어선
또 한 명의 구성원일 뿐으로, 엄마는 주변에 있는 거의 모든 사람의
도움을 받아 아기를 키우게 될 것입니다. 현대에 들어서서 대가족
제도는 빠른 속도로 쇠퇴하고 있고, 가족 단위는 점점 더 작아지고
있으며, 친척은 점점 소원한 관계에 놓이게 되었습니다. 새로 태어난
아기에게 이 같은 사회적 변화는 극적인 영향을 미칠 수 있습니다.

외동아들이나 외동딸로 태어난 아기의 삶

형제자매가 없는 아기의 경우 유리한 점과 불리한 점이 함께 있습니다.
유리한 점은 부모나 또는 부모를 대신해서 아기를 돌보는 사람들의
보살핌을 혼자서 전부 즐길 수 있다는 것입니다. 아기는 모든 것을
독차지하지요. 자신의 장난감을 공유해야 하는 형이나 누이도
없습니다. 집안의 공간도 모두 자기 차지가 됩니다. 그러니 다툼이 있을
수 없습니다. 자기가 거주하는 성의 왕인 셈이지요. 불리한 점으로는
삶이 항상 이 같을 수는 없을 것이라는 것, 사회적 삶의 혼란스러움 및
주고받음의 관계를 어린 시절에 체험할 수 없다는 것이 있습니다.
유아원을 가기 시작할 때까지 아기는 보살핌의 한가운데에 있는 자신의
위치에 대해 이미 선명하게 개념이 잡혀 있습니다. 따라서 경쟁 상대인
형제자매에 둘러싸여 성장한 다른 아기들보다 한결 더 가파른 배움의
곡선과 마주치게 됩니다.

그런 아이가 자기 중심적이 되는 것은 아기의 잘못이 아닙니다.
그는 자기의 관심을 쏟을 자기 또래의 아이가 아무도 없기 때문일
뿐이지요. 비록 그가 자신이 속한 놀이 집단의 다른 아기들과 물건을
나누려고 아무리 최선을 다한다고 하더라도, 그에게는 이런 일이
다른 아이들보다 한결 어려운 것이 됩니다. 결국에 가서 그 일에
성공하겠지만, 가장 활발하게 모든 것이 형성되는 최초의 몇 년 동안
혼자만의 삶을 즐겼다는 사실은 그의 성격에 흔적을 남길 것이며,
이는 일생을 갈 것입니다. 외동아들이나 외동딸로 태어나 어린 시절을
보낸 사람들은 어른이 되어 외롭다는 느낌 때문에 고통을 받지 않는
것처럼 보입니다. 그들은 외로움을 적극적으로 즐깁니다.
또한 교육을 받아 아무리 고도의 사교적인 사람이 되더라도 그들은
얼마간의 시간을 자기 혼자 보낼 가능성이 높습니다.

첫째로 태어난 아기의 삶

첫째로 태어난 다음 얼마 있다가 자기보다 어린 형제자매를 갖는
아이는 다른 아이들보다 이중으로 유리합니다. 태어나서 한두 해 동안
아이는 새로 부모가 된 엄마와 아빠의 전적인 관심을 즐기게 되며,
외동아들이나 외동딸로서 왕과도 같은 대접을 받게 됩니다. 그는 어떤
방해나 간섭도 없는 대단한 사랑을 받고 있음을 깨닫게 되지요.
그의 자존심은 꽃처럼 만발할 것이며, 자신을 '사랑받을 가치가 있는'
존재로 평가하게 될 것입니다. 하지만 극도로 자만심이 강한 아이가
될 기회를 갖기 전에 이윽고 둘째 아기가 태어날 것이고, 부모의 거의
모든 관심이 이 새로 태어난 자그마한 아기에게 집중되고 있음을
갑자기 깨닫게 될 것입니다. 그는 이 사실을 감수해야 합니다.
하지만 그렇게 하는 과정에 자기의 자존심 자체를 잃게 되지는
않습니다. 이는 '자아'에 대한 확고한 기초를 소유하고 있음을
뜻합니다. 이를 바탕으로 하여 그는 사회적 공유라는 제한 인자를
키워나가겠지요. 결과적으로 그는 다른 사람들과 진정하게 어울릴
능력을 갖춘, 자신감에 찬 인품을 소유하게 될 것입니다.

손위 형제자매가 있는 아기의 삶

이미 작은 아이들이 있는 집안에서 태어난 아기는 태어나는 순간부터
힘이 더 세고 경쟁적인 형제자매들에 둘러싸이게 되지요. 그 아기가
둘째든, 셋째든, 넷째든 차이는 크지 않습니다. 어떤 경우든 그 뒤에
도사리고 있는 손위의 아이가 있기 때문입니다. 이런 환경에서 태어난
아이들은 고도로 사교적인 인간으로 성장하지요. 하지만 이와 동시에
때때로 외동아들이나 외동딸로 또는 첫째로 태어난 아이들한테서
확인되는 자기 정체성이나 자존심을 그처럼 강하게 갖고 있지 않는
인간으로 성장할 것입니다. 손아래 아기가 기어다닐 나이에 이르면
그는 종종 제일 좋은 자리 다음 자리를 차지해야만 하고, 모든 장난감이
단지 자기만을 위한 것이 아니라는 사실을 배우게 됩니다. 그의 것으로
지목된 장난감조차도 손위 형제자매의 팔에 안겨 있음을 확인하기도
하고, 다퉈 보아야 뻔한 결과를 얻기도 할 것입니다. 하지만 이런 위치에
있는 아이에게 특별히 유리한 점이 있다면, 바깥세상으로부터 위험을
받게 되면 손위 형제자매들이 집안의 '아기'에게 구원의 손길로
무장하고 달려오리라는 것을 깨닫는 것이겠지요.

다른 아기들과의 관계

아기가 처음으로 다른 아기와 만났을 때 그의 눈에 비친 낯선 상대 아기는 주변의 다른
관심거리와 마찬가지로 호기심을 자극하는 또 하나의 탐구 대상일 뿐입니다. 아기는 주변에
있는 것, 일테면 커다랗고 보드라운 장난감이나 말하는 인형과 다른 아기를 거의 구별하지
못합니다. 아기는 손을 내밀어 자신의 새로운 친구를 찌르고 자극함으로써 이에 대해 좀더 알기
위한 탐구 작업에 착수할지도 모릅니다. 서로 사이에 감정 교류도 없이, 상대 아기가 자기와
똑같은 존재라는 이해도 없는 상태에서 말이지요. 진정한 의미에서의 사회적 교류는 한참 후에
가서야, 그러니까 유아원에 가서 함께 놀 나이가 되어서야 이루어집니다.

자그마한 아기 시절의 유희 행위는 전형적으로 혼자 하는 것으로, 같은 또래 아기들이 주위에 있다 해도 대체로 '장난감' 정도로 여길 뿐입니다. 두 아기를 서로 옆에 앉혀 놓아 유사한 놀이를 하게 하면 두 아기는 어느 정도 서로 따라할 수도 있습니다. 하지만 이때는 진정한 의미에서의 협동적이고 사회적인 교류가 이루어지고 있는 것이 아닙니다. 두 아기가 함께 앉아서 서로에게 웃음을 보이고 있음을 눈치채고 어른들은 아기들이 서로에게 몸짓 언어를 나누고 있다고 상상할지도 모릅니다. 그런 몸짓 언어는 나이 먹은 아이들이나 어른들에게는 다정한 인사가 되겠지요. 하지만 나이가 아주 어린 초기 단계에서 웃음은 매력적인 대상을 보는 순간 아기가 느끼는 즐거운 감정을 반영하는 독자적인 행동일 가능성이 더 높습니다. 만일 아기가

울기 시작하면 옆에 있던 아기가 언짢아하는 표정을 지을 수도 있겠지요. 하지만 이는 우는 아기에 대한 동정의 표현이라기보다는 유쾌하지 않은 소리가 유발한 심적 고통 때문일 가능성이 높습니다.

이따금 어쩌다 아기가 개나 고양이와 만나면 찔러 자극하는 등 다른 아기를 대할 때와 같은 방법으로 애완 동물을 대하기도 합니다. 이런 이유 때문에, 애완 동물은 아기가 한참 더 나이를 먹었을 때, 그러니까 애완 동물을 보살피는 일에 책임을 나눌 수 있게 되었을 때, 선보이는 것이 바람직합니다. 보호의 눈길을 주고 있지 않은 상태에서 아기를 애완 동물과 함께 있도록 내버려두어서는 안 될 것입니다.

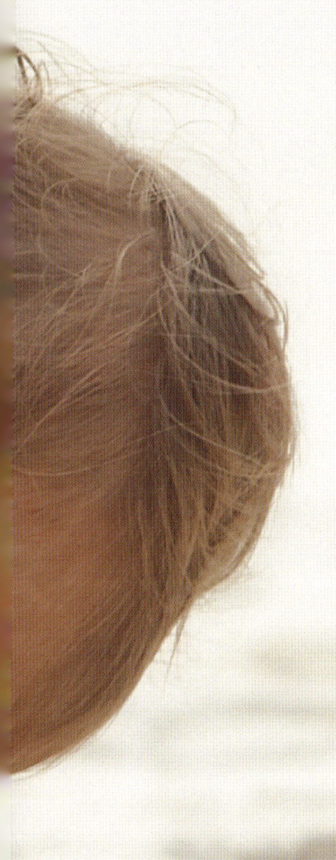

아기의 홀로 서기

자신감 키우기

두 번째 생일이 가까워오면서 아기는 엄청난 경이와 흥분의 시간으로 넘어가는 문턱에 서게 됩니다. 본격적인 학교
교육이 시작되기 전까지 아기에게는 아직 3년의 시간이 있으며, 이 시간 동안 그는 최상의 매혹적인 존재가 되어
최상의 매혹적인 삶을 살아갑니다. 온전한 기회의 반만큼만 주어지더라도, 그는 최대한으로 나날을 즐깁니다.
기쁨에 넘쳐 새로운 수준의 언어와, 새로운 차원의 육체적 기량과, 새로운 형태의 정신적 도전과 마주하면서
말이지요. 혼자 힘으로는 아무것도 할 수 없었던 시기인 첫 2년의 아기 시절을 아련한 과거로 흘려보낸 채,
하지만 문화적 훈련을 받아야 하는 심각한 단계를 아직 저 먼 미래의 것으로 남겨 둔 채, 무언가 정말로 재미있는
일을 하리라는 밝은 희망에 젖어, 또한 당연히 그의 전 생애에서 가장 순수하고 가장 행복한 것일 수밖에 없는
나날을 즐기리라는 밝은 희망에 젖어, 그는 매일 아침 잠자리에서 일어날 것입니다.

불안감

대략 이 무렵부터 아기는 다른 아기들과 이야기를 하고 만나기
시작합니다. 어릴 때부터 다양한 상황을 경험하고 다른 사람들과
만나는 데 익숙해져 있는 경우, 아이는 그만큼 더 쉽게 남에 대한
신뢰감을 키워나가고 새로운 경험에 대처하는 능력을 발달시켜
나갈 수 있을 것입니다. 어떤 아이들에게는 남과 만나는 과정이 그 어떤
좌절이나 마음의 상처도 없이 매끄럽게 점진적으로 진행됩니다.
하지만 어떤 아이들에게는 공포와 예민한 고통의 순간이 따르기도
합니다. 부모의 보호에서 당연히 벗어나야 할 것이 기대되는 순간에도
그렇게 할 수 없는 아이인 경우에 그렇습니다.

부모와 떨어지는 순간

아이들은 낯선 사람들 사이에 혼자 있도록 내버려두는 것에 대해
경계심이 대단할 수 있습니다. 심지어 나이가 만 두 살이 되었는데도
아이들은 자기를 유아원에 데리고 온 부모한테 눈을 떼지 않을 수도
있습니다. 부모가 갑자기 사라질까 봐 걱정이 되기 때문이지요.
어른은 자기 아기가 새롭고 흥미로운 장난감을 가지고 노는 일에
몰두하는 순간까지 기다렸다가 아기가 눈길을 주고 있지 않을 때 몰래
가 버리려는 유혹에 빠지기도 합니다. 일단 아기에게 이 전략이
탄로 나면, 아기는 자신이 버림받은 것처럼 느낄 수 있습니다.
그러면 공포감에 휩싸인 아기는 통제하기 어려운 반응을 쏟아
내겠지요. 부모가 껴안고 입맞춤과 함께 작별 인사를 하면서 곧 데리러
오겠다는 확신을 준다면, 그것이 어린아이의 마음에는 이해하기에 더
나은 것이 될 것입니다. 울고 공포에 휩싸이는 순간이 있을 수도
있겠지만, 부모가 재빨리 사라지고 유아원의 보모가 마련한, 무언가
마음을 빼앗을 정도로 재미있는 오락이 시작되면 일반적으로 그런
순간은 곧 끝나게 됩니다. 잠깐 동안 이어지는 아이의 울음은 아이가
자기 부모와 안정된 애정 관계를 확립하고 있다는 신호지 아기가
정말로 불안감을 느끼고 있다는 신호는 아닙니다.

아기의 자신감을 키우기 위한 여러 방법들

부모는 여러 가지 방법으로 아기에게 자신감을 키워줄 수 있습니다.
명백히, 아기가 고통을 느낄 때 위안과 사랑과 지지를 보내는 것이
그 가운데 하나입니다. 또 하나의 방법은 '너그럽게 눈감아 주는
것'입니다. 환경이 안전한 이상, 아기에게 자기 환경을 자기 혼자의
힘으로 탐구하도록 허락하는 일은 무엇보다도 중요합니다.
이런 방법으로 아기는 자신의 체험을 늘려가게 되고, 문제에 대한
해결책을 스스로 찾아 가는 가운데 새로운 도전에 맞설 방법을
터득하게 됩니다. 부모가 가까운 곳에 있음을 알고 있는 것만으로도
아기는 이런 일을 좀더 기꺼운 마음으로 하게 될 것입니다.
그리고 이 자체가 싹트고 있는 아기의 독립심의 초창기 징후기도 합니다.

자신감에 찬 아이

인생의 초기 단계에 아기가 안전하다는 느낌을 확실하게 가지면
가질수록, 또한 부모에 대한 신뢰감이 크면 클수록, 아기는 그만큼
더 자신감에 찬 사람이 될 것입니다. 부모가 아기에게 사랑스러운
존재임을 입증해 주면, 아기는 자신의 소중함에 대한 느낌—기어다닐
나이가 된 아기가 쌓아 나가기 시작하는 바로 그 느낌—을 키워나가고
자신에 대해 편하게 느낄 것입니다. 또한 아기는 좀더 독립적인 행동을
향해 첫 발자국을 내딛는 그런 사람이 될 것입니다. 부모가 아기를 떠밀
필요는 없지요. 아기가 주도적으로 그렇게 할 것입니다.
그리고 천천히, 하지만 확실하게, 자신을 자신감에 차 있고 외향적인
사람임을 표현하기 시작할 것입니다. 자신감에 차서 자기를 내세우고
새로운 도전을 받아들이면서 말입니다.

바쁘게 지내는 나이

점점 더 독립심이 강해져 가는 두 살짜리 아기의 행동에는 이해하기 어려운 것들이 있지요. 그래서 이에 대한 글도 많고, '끔찍한 두 살배기'라는 표현이 이 특정한 단계의 어린아이를 설명하기 위해 만들어지기도 했습니다. 부모의 입장에서 특히 감당하기 어려운 때인 이 무렵을 장식하는 잊혀지지 않는 순간들에 대한 이야기는 참으로 많기도 하지요. 그리고 아기들이 어떻게 해서 우연히 마주하게 된 어른들을 충격과 당혹감에 휩싸이게 했는가에 대한 이야기도 적지 않지요.

하지만 그런 사건들을 유심히 검토해 보면, 그 사건에 등장하는 아이들 대부분이 성가신 아이들이라기보다는 호감이 가는 아이들임이, 화를 돋우는 아이들이기보다는 흥을 돋우는 아이들임이 확인됩니다. 열거되는 이야기 가운데 수많은 것들이 '끔찍한 두 살배기'라는 표현을 정당화하기에 어려운 것들이지요. 이때가 되면 아기들이 나이에 비해 다소 엉뚱해 보이는 행동을 하는 것도 사실입니다. 이따금 자기 능력에 어울리지 않게 독립적인 존재임을 내세우면서 말이지요. 하지만 어쩌다 내보이는 고집스러운 거부나 짜증에도 불구하고 두 살배기 아기들의 나날은 아기들 자신에게뿐만 아니라 부모에게도 유쾌한 놀라움을 선사하는 일들로 가득 차 있습니다.

끊임없이 활동 중인 아기들

이 나이의 아이들은 뛰어난 기억력, 무한한 에너지, 강렬한 호기심으로 잘 무장되어 있지요. 아기들은 아침 식사 때부터 잠자리에 들 때까지 끊이지 않고 이어질 것만 같은 유쾌한 유희 본능을 과시합니다. 이는 제 아무리 아기를 사랑하는 부모라도 지치게 할 만한 그런 것이지요. 마침내 세상을 탐구하는 데 필요한 육체적 준비와 정신적 준비를 모두 갖춘 상태기 때문에 두 살배기 아기는 참지 못하고 앞으로 나갈 뿐입니다. 해야 할 일이 너무도 많고, 배워야 할 것이 너무도 많기 때문이지요. 하지만 무언가의 이유로 해야 할 일이 너무 없을 때 어려움이 시작됩니다. 어느 날 무언가 특별한 이유로 인해 아기가 참고 조용히 기다려야만 하는 상황에 이르게 되면, 좌절감이 재빨리 고개를 쳐들게 되어 아기는 쉽게 침착성을 잃고 짜증을 낼 수 있습니다.

안전한 공간

기어다닐 나이가 된 아기들은 자기 주변을 탐사하기 좋아하고, 강렬한 호기심으로 인해 아기들은 쉽게 사고에 휘말려들 수 있습니다. 하지만 연구 결과에 의하면 아기들은 부모의 보호로부터 너무 먼 곳으로 모험을 감행하는 쪽을 선호하지는 않는다고 합니다. 기어다닐 나이가 된 아기들의 행동을 조사하고 기록한 어떤 보고서에 의하면, 몇몇 예외적인 경우를 제외하면 아기들은 부모한테서 60m 떨어진 곳 바깥으로 벗어나지는 않는다고 합니다. 이는 부모들이 안전한 거리라고 여기는 반경과 일치하는 거리입니다.

세상과 교류하기

두 살짜리 아기는 상당한 양의 어휘를 습득하는 단계에 이릅니다. 뿐만 아니라, 자기가 알고 있는 단어들을
새로운 방식으로 결합하고 재결합하는 시도를 하는 등 재잘거리기를 좋아하는 단계에 이르지요.
언어를 빠른 속도로 습득하도록 유전적으로 프로그램이 되어 있는 아기의 놀라운 두뇌는 문법을 정복하고,
어휘를 확장하며, 발음을 개선하고자 하는 지칠 줄 모르는 충동이 지배하는 불가사의한 발달 단계의
출발점에 놓여 있습니다.

자연 발생적인 과정

언어 습득의 과정 어디에도 공식적인 교육이나 분석적 사고가
수반되지는 않습니다. 그냥 발생하는 일이고, 이는 정말로 멋진
관찰거리지요. 더욱이, 두 살짜리 아기는 자신이 부모에게 깊은 인상을
준다는 사실에 특별한 즐거움을 느낍니다. 아기들은 거의 매일 무언가
새로운 것을 감지하지요. 만일 행복한 가정적 분위기가 조성되어
있어서 아기의 발전에 대해 사람들이 환희를 느끼고 표시하면,
아기의 발전은 그만큼 더 환하고 화사한 것이 될 것입니다.

건강한 상상력

아기의 상상력은 이 단계에서 전성기를 맞이하기 시작합니다.
두 살짜리 아기들은 장난감을 가지고 재미있는 흉내 내기 놀이에
몰입하기도 하고, 인간이 심취하는 세계 가운데 가장 인간적인
것이라고 할 수 있는 환상의 세계에 대한 탐구를 즐기기 시작하기도
합니다. 거의 모든 아기의 활동은 어떤 형태로든 놀이가 포함되고 있고,
아기는 자기 주변에서 보는 일상의 장면들을 연출해 내는 놀이를
즐깁니다. 가지고 놀 장난감 동물이나 인형이 주어지면, 아기는 간단한
장면을 만들어 이들 장난감이나 인형을 상대로 하여 재잘거리며
놀지요. 아기는 즐거운 마음으로 환상의 세계와 현실의 세계를
결합합니다. 아기에게는 두 세계를 구분할 필요가 없기 때문이지요.
그리고 아기는 나날의 사건들과 꾸며 낸 가상의 사건들을 하나로
합칩니다. 그 결과, 만 두 살의 나이에서 만 다섯 살의 나이에 이르는
많은 아이들에게는 상상 속의 친구가 하나 또는 그 이상 있게
마련입니다. 이는 나날이 겪는 자신의 체험을 함께 나누기 위해
아이들이 창조해 낸 그런 친구지요.

부모한테 배운 것

흥미롭게도 아기들은 환상의 놀이에서 아주 빈번하게 부모의 역할을
수행하는 쪽을 택합니다. 행실이 나쁘다는 이유로 장난감이나 인형을
야단치기도 하고, 무언가를 잘했다는 이유로 칭찬하기도 하면서
말이지요. 이는 아무리 어린 나이의 아기라고 하더라도 엄마나 아빠가
자기를 어떻게 다루었는가를 정확하게 기억하고 있음을 보여 줍니다.
아기는 '행실이 나쁜' 장난감이나 고집불통의 인형을 혼낼 때
집게손가락을 흔들거나 이마를 찡그리는 등, 하찮아 보이는 소소한
부모의 행동조차도 그대로 재현합니다.

세상을 이해하고 설명하는 일

두 살짜리 아기는 자기 주변에서 이어지는 대화를 흥미롭게 경청할
것입니다. 아기는 묻기를 좋아하고, 사람들이 해 주는 설명을 점점 더
잘 이해할 수 있게 됩니다. 이제 아기는 과거를 기억하고 이를 다시
이야기하는 일에 즐거움을 느끼기 시작하지요. 하지만 세계를 나름대로
조리 있게 이해하려는 아기의 시도는 오해로 이어질 수도 있고,
심지어 무언가 불합리한 두려움을 이끌 수도 있습니다.
예컨대, 목욕물과 함께 욕조 구멍으로 휩쓸려 들어가는 장난감을 보고
아기는 겁을 집어먹을 수도 있지요. 다음 번 목욕을 할 때 같은 방식으로
자신도 휩쓸려 들어갈까 봐 겁을 먹는 것입니다!

대소변 가리기

세상의 모든 부모들은 자기 아기가 대소변을 가릴 줄 알게 되어 배설물로 더럽혀진 옷을 갈아입히는 성가신
일과에서 마침내 벗어나는 순간이 어서 오기를 기다립니다. 하지만 이는 서두른다고 앞당겨질 수 있는
절차가 아니지요. 성공의 확률을 보장하는 것은 대체로 끈기 있는 기다림뿐입니다. 말하자면, 아기의
신경계가 충분하게 발달하여 장과 방광이 차는 순간을 아기에게 감지하도록 할 때까지 기다릴 도리밖에
없지요(98쪽 "아기의 배설물" 참조).

대소변이 나오는 시간

태어나서 첫 해 동안 장에 압력이 증가한 것을 아기의 몸이 감지하면
아기는 자동적으로 배변을 합니다. 이는 반사적 행동으로, 어떤 종류의
의도적인 통제에서도 벗어난 것이지요. 다시 말해, 어린 아기는
대소변을 가릴 수가 없습니다. 지나칠 정도로 위생을 의식하는
열성적인 부모가 있어 혼신의 노력을 기울이더라도 이는 어쩔 수가
없지요. 이 같은 사실에도 불구하고, 몇몇 나라에서는 많게는
80퍼센트의 아기들이 때아닌 이른 나이에 대소변 가리게 하려는
부모들의 반복적인 시도에 시달리고 있음을 전하는 보고서가 있는 것도
사실입니다. 더욱이, 이 같은 시도는 성공할 수 없는 것임을 인간의
생리가 증명하고 있음에도 불구하고, 자기네들이 성공을 거두었다고
자랑스럽게 떠벌리는 부모들도 있지요. 그렇다면 이 경우에 어떤 일이
일어난 것일까요?

그 해답은 진정한 의미에서의 '대소변 가리기'와는 명백하게 구분되는
'대소변이 나오는 시간'을 맞췄다는 것입니다. 어떤 엄마가 자기
아기가 식사 후에 곧 이어 배변을 한다는 점을 알아차렸다고 합시다.
그래서 자기 아기에게 먹을 것을 준 다음 곧 바로 아기를 유아용 변기에
앉히는 일을 규칙적으로 했다고 합시다. 이는 당연히 배변이 일어나는
시간을 포착한 것이라고 말해야겠지요. 아기가 능동적으로 그 일에
협조하는 것은 아닙니다. 배변은 여전히 반사적으로 일어나는 행동에
지나지 않는 것이기 때문이지요. 아무리 엄마가 아기를 칭찬하고
아기는 엄마가 자기 때문에 즐거워하고 있다는 것을 감지하더라도,
아기는 배변 행위를 의식적으로 통제할 수 없습니다.

대소변을 가릴 준비가 되었음을 알리는 신호들

첫 번째 생일을 보내고 나면, 비록 하루아침에 이루어지는 것은
아니지만 아기는 마침내 자기 몸의 기능들을 통제할 수 있게 됩니다.
여자아기들이 남자아기들보다 먼저 이런 단계에 이르고, 일반적으로
소변을 가리기 전에 대변을 먼저 가립니다. 하지만 여기에 엄밀한
법칙이 있는 것은 아니지요. 일반적으로 보면, 괄약근에 대한 자발적
통제 능력이 완전하게 발달하는 데는 몇 달이 걸립니다. 한편, 괄약근에
대한 통제 능력이 완전히 발달하는 시기의 나이를 보면, 이르게는
태어나서 12개월에서 15개월이 되었을 때입니다. 하지만 18개월이 더
일반적이고, 어떤 아기에게는 이보다 한결 더 시간이 걸리기도 합니다.
아이의 발달 과정에서 흔히 확인되듯, 상당한 정도의 개인차가
존재합니다. 따라서 어떤 아기가 대소변을 늦게 가린다고 해서
걱정할 일은 아닙니다.

기어다닐 때가 된 아기라면 얼굴을 찡그리거나 몸을 웅크림으로써
배변이 막 시작되려 한다는 것을 알립니다. 때때로 아기들은 자기가
배설해 놓은 것에 매료되기도 합니다. 변기의 내용물을 집어 들고는
자랑스럽게 이를 선물인 양 내밀기도 하지요. 아기들은 아직
혐오감이라는 것을 배우기 전 단계에 있기 때문입니다.
대소변을 가리는 모든 과정의 일을 잘 따라하려고 하지 않는 아기들도
있는데, 이런 아기들에게는 칭찬과 격려가 필요합니다.

스스로 행동하기

아기가 만 두 살이 되면 새로운 경향이 점점 더 확실하게 그 모습을 드러내기 시작합니다. 도움을 받지 않은
채 혼자 힘으로 하겠다고 고집을 부리기 시작하는 것이지요. 몇 달 전까지만 하더라도 부모가 입히거나
먹이고, 들어올려 안거나 업은 채 데리고 다니면 너무도 즐거운 마음으로 이에 따르던 아기가 이제는 부모의
도움에 저항하고 이런 행동들을 스스로 하려고 하는 것입니다.

옷 입기

어린 아기는 부모가 옷을 입힐 때 거들지 않습니다. 옷을 입히는 일은
아기에게 친밀한 신체 접촉을 뜻하기 때문에 아기는 그저 이를 즐길
뿐이지요. 하지만 아기 쪽에서 아무것도 할 수 없는 것 또한 사실입니다.
이윽고 대략 만 한 살의 나이가 되었을 때 아기는 팔이나 다리를
폄으로써 옷을 입히는 일에 협조하기 시작하지요. 몇 달 후면, 대개의
경우 양말을 신는 동작 등을 통해 스스로 옷을 입는 최초의 징후를 보일
수도 있습니다. 18개월이 되면 양말뿐만 아니라 신발까지 신으려 할
수도 있지요. 하지만 왼쪽과 오른쪽을 가려 제대로 신발을 신을 확률은
50대50입니다. 아기는 이 나이에 또한 잠잘 시간에 옷을 벗으려고 애를
쓸 수도 있지요.

두 살이 되면 어느 날 아침 아기가 옷을 완전히 갖춰 입고 나타나 엄마를
놀라게 할 수도 있지요. 그리고는 이 자랑스러운 위업으로 인해 받는
따뜻한 환영을 아기는 즐길 것입니다. 아기가 입고 있는 옷은 제대로
갖춰지지 않은 제멋대로의 것일 수도 있지만, 아기는 이 특별한
놀이에서 '승리한' 것을 대단히 자랑스러워할 것입니다. 불행하게도,
이 놀이는 나날의 일과가 되기보다는 다만 놀이로 끝날 뿐이지요.
그리하여 다음 날에는 엄마가 와서 옷을 입혀 주기를 기다리며 자기가
있던 자리를 지키고 있을 수도 있습니다. 아기에게 중요한 것은 태어난
후 처음으로 스스로 옷을 입는 새로운 일을 해 냈다는 사실입니다.
놀이가 끝나자 아기가 느끼는 전율은 이제 사라지게 된 것이지요.
그 후 대략 1년이 더 지나서야 아기는 진정한 의미에서의 옷 입기를
스스로 규칙적으로 해 나갈 것입니다.

내가 할래!

만 두 살이 된 아기는 '스스로 하기'라는 이 같은 경향을 옷 입기, 먹기,
놀기 등등 삶의 전 영역으로 확대합니다. 그리고 부모가 도우려 하면
이에 저항합니다. 일시적으로 도움의 손길을 주면 아기는 그다지 기분
나빠하지는 않습니다. 하지만 그보다 강하게 억지로 도움을 주겠다고
하면 화를 내며 이를 거절할 수도 있지요. 아기에게 이는 모욕적인
것이기 때문입니다. 아기에게 스스로 결정해서 자기 나름의 방식으로
무언가를 한다고 생각하게 하고, 기분 풀어 주기 전략을 항상 준비하고
있다가 일이 아주 잘못되어 가기 시작하면 이를 동원하는 등,
부모는 노련한 '외교관'이 되어야 하지요.

선택권의 문제

모든 일을 자기 힘으로 하겠다는 욕구가 즉각적으로 분출되는 과정에,
부모가 선택한 것을 수동적으로 받아들이는 단계에서 벗어나서 스스로
선택하는 쪽이 되고자 하는 아기의 희망이 모습을 드러내기시작합니다.
이 같은 희망은 삶을 복잡한 것으로 만들겠지만, 또한 흥미로운 것으로
만들기도 하지요. 그리고 이는 점점 더 독립적인 존재로 나아갈 길을
닦는 데 도움이 되기도 할 것입니다.

이에 대한 적절한 예를 하나 들자면, 식사를 할 때 아기는 어떤 특정한
음식물을 거부하기 시작합니다. 아기가 어떤 특정한 음식물을 반복해서
거부하면, 이는 부모에게 점점 더 짜증나는 일이 되겠지만 아기에게는
새롭고 즐거운 놀이가 됩니다. 이는 또한 '선택하기 놀이'가
막 시작되었음을 알리는 신호기도 하지요. 아기가 선호하는 것을
이리저리 바꾸게 되면 아기와 부모 사이의 상호 교류가 지연될 수도
있습니다. 하지만 아기 쪽에서 보면 이 같은 상황 어떤 것이라도
부모 측의 주목을 좀더 받는 기회가 됩니다. 또한 새롭게 싹트는
독립심을 북돋울 하나의 작은 충격을 유발하는 기회가 되기도 합니다.

긍정적 전망

먹을 때뿐만 아니라, 옷을 입을 때, 놀이를 할 때, 걸을 때, 잠자리를
마련할 때와 같은 상황에서도 두 살짜리 아기는 자신의 독립심을
표시할 수 있습니다. 끝에 가서 이기는 것은 항상 부모지요.
아무튼, 아기에게 위협을 가하는 것은 이 문제에 접근하는 방법 가운데
최악의 것입니다. 아기의 고집으로 인해 야기된 반항적인 상황에서
자그마한 아기가 표출하는 것은 적대감보다는 용기라고 보는 것이
상황 이해에 도움이 됩니다. 아기에게 어른 세계의 권위에 저항하여
자신을 내세우고자 할 때는 엄청난 노력이 있어야만 하지요.
아무리 부모의 화를 돋우는 행동이라고 하더라도 이는 아기의 개성이
커 나가고 있음을 보이는 신호로, 이를 통해 아기는 완전히 독립적인
존재로 천천히 움직여 나가는 것입니다. 아기가 완전한 독립적 존재가
되는 데는 20년이 걸릴 수 있지만, 이것저것 가리는 까다로운 두 살짜리
아기한테서 이 기나긴 여정이 막 시작되고 있음을 알리는 첫 신호를
확인할 수 있지요.

다른 사람과 함께 지내기

두 살짜리 아기는 또 하나 새로운 종류의 결정적 체험을 향해 나아가기 위한 출발점에 서 있다고 할 수 있습니다. 이는 다른 아기들과 무언가를 공유하는 일로, 무언가를 함께 나눠야 한다는 것을 이해하는 데는 얼마간의 시간이 걸릴 수도 있지요. 하지만 다행스럽게도 인간은 고도로 협동적인 존재로 프로그램이 되어 있으며, 서로 도와야 한다는 생각이 결국에 가서는 뿌리를 내릴 것입니다.

남과 공유하는 일 배우기

아기들이 누군가의 집을 방문했을 때 장난감을 공유하는 일이 일어날 수 있습니다. 하지만 이 같은 상황이 여기에서 말하고자 하는 공유의 상황에 딱 들어맞는 것은 아니지요. 왜냐하면 주인집 아기의 지위와 방문객 아기의 지위가 같은 것이 아니기 때문입니다.
모든 장난감은 당연히 주인집 아기에게 속하는 것으로, 방문객 아기는 주인집 아기의 장난감을 가지고 놀고자 할 때 살얼음 위를 걷듯 조심해야만 합니다. 두 살짜리 아기들은 그때까지 삶에 대해 아주 강하게 자기 중심적인 견해를 소유하고 있으며, 모든 것을 '내 것'이라는 관점에서 생각합니다. 아기는 자기가 빌려 가지고 논 장난감을 결국에는 본래의 소유자에게 돌려주어야 한다는 점을 이해하지 못합니다. 이로 인해 갈등이 뒤따를 수도 있지요.

유아원

공유하는 일을 배우는 데 한결 더 나은 환경을 제공하는 곳은 유아원입니다. 여기서는 모든 아기들의 지위가 동등하며, 공연히 개입하여 자기 아기 편을 드는 부모도 없기 때문이지요. 더욱 상황을 고약하게 하는 것은 남의 아기 편을 드는 것입니다. 어떤 아기들에게는 유아원에 가는 일이 다소 두려운 일입니다. 반면에 어떤 아기들은 그곳에서 제공하는 새로운 것들에 자극을 받아, 상황 변화를 아주 빨리 받아들이기도 합니다. 이때 말하는 새로운 것들이란 단지 장난감들만을 뜻하는 것이 아니라, 새로운 친구들 및 그들과 함께 어울려 노는 일까지 포함한 것입니다. 장난감을 남과 나눠야 하고, 남이 그것을 가지고 노는 동안 바라보면서 차례를 기다려야 한다는 생각이 조금씩 자리잡게 되어, 마침내 함께 하는 놀이의 즐거움을 터득하게 됩니다. 물론 두 살짜리 아기에게 이 같은 발달은 극히 초기 단계의 것에 지나지 않음을 인정하지 않을 수 없지요. 하지만 낯선 아기들—곧 친숙한 친구들이 될 그런 아기들—과 사회적으로 교류하는 일은 아무리 제한된 것이라고 해도, 이 같은 체험을 씨앗으로 삼아 아기는 보호자인 부모와 떨어져 있는 상황에 내처하는 능력을 점점 더 강하게 키워 나갈 것입니다.

새로운 친구들

유아원에 가는 일이 일단 규칙적인 일과가 되고 초기의 분리 불안 심리가 잊혀지게 되면, 유아원의 생활은 결정적으로 중요한 사회 학습 체험의 마당으로 발전하게 될 것입니다. 부족 사회에서는 이 모든 일이 모르는 사이에 매끄럽고 진행될 수 있었습니다. 근처에 있는 모든 어른들이 살펴보는 가운데 아기들이 정착지 여기저기로 자유롭게 돌아다닐 수 있었기 때문이지요. 그와 같은 원시적 상황에서는 유아원과 같은 특별한 장소를 마련해야 한다든가 시간에 맞춰 그런 곳으로 아기들을 데리고 갈 필요가 없었습니다. 하지만 우리의 현대적 생활 방식은 고립된 아파트나 가옥 안으로 각각의 가족을 다른 가족들과 분리시켜 놓는 경향이 보입니다. 인간이라는 종족에게 이는 부자연스러운 것이지만, 무시할 수 없는 문명의 한 측면이기도 하지요.

너무 심한 고립 상태를 피하기 위해 우리 어른들은 사회 환경에 적응하는 법을 배우기도 하고 사회적 모임을 조직하는 법을 터득하기도 합니다. 하지만 우리의 아기들에게 이는 쉬운 일이 아니지요. 어린아이들의 경우, 집안에 갇혀 있음으로 인해 바깥 세상에 어떻게 대처하는가를 배울 기회를 거의 얻지 못할 확률이 너무도 높습니다. 그 결과를 본격적인 학교 교육이 시작된 첫날 학교 건물 입구의 풍경에서 확인할 수 있지요. 어떤 아이들은 보무도 당당하게 즐거운 마음으로 학교 건물 안으로 걸어 들어가지만, 어떤 아이들은 서글픈 표정을 지은 채 건물 안으로 들어가기를 망설이는 등 부모와 떨어지지 않으려 합니다. 두 살이 지나 다섯 살이 되어서도 분리 불안 심리라는 유령이 여전히 아이들을 괴롭히기도 합니다. 이른 나이에 유아원과 같은 환경에 노출되는 일이나 가까운 가족의 구성원이 아닌 다른 집의 아이들과 어울려 노는 일이 왜 도움이 되는가는 바로 이 때문입니다. 아이가 후에 가서 소유해야 할 사회적 독립심의 기초를 다지는 데 말입니다.

아기의 미래

엄마의 품에 안긴 채 누워 있는 새로 태어난 아기의 자그마한 얼굴을 들여다보면서 우리가 결코 잊지 말아야 할 것은 무엇일까요? 이는 자그마한 아기가 첫 두 해를 살아가는 동안 어떤 보살핌을 받는가가 후에 어른이 되어 걷게 될 인생의 여정에 심오한 영향을 미친다는 점입니다. 사랑이 가득하고, 자극이 풍부하며, 즐거움이 넘친 어린 시절을 보낸 아이는 어려움 없이 조화로운 성품의 행복한 어른으로 성장할 것입니다. 무시당하고 곤궁한 어린 시절을 보낸 아이는 그와 같은 어른으로 성장하기가 한결 더 어려울 수 있겠지요.

이 같은 견해를 뒷받침해 주는 증거를 우리는 어른으로서의 삶에 적응하는 데 실패한 사람들에 대한 연구 결과에서 찾을 수 있습니다. 유럽의 감옥에 있는 죄수들을 조사한 결과, 그들 가운데 50퍼센트 정도가 어린 시절을 보내는 동안 엄마에 해당하는 역할을 한 사람이 다섯 번이나 바뀌는 환경에 내맡겨져 있었다고 합니다. 놀랍게도 95퍼센트나 되는 사람들이 엄마 역할을 하는 사람이 한 번도 바뀌지 않은 채 그가 베푸는 사랑스러운 보살핌을 결코 즐겨 본 적이 없음을 고백했다고도 합니다. 대신 혼란스러울 정도로 다양한 사람들이 뒤섞여 그를 돌보았다는 것이지요.

따라서 감옥에 갇히는 신세가 된 반사회적 유형의 사람은 어린 시절 강렬한 유대감을 체험하지 못했을 확률이 대단히 높습니다. 인간 사회의 구성원 전체와 비교해서 말이지요. 전통적인 믿음들이 말하는 바와는 달리 사랑에 넘친 엄마가 아기에게 그다지 중요한 것은 아니라고 주장하는 현대적 이론이 있기도 합니다. 하지만 이런 이론은 앞서 제시한 증거 앞에서 맥없이 무너질 수밖에 없습니다. 명백히 태어나서 보내는 삶의 첫 두 해는 지극히 심원한 형성기며 따라서 결정적으로 중요한 시기입니다. 이상적인 세계에서는 태어나서 보내는 첫 두 해는 그 어느 때보다도 목가적이고 아름다운 것이 되어야

합니다. 엄마의 팔에 안겨 흡족하게 젖을 먹는 일과 따뜻한 엄마의 품에 안겨 귀여움을 받는 일에서 시작하여, 완만한 속도로 기동력과 자기 통제력을 획득해 가는 동안 장난감과 놀이로 이루어진 흥미로운 세계를 탐구하는 일, 그리고 점증하는 자신감이 주는 짜릿한 전율을 느끼는 일에 이르기까지, 모든 아기는 찬란하게 만족스럽고 나날이 좀더 자극적인 앞으로의 삶, 바로 그 삶의 서곡(序曲)에 해당하는 시기를 마음껏 즐길 기회를 가져야 합니다.

부모든 아니든, 인간의 아기가 헤쳐 나가는 놀라운 여정—그러니까 미세한 수정란에서 시작하여 생기차고 매혹적인 두 살배기 아기로 성장해 나가는 과정에 그 아기가 지나온 바로 그 놀라운 여정—을 자세히 눈여겨본 사람이라면, 우리 지상에서 숨을 쉰 적이 있는 생명체 가운데 가장 예외적인 존재인 인간의 아기가 겪는 믿기 어려울 정도의 복잡한 발달 과정에 다만 경탄을 금치 않을 수밖에 없을 것입니다. 아울러, 인간의 미래는 바로 이 같은 여정을 걸어온 아기들의 손에 달려 있다고 말하는 것은 결코 과장일 수 없습니다. 이 아기들이 어른이 되어 베풀 사랑스러운 손길이 그 다음 세대의 아기들을 이상적인 환경—말하자면, 그 아기들에게 놀라운 천성을 펼치고 꽃피우도록 자극하는 환경—에서 융성하도록 보장할 것이기 때문입니다.

찾아보기

옮긴이의 말

아기가 칭얼거리고 웁니다. 태어난 지 얼마 안 되는 아기의 몸을 만져 보니 불덩어리네요. 어찌할 바를 모르다, 아빠는 아기를 포대기로 감싸 안고는 냅다 병원으로 달려갑니다. 병원에 도착하여 말을 꺼내기도 전에 간호사가 어이없다는 표정을 지으며 마구 야단칩니다. "아니, 아기 몸이 불덩이인데 이처럼 꽁꽁 싸 오다니, 아저씨, 도대체 제정신이세욧!" 아기를 빼앗아 황급하게 발가벗긴 다음, 간호사는 아기에게 얼음찜질을 시작합니다. 가냘픈 아기의 몸을 얼음으로 마구 문지르는 간호사의 횡포에 아기 아빠는 그저 아연실색할 뿐이지요. 얼음찜질을 하던 간호사가 말합니다. "아저씨, 하마터면 큰일 날 뻔했어요! 아기를 키우려면 최소한의 상식은 있어야지욧!" 간호사의 질책에 저항의 말 한마디 못한 채 서 있던 그 아저씨가 바로 '저'입니다.

이처럼 야단을 맞는 것으로 저의 아기 키우기는 시작되었지만, 현재 저는 별 탈 없이 잘 자란 아이 둘을 거느리고 있습니다. 당연히 잘 자라리라고 생각했지요. 아니, 모든 아이가 자동적으로 잘 자라는 줄 알았습니다. 하지만 데즈먼드 모리스의 『우리 아기』를 번역하면서 저는 놀라지 않을 수 없었습니다. 부모라면 당연히 알고 있어야 할 것을 너무도 몰랐기 때문입니다. 그처럼 무지한 상태에서 아이를 둘이나 키웠다니! 아빠의 무지에도 불구하고 큰 탈 없이 아이들이 컸다는 사실이 새삼 믿어지지 않을 정도였지요.

태어나서 만 두 살이 될 때까지의 아기에 대한 면밀한 관찰과 이해를 담고 있는 모리스의 책을 번역하는 것으로 지난 무더운 여름을 보냈습니다. 이 책을 번역하는 동안, 더위가 더위로 느껴지지 않았지요. 이는 흥미로운 책의 내용 때문이기도 했지만 두 아이에 대한 죄책감 때문이기도 했습니다. 어찌 그처럼 무식한 상태에서 아기를 키울 수 있었단 말인가! 때로 식은땀이 흐르지 않을 수 없었고, 더위는 그 식은땀 속에 묻혀 제대로 그 위력을 발휘하지 못했던 것입니다.

두 아이 가운데 첫째는 기어다니기 시작할 때쯤 특히 유난스러웠습니다. 어느 날 저녁 집에 와 보니, TV가 바닥에 뒹굴어져 있고, 이 녀석은 1.5m 높이의 피아노 위에 올라가 있는 것이 아니겠습니까? 아기 엄마에게 자초지종을 물었더니, 탁자에서 TV를 밀어 넘어뜨리는 등 하루종일 활극을 했다고 합니다. 그리고 어느 사이에 피아노 위로 기어올라갔던 것입니다. 아이의 어처구니없는 이 같은 행동을 저는 모리스의 설명을 통해 이제야 겨우 이해하게 되었습니다. 그 옛날에 이 같은 책이 옆에 있었다면! 그랬다면 불덩어리인 아기를 포대기로 감싸 안은 채 병원으로 달려가지도 않았을 것이며, 바닥에 굴러 떨어져 멍청해진 TV와 피아노 위에 올라가 있는 아기 때문에 어안이 벙벙해지지도 않았을 텐데!

영문학도인 제가 동물학자 모리스의 『우리 아기』와 같은 책을 번역하는 것이 과연 가당한 일인가를 놓고 고민했던 것도 사실입니다. 고민에도 불구하고, 일단 번역 작업을 시작한 다음에는 새로운 세계를 알아 가는 재미에 푹 빠져들지 않을 수 없었습니다. 하지만 아기에 관한 상식의 부족으로 인해 마음이 놓이지 않을 때가 더러 있었던 것도 사실입니다. 이 같은 저에게 크나큰 도움을 준 사람은 바로 제 아이들의 엄마였습니다. 아이들의 엄마가 제 번역을 읽고 때로 저의 무식함을 일깨워 주기도 하고, 때로 오류를 바로잡아 주기도 했던 것입니다. 돌이켜 생각해 보니, 저의 무식함에도 불구하고 아이들이 별 탈 없이 자란 것은 결코 우연이 아니었습니다. 이는 아기에 대한 본능적인 지혜로 무장하고 있는 아이들의 엄마 덕택이었던 것입니다. 아이들의 엄마인 아내에게 새삼 무한한 고마움을 느끼는 것은 이 때문입니다.

본능적인 지혜로 무장하고 있는 세상의 모든 엄마들이 있는 한, 모리스의 『우리 아기』와 같이 특별한 배움과 깨우침의 기회를 제공하는 책조차 필요 없는 것일지도 모릅니다. 하지만 본능적인 지혜를 더욱더 지혜로운 것으로 만들 수 있는 것이 있다면, 이는 확신컨대 모리스와 같은 학자의 꼼꼼하고도 성실한 관찰일 것입니다. 그리고 아기의 눈높이에서 아기를 이해하려 했던 그의 마음가짐일 것입니다.

번역 작업 도중 아기에 대한 상식의 부족뿐만 아니라 의학적 전문 지식의 부족 때문에 어려움을 겪을 때도 더러 있었습니다. 이때 저를 도와주신 분이 서울대학교 간호대학의 교수 김금순 선생님입니다. 아마도 김 선생님의 조언이 없었다면, 부정확한 용어나 설명으로 인해 저의 번역은 웃음거리가 되었을 것입니다. 귀한 시간을 할애하여 정성어린 조언을 베풀어주신 김 선생님께 깊고 깊은 감사의 마음을 전하고 싶습니다. 그리고 번역 및 교정의 과정에 늘 곁에서 성원을 아끼지 않으셨던 팩컴북스의 김경수 사장님과 윤현식 출판사업 본부장님께도 깊은 감사의 마음을 전하고자 합니다.

2008년 9월 관악산 기슭에서 장경렬

감사의 말

저자 측 「감사의 말」

나는 나의 아내 Ramona에게 진 빚이 엄청남을 밝히고자 합니다. 지칠 줄 모르는 자료 조사 작업을 통해 나의 아내는 이 매력적인 주제에 관한 그 모든 최신 정보를 제공함으로써, 나를 모든 면에서 뒤처지지 않게 해 주었습니다. 또한 나의 손자들에게도 특별한 감사의 마음을 전하고 싶습니다. 이들은 이 멋진 지구 위에서 생의 첫 두 해를 체험하는 일이 어떤 것인가에 대한 진실과 다시 한 번 마주할 수 있도록 나를 이끌어 주었습니다.

감사의 말은 또한 이 책에 대한 광범위하고도 정성 어린 편집 작업을 해 준 햄린출판사의 Jane McIntosh, Fiona Robertson, Anna Soughgate의 몫이기도 합니다. 아울러, Karen Sawyer와 Janis Utton의 멋진 작업에 대해서도 사의를 표시하고 싶습니다. 이들은 아주 멋진 디자인을 통해 이 책을 시각적으로 더할 수 없이 즐거운 것이 되게 하였습니다. 그리고 마지막으로 저작권 대리인인 Silke Bruenink에게도 감사의 말을 전하고 싶습니다. 그녀는 현재의 프로젝트를 마련하는 과정에 전문가적 도움을 베풀어주었습니다.

출판사 측 「감사의 말」

햄린출판사는 Sophie Anhoury 박사에게 감사를 표하고자 합니다. 또한 도판 작업과 관련하여 소중한 도움을 준 Wendy Birch에게도 감사의 말을 전하고 싶습니다.

편집 이사 : Jane McIntosh
수석 편집인 : Fiona Robertson
예술 담당 부감독 : Geoff Fennell / Karen Sawyer
디자이너 : Janis Utton
삽화가 : Kevin Jones Associates
사진 검색 부장 : Giulia Hetherington
사진 검색 담당자 : Sally Claxton
제작 부장 : Ian Paton

사진 출처

1쪽 Getty Images/Jade Albert Studio, Inc; 2쪽 Science Photo Library/Paul Whitehill; 4쪽 위 Jupiter Images/Rubberball/Nicole Hill, 4쪽 아래 Masterfile/Kathleen Finlay; 5쪽 위 Masterfile/ Scott Tysick, 아래 Corbis/Pixland; 7쪽 Masterfile/ Michele/Salmieri; 9쪽 Getty Images/Patricia Doyle; 10쪽 Getty Images/Jay Reilly; 13쪽 위 왼쪽 Getty Images/Time Life/Bill Ray, 위 오른쪽 Masterfile/ David Muir, 아래 왼쪽 Getty Images/Lisa Spindler Photography Inc, 아래 오른쪽 Jupiter Images/Creatas/Adrian Peacock; 14쪽 istockphoto.com/Jill Lang; 15쪽 Masterfile/Keate; 17쪽 Photolibrary Group /Mauritius Images/Simon Katzer; 19쪽 SuperStock/Francisco Cruz; 21쪽 위 왼쪽 Photolibrary Group/Mauritius/Marina Raith; 위 오른쪽 Alamy/Profimedia International sro; 아래 왼쪽 Mother and Baby Picture Library/Ian Hooton; 아래 오른쪽

Masterfile/Kathleen Finlay; 22쪽 Getty Images/Jim Cummins; 24쪽 Photolibrary Group/Picture Press/B Koenig; 25쪽 Corbis/Zefa/Larry Williams; 26쪽 Getty Images/Zac Macauley; 28쪽 Photolibrary Group/Mauritius/Reik Reik; 30쪽 SuperStock/ maXx images; 33쪽 Getty Images/Juan Silva; 34쪽 Alamy/Picture Partners; 36쪽 Getty Images/Steve Allen; 37쪽 Photolibrary Group/Folio/Nina Ramsby; 39쪽 Alamy/Chris Stock Photography, 사진 안 위쪽 사진 Getty Images/Dr David Phillips/Visuals Unlimited, 사진 안 아래쪽 사진 Science Photo Library/Steve Gschmeissner; 40쪽 Getty Images/DK Stock/Kristin I Stith; 43쪽 Corbis/Digital Art, 사진 안 사진 Corbis/Tim Pannell; 44~45쪽 Babystock.com/Penny Gentieu; 47쪽 위 왼쪽 Getty Images, 위 오른쪽 Imagestate/First Light, 아래 왼쪽 Jupiter Images/TongRo Image Stock, 아래 오른쪽 Jupiter Images/Constance Bannister; 49쪽 Babystock.com/Penny Gentieu, 사진 안 사진 Science Photo Library; 50쪽 위 왼쪽 Masterfile/Ron Fehling, 위 오른쪽 Getty Images/Victoria Blackie, 아래 왼쪽 Getty Images/Altrendo Images, 아래 오른쪽 Corbis/Bloomimage; 53쪽 Getty Images/Johner Images; 55쪽 위 왼쪽 Getty Images/Benelux Press, 위 오른쪽 Corbis/Jamie Grill, 아래 왼쪽 Getty Images/Queerstock, 아래 오른쪽 Photolibrary Group/Index Stock Imagery/Parker Jacque Denzer; 56쪽 Getty Images/Jamie Grill; 57쪽 Jupiter Images/Banana Stock; 59쪽 위 왼쪽 Getty Images/Tim Flach, 아래 왼쪽 Photolibrary Group/Ron Seymour, 오른쪽 Getty Images/Michael Orton; 60쪽 Photolibrary Group/Jerry Driendl; 62쪽, 63쪽 Photolibrary Group/American Inc; 65쪽 Corbis/Larry Williams; 66쪽 Getty Images/Sharon Montrose; 69쪽 위 왼쪽 Science Photo Library/GustoImages, 위 오른쪽 Science Photo Library/Ian Boddy, 아래 왼쪽 Getty Images/Jim Pickerell, 아래 오른쪽 Getty Images/Roger Wright; 71쪽 Jupiter Images/ Asia Images/Marcus Mok; 72쪽 Tina Bolton; 74~75쪽 Alamy/Profimedia International sro/Peter Banos; 77쪽 Corbis/Jim Craigmyle; 78쪽 왼쪽과 오른쪽 Jupiter Images/Babystock/Penny Gentieu; 79쪽 왼쪽과 오른쪽 Babystock.com/Penny Gentieu; 80쪽 Getty Images/Eric Schnakenberg; 82쪽 Getty Images/Digital Vision; 85쪽 Science Photo Library/Cristina Pedrazzini; 86쪽 Getty Images/Barbara Peacock; 87쪽 Getty Images/Lisa Spindler Photography Inc; 89쪽 모든 사진 Photolibrary Group/Picture Press/Sandra Seckinger; 90쪽 Getty Images/Maria Taglienti; 93쪽 Getty Images/Camille Tokerud; 94쪽 Getty Images/Charly Franklin; 97쪽 Getty Images/Rubberball, 사진 안 사진 Science Photo Library/Eye of Science; 98쪽 Photolibrary Group/PhotoAlto/Frederic Cirou; 99쪽 Science Photo Library; 101쪽 위 왼쪽 Getty Images/Ed Fox, 위 오른쪽 Masterfile/Royalty Free, 아래 왼쪽

Alamy/Profimedia International sro, 아래 오른쪽 Alamy/Gary Roebuck; 102쪽 Getty Images/Jade Albert Studio, Inc; 104쪽 Corbis/Larry Williams; 106쪽 위아래 왼쪽 Jupiter Images/Babystock/Penny Gentieu, 위아래 오른쪽 Babystock.com/Penny Gentieu; 109쪽 Masterfile/Michele/Salmieri; 110쪽 Getty Images/Mel Yates; 113쪽 Masterfile/Bob Anderson; 114쪽 위 왼쪽 Getty Images/Ghislain & Marie David de Lossy, 위 오른쪽 Corbis/Jamie Grill, 아래 왼쪽 Getty Images/Altrendo Images, 아래 오른쪽 Corbis/Larry Williams; 117쪽 Corbis/Joyce Choo; 118쪽 Corbis/Pixland; 120쪽 왼쪽과 오른쪽 Tatjana Alvegard Photographie; 121쪽 왼쪽과 오른쪽 Punchstock/Upper Cut/Tatjana Alvegard; 122쪽 Getty Images/Hitoshi Nishimura; 124쪽 Photolibrary Group/Digital Vision; 127쪽 SuperStock/age fotostock; 129쪽 Octopus Publishing Group/Russell Sadur; 131쪽 Photolibrary Group/Blend Images/Ariel Skelley; 132쪽 Alamy/Picture Partners; 134쪽 Getty Images Altrendo Images; 137쪽 위 왼쪽 Getty Images/Iconica/Clive Shalice, 위 오른쪽 Photolibrary Group/Picture Press/Julia Kruger, 아래 왼쪽 Photolibrary Group/LWA/Dann Tardiff, 아래 오른쪽 Jupiter Images/Creatas; 138쪽 Alamy/Picture Partners; 141쪽 Getty Images/Michele/Salmieri; 142쪽 Jupiter Images/Fancy/Heide Benser; 143쪽 Alamy/Jupiter Images/Creatas; 145쪽 Getty Images/Michel Tcherevkoff; 146쪽, 149쪽 위아래 Punchstock/Digital Vision/Alistair Berg; 151쪽 Getty Images/Lisa Spindler Photography Inc; 152쪽 Jupiter Images/Babystock/Penny Gentieu; 154쪽, 155쪽 Corbis/Larry Williams; 157쪽 위 왼쪽 Corbis/Chris Coxwell, 위 오른쪽 및 아래 Corbis/Lawrence Manning; 159쪽 Getty Images/Barbara Peacock; 160쪽 SuperStock/ Sampson Williams; 161쪽 Photolibrary Group/Folio/Katja Halvarsson; 163쪽 위 왼쪽 Science Photo Library/Ian Boddy, 위 오른쪽 Corbis/Nick North, 아래 왼쪽 Shutterstock/rickt, 아래 오른쪽 Getty Images/Karan Kapoor; 164쪽 Getty Images/Elyse Lewin; 167쪽 위 왼쪽 Photolibrary Group/Design Pics Inc, 위 오른쪽 Alamy/The Photolibrary Wales, 아래 왼쪽 Alamy/PhotoAlto/ Laurence Mouton, 아래 오른쪽 Getty Images/Ian Boddy; 168쪽 Photolibrary Group/Folio/Lukas Deurloo; 170쪽 Punchstock/Digital Vision; 172쪽 Getty Images/Christopher Robbins; 175쪽 Photolibrary Group/PhotoAlto/Rafal Strzechwski; 176쪽 Photolibrary Group/Banana Stock; 177쪽 Getty Images/Lisa Spindler Photography Inc; 179쪽 Mother and Baby Picture Library/Paul Mitchell; 181쪽 Getty Images/ Altrendo Images; 182쪽 Corbis/Nick North; 185쪽 모든 사진 Masterfile/Marko MacPherson; 187쪽 위아래 Alamy/Blend Images/David Buffington.